内容简介

本书是根据教育部"理工科高等数学课程教学基本要求"编写的本科高等数学教材,编者全部是具有丰富教学经验的一线教师.全书共十二章,分上、下两册出版.上册内容包括:极限、导数与微分、微分中值定理与导数应用、不定积分、定积分及其应用、常微分方程等;下册内容包括:空间解析几何与向量代数、多元函数微分法及其应用、重积分、曲线积分与曲面积分、无穷级数、傅里叶级数等.本书按节配置习题,每章有总练习题,书末附有答案与提示,便于读者参考.

本书根据理工科学生的实际要求及相关课程的设置次序,对传统的教学内容在结构和内容上做了合理调整,使之更适合新世纪高等数学教学理念和教学内容的改革趋势.其主要特点是:选材取舍精当,行文简约严密,讲解重点突出,服务后续课程,衔接考研思路,注重基础训练和学生综合能力的培养.

本书可作为高等院校理工科各专业本科生高等数学课程的教材,也可作为相关专业的大学生、自学考试学生的教材或教学参考书.

21 世纪高等院校数学规划教材

高 等 数 学

(下册)

褚宝增　陈兆斗　主编

北京大学出版社
PEKING UNIVERSITY PRESS

图书在版编目(CIP)数据

高等数学.下册 / 褚宝增,陈兆斗主编. —北京:北京大学出版社,2018.11
(21世纪高等院校数学规划教材)
ISBN 978-7-301-30001-5

Ⅰ.①高… Ⅱ.①褚… ②陈… Ⅲ.①高等数学—高等学校—教材 Ⅳ.①O13

中国版本图书馆 CIP 数据核字(2018)第 250085 号

书　　名	高等数学(下册) GAODENG SHUXUE(XIACE)
著作责任者	褚宝增　陈兆斗　主编
责任编辑	曾琬婷
标准书号	ISBN 978-7-301-30001-5
出版发行	北京大学出版社
地　　址	北京市海淀区成府路 205 号　100871
网　　址	http://www.pup.cn　　新浪微博:@北京大学出版社
电子信箱	zpup@pup.cn
电　　话	邮购部 010-62752015　发行部 010-62750672　编辑部 010-62754819
印刷者	北京鑫海金澳胶印有限公司
经销者	新华书店
	787 毫米×960 毫米　16 开本　16.5 印张　361 千字 2018 年 11 月第 1 版　2024 年 6 月第 5 次印刷
印　　数	12001—14500 册
定　　价	39.00 元

未经许可,不得以任何方式复制或抄袭本书之部分或全部内容。
版权所有,侵权必究
举报电话:010-62752024　电子信箱:fd@pup.pku.edu.cn
图书如有印装质量问题,请与出版部联系,电话:010-62756370

前　言

当前,我国高等教育蓬勃发展,教学改革不断深入,高等院校理工科数学基础课的教学理念、教学内容及教材建设也孕育在这种变革之中.为适应高等教育 21 世纪教学内容和课程体系改革的总目标,培养具有创新能力的高素质人才,我们应北京大学出版社的邀请,经集体讨论,分工编写了这套"21 世纪高等院校数学规划教材",其中《高等数学》分上、下两册出版.

本教材参照教育部"理工科高等数学课程教学基本要求",按照"加强基础、培养能力、重视应用"的指导方针,精心选材,力求实现基础性、应用性、前瞻性的和谐与统一,集中体现了编者长期讲授理工科高等数学课程所积累的丰富教学经验,反映了当前理工科数学教学理念和教学内容的改革趋势.具体体现在以下几个方面:

1. 精心构建教材内容.本教材在内容选择方面,根据理工科学生的实际要求及相关专业课程的特点,汲取了国内外优秀教材的优点,对传统的教学内容在结构和内容上做了适当的调整,为后续课程打好坚实的基础.

2. 内容讲述符合认知规律.以几何直观、物理背景或典型例题作为引入数学基本概念的切入点;对重要概念、重要定理、难点内容从多侧面进行剖析,做到难点分散,便于学生理解与掌握.

3. 强调基础训练和基本能力的培养.紧密结合概念、定理和运算法则配置丰富的例题,并剖析一些综合性例题.按节配有适量习题,每章配有总练习题,书末附有习题答案与提示,便于读者参考.

4. 注重学以致用.紧密结合几何、物理中的应用,通过分析具有典型意义的应用例题和配置多样化习题,培养学生应用数学知识分析和解决实际问题的能力.

本书的第一章极限、第二章导数与微分由王翠香编写,第三章微分中值定理与导数应用、第六章常微分方程由褚宝增编写,第四章不定积分由吴飞编写,第五章定积分及其应用由陈瑞阁编写,第七章空间解析几何与向量代数由邓燕编写,第八章多元函数微分法及其应用由陈振国编写,第九章重积分、第十章曲线积分与曲面积分由赵琳琳编写,第十一章无穷级数、第十二章傅里叶级数由陈兆斗编写.全书由褚宝增、陈兆斗两位教授统稿.

本书的主要特点是:选材取舍精当,行文简约严密,讲解重点突出,服务后续课程,衔接考研思路等.

特别感谢王祖朝教授、高世臣教授、耿凤杰教授、廉海荣教授对本书的认真审稿及所提出的修改意见.

囿于编者水平及编写时间较为仓促,教材中难免存在疏漏与不妥之处,恳请广大读者不吝指正.

编　者

2018 年 3 月

目 录

第七章 空间解析几何与向量代数 ·· (1)

§7.1 空间直角坐标系与向量 ·· (1)

    一、空间直角坐标系 ··· (1)

    二、向量及其运算 ·· (3)

    习题 7.1 ··· (11)

§7.2 曲面及其方程 ·· (11)

    一、曲面方程的概念 ··· (11)

    二、旋转曲面 ·· (12)

    三、柱面 ·· (14)

    习题 7.2 ··· (15)

§7.3 空间曲线及其方程 ··· (16)

    一、空间曲线的一般方程 ·· (16)

    二、空间曲线的参数方程 ·· (16)

    三、空间曲线在坐标平面上的投影 ·· (17)

    习题 7.3 ··· (18)

§7.4 平面及其方程 ·· (19)

    一、平面的点法式方程 ··· (19)

    二、平面的一般方程 ··· (20)

    三、两平面的夹角 ·· (21)

    四、点到平面的距离 ··· (22)

    习题 7.4 ··· (23)

§7.5 空间直线及其方程 ··· (23)

    一、空间直线的一般方程 ·· (23)

    二、空间直线的对称式方程和参数方程 ·· (24)

    三、两空间直线的夹角 ··· (26)

    四、空间直线和平面的夹角 ·· (27)

    五、平面束 ··· (28)

    习题 7.5 ··· (29)

§7.6 二次曲面 ··· (30)

　　　　一、椭球面 …………………………………………………………………… (30)
　　　　二、双曲面 …………………………………………………………………… (31)
　　　　三、抛物面 …………………………………………………………………… (32)
　　　　四、二次锥面 ………………………………………………………………… (34)
　　　　习题 7.6 ……………………………………………………………………… (34)
　　总练习题七 ………………………………………………………………………… (34)

第八章　多元函数微分法及其应用 …………………………………………………… (36)

§8.1　多元函数的基本概念及性质 ……………………………………………… (36)
　　　　一、平面点集 ………………………………………………………………… (36)
　　　　二、n 维空间 ……………………………………………………………… (38)
　　　　三、多元函数的概念 ………………………………………………………… (39)
　　　　四、多元函数的极限 ………………………………………………………… (40)
　　　　五、多元函数的连续性 ……………………………………………………… (41)
　　　　习题 8.1 ……………………………………………………………………… (42)

§8.2　偏导数 ……………………………………………………………………… (43)
　　　　一、偏导数的概念 …………………………………………………………… (43)
　　　　二、高阶偏导数 ……………………………………………………………… (46)
　　　　习题 8.2 ……………………………………………………………………… (47)

§8.3　全微分 ……………………………………………………………………… (48)
　　　　一、全微分的定义 …………………………………………………………… (48)
　　　　*二、全微分在近似计算中的应用 …………………………………………… (51)
　　　　习题 8.3 ……………………………………………………………………… (52)

§8.4　多元复合函数的求导法则 ………………………………………………… (52)
　　　　一、多元复合函数求导的链式法则 ………………………………………… (52)
　　　　二、多元复合函数的高阶导数 ……………………………………………… (55)
　　　　三、一阶微分形式不变性 …………………………………………………… (56)
　　　　习题 8.4 ……………………………………………………………………… (57)

§8.5　隐函数的求导公式 ………………………………………………………… (57)
　　　　一、一个方程的情形 ………………………………………………………… (57)
　　　　二、方程组的情形 …………………………………………………………… (60)
　　　　习题 8.5 ……………………………………………………………………… (62)

§8.6　微分法在几何上的应用 …………………………………………………… (63)
　　　　一、空间曲线的切线与法平面 ……………………………………………… (63)
　　　　二、曲面的切平面与法线 …………………………………………………… (66)

　　　　习题 8.6 ··· (68)

§8.7　方向导数与梯度 ··· (69)

　　　　一、方向导数 ·· (69)

　　　　二、梯度 ··· (71)

　　　　习题 8.7 ··· (74)

§8.8　多元函数的极值及其求法 ··· (74)

　　　　一、多元函数的极值及最大值、最小值 ·· (74)

　　　　二、条件极值 ·· (78)

　　　　习题 8.8 ··· (82)

*§8.9　最小二乘法 ··· (82)

　　总练习题八 ·· (85)

第九章　重积分 ·· (87)

§9.1　二重积分的概念与性质 ·· (87)

　　　　一、二重积分的概念 ·· (87)

　　　　二、二重积分的性质 ·· (89)

　　　　习题 9.1 ··· (90)

§9.2　二重积分的计算 ·· (91)

　　　　一、在直角坐标系下计算二重积分 ·· (91)

　　　　二、在极坐标系下计算二重积分 ·· (96)

　　　　习题 9.2 ··· (99)

§9.3　三重积分的概念与计算 ·· (101)

　　　　一、三重积分的概念 ··· (101)

　　　　二、三重积分的计算 ··· (102)

　　　　习题 9.3 ·· (109)

§9.4　重积分的应用 ·· (110)

　　　　一、立体的体积 ·· (110)

　　　　二、空间曲面的面积 ··· (111)

　　　　三、质心 ·· (113)

　　　　四、转动惯量 ·· (115)

　　　　五、引力 ·· (116)

　　　　习题 9.4 ·· (117)

　　总练习题九 ·· (118)

目录

第十章　曲线积分与曲面积分 (122)

§10.1　对弧长的曲线积分 (122)
一、对弧长的曲线积分的概念与性质 (122)
二、对弧长的曲线积分的计算 (124)
习题 10.1 (127)

§10.2　对坐标的曲线积分 (127)
一、对坐标的曲线积分的概念与性质 (127)
二、对坐标的曲线积分的计算 (130)
*三、两类曲线积分之间的联系 (133)
习题 10.2 (134)

§10.3　格林公式及其应用 (135)
一、格林公式 (135)
二、平面上对坐标的曲线积分与路径无关的条件 (140)
三、求解全微分方程 (146)
习题 10.3 (147)

§10.4　对面积的曲面积分 (148)
一、对面积的曲面积分的概念与性质 (148)
二、对面积的曲面积分的计算 (150)
习题 10.4 (151)

§10.5　对坐标的曲面积分 (152)
一、有向曲面及有向曲面面积元素的投影 (152)
二、对坐标的曲面积分的概念与性质 (153)
三、对坐标的曲面积分的计算 (154)
四、两类曲面积分的联系 (157)
习题 10.5 (158)

§10.6　高斯公式与斯托克斯公式 (159)
一、高斯公式 (159)
*二、通量与散度 (161)
三、斯托克斯公式 (162)
*四、环流量与旋度 (165)
习题 10.6 (165)

总练习题十 (166)

第十一章　无穷级数 (169)

§11.1　数项级数的概念与性质 (169)

一、数项级数的基本概念 ………………………………………………………… (169)
　　　二、数项级数的基本性质 ………………………………………………………… (171)
　　　习题 11.1 …………………………………………………………………………… (176)
　§ 11.2　数项级数敛散性的判定 ……………………………………………………… (176)
　　　一、正项级数及其审敛法 ………………………………………………………… (176)
　　　二、交错级数及其审敛法 ………………………………………………………… (183)
　　　三、绝对收敛和条件收敛 ………………………………………………………… (184)
　　　习题 11.2 …………………………………………………………………………… (185)
　§ 11.3　幂级数 ………………………………………………………………………… (186)
　　　一、函数项级数 …………………………………………………………………… (186)
　　　二、幂级数 ………………………………………………………………………… (187)
　　　三、幂级数的性质 ………………………………………………………………… (191)
　　　四、幂级数的加法、减法和乘法运算 …………………………………………… (193)
　　　习题 11.3 …………………………………………………………………………… (194)
　§ 11.4　函数的幂级数展开式 ………………………………………………………… (195)
　　　一、函数的幂级数展开式 ………………………………………………………… (195)
　　　二、泰勒级数及泰勒展开式 ……………………………………………………… (196)
　　　三、将函数展开成幂级数 ………………………………………………………… (197)
　　　习题 11.4 …………………………………………………………………………… (202)
　§ 11.5　幂级数的应用及欧拉公式 …………………………………………………… (202)
　　　一、幂级数的和函数 ……………………………………………………………… (202)
　　　二、利用幂级数做近似计算 ……………………………………………………… (205)
　　　三、欧拉公式的形式推导 ………………………………………………………… (206)
　　　习题 11.5 …………………………………………………………………………… (207)
　总练习题十一 …………………………………………………………………………… (208)

第十二章　傅里叶级数 …………………………………………………………………… (210)
　§ 12.1　周期函数的傅里叶级数 ……………………………………………………… (210)
　　　一、三角级数 ……………………………………………………………………… (211)
　　　二、三角函数系的正交性 ………………………………………………………… (211)
　　　三、周期函数的傅里叶级数及其收敛性 ………………………………………… (212)
　　　习题 12.1 …………………………………………………………………………… (215)
　§ 12.2　正弦级数与余弦级数 ………………………………………………………… (215)
　　　习题 12.2 …………………………………………………………………………… (219)
　§ 12.3　一般周期函数的傅里叶级数展开 …………………………………………… (219)

目录

    习题 12.3 ………………………………………………………………… (222)

  §12.4 傅里叶级数的复数形式 ………………………………………………… (223)

    习题 12.4 ………………………………………………………………… (225)

 *§12.5 傅里叶变换 ……………………………………………………………… (225)

    一、傅里叶变换的引入 ………………………………………………… (225)

    二、δ 函数与卷积 ……………………………………………………… (228)

    三、傅里叶变换的性质 ………………………………………………… (232)

    习题 12.5 ………………………………………………………………… (235)

  总练习题十二 ……………………………………………………………………… (235)

附录 傅氏变换简表 ……………………………………………………………… (237)

习题答案与提示 ……………………………………………………………………… (238)

第七章 空间解析几何与向量代数

> 解析几何是用代数的方法来研究几何图形.本章将平面解析几何推广到空间解析几何,用代数的方法来研究空间中曲面、曲线的性质.向量是在对力学的研究中引入的数学概念,它既有图形又有坐标,与空间中的点可互相表示或转化.因此,向量也成为研究几何图形的重要工具.

§7.1 空间直角坐标系与向量

一、空间直角坐标系

在空间选定一点 O 作为**原点**,过点 O 作三条相互垂直的数轴,分别标为 x 轴,y 轴和 z 轴,统称为**坐标轴**.按通常习惯,规定坐标轴的方向满足右手法则:以右手握住 z 轴,当右手四指从 x 轴正向转动 $\dfrac{\pi}{2}$ 的角度转向 y 轴正向时,大拇指的指向就是 z 轴的正向(图 1).通常,x 轴称为**横轴**,y 轴称为**纵轴**,z 轴称为**竖轴**.

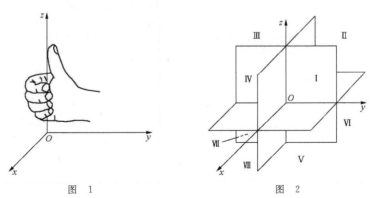

图 1   图 2

三条坐标轴中的任意两条可以确定一个平面,称之为**坐标平面**.由 x 轴和 y 轴所确定的平面称为 Oxy **平面**,类似地有 Oyz **平面**和 Ozx **平面**. 这三个相互垂直的坐标平面把空间分成八部分,每一部分叫作一个**卦**

限. 位于 x,y,z 轴正半轴的卦限称为第一卦限,从第一卦限开始,在 Oxy 平面上方的卦限,按逆时针方向依次称为第二、三、四卦限;第一、二、三、四卦限下方的卦限依次称为第五、六、七、八卦限. 这八个卦限分别用字母 Ⅰ,Ⅱ,Ⅲ,Ⅳ,Ⅴ,Ⅵ,Ⅶ,Ⅷ 表示(图2).

过空间任意一点 M 作三个平面分别垂直于 x,y,z 轴,并设依次交这三条坐标轴于 P, Q,R 三点. 设点 P,Q,R 在坐标轴上的坐标分别是 x,y,z,那么空间一点 M 就唯一地确定了一个三元有序实数组 (x,y,z). 反之,任给一个三元有序实数组 (x,y,z),可依次在 x,y,z 轴上取坐标为 x,y,z 的点 P,Q,R,过 P,Q,R 三点各作一个平面,使其分别垂直于 x,y,z 轴,这三个平面的交点就是三元有序实数组 (x,y,z) 所确定的唯一的点(图 3). 于是,空间中的点便与三元有序实数组建立了一一对应关系,(x,y,z) 称为点 M 的**坐标**,其中 x,y,z 分别称为**横坐标**、**纵坐标**、**竖坐标**. 这时,点 M 通常也记为 $M(x,y,z)$. 这样确定的坐标系称为**空间直角坐标系**.

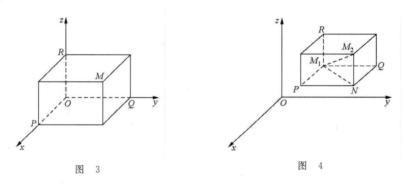

图 3　　　　　　　　　图 4

设 $M_1(x_1,y_1,z_1),M_2(x_2,y_2,z_2)$ 为空间中的两点,过点 M_1,M_2 分别作平行于坐标平面的平面,形成一个以 M_1M_2 为对角线的长方体(图4). 在直角三角形 M_1NM_2 及直角三角形 M_1PN 中,使用勾股定理知

$$|M_1M_2| = \sqrt{|M_1N|^2+|NM_2|^2} = \sqrt{|M_1P|^2+|PN|^2+|NM_2|^2},$$

而

$$|M_1P| = |x_2-x_1|, \quad |PN| = |y_2-y_1|, \quad |NM_2| = |z_2-z_1|,$$

由此可得空间中任意两点的距离公式:

$$|M_1M_2| = \sqrt{(x_2-x_1)^2+(y_2-y_1)^2+(z_2-z_1)^2}.$$

特别地,点 $M(x,y,z)$ 到原点 $O(0,0,0)$ 的距离为

$$d = \sqrt{x^2+y^2+z^2}.$$

例 1　在 y 轴上求一点 M,使点 M 到 $A(1,0,2),B(3,1,1)$ 两点的距离相等.

解 可设点 M 的坐标为 $(0,y,0)$. 根据题意, 有 $|MA|=|MB|$, 即
$$\sqrt{(1-0)^2+(0-y)^2+(2-0)^2}=\sqrt{(3-0)^2+(1-y)^2+(1-0)^2}.$$
两边去根号, 解得 $y=3$. 故所求的点为 $M(0,3,0)$.

二、向量及其运算

向量(**矢量**)是既有大小又有方向的量,例如位移、速度、加速度、力、力矩等. 可以用一条有向线段来表示向量,其中线段的长度表示向量的大小,线段的方向表示向量的方向. 若有向线段的起点为 $A(x_0,y_0,z_0)$, 终点为 $B(x_0+x,y_0+y,z_0+z)$, 则向量就被唯一确定了, 可用符号 $\boldsymbol{a}, \vec{a}$ 或 $\overrightarrow{AB}$ 表示它(图 5).

图 5　　　　　图 6

规定长度相等且方向相同的有向线段表示同一向量, 并把这种向量称为**自由向量**. 例如, 若向量 $\overrightarrow{AB}$ 经过平移得到向量 $\overrightarrow{CD}$, 则 $\overrightarrow{AB}=\overrightarrow{CD}$(图 6). 显然, 将向量平移后, 向量的起点和终点的坐标虽然改变了, 但两点的坐标之差不变. 一般地, 向量可以用终点与起点的坐标之差表示, 从而将向量 $\overrightarrow{AB}$ 的起点 A 移到原点, 故可以用坐标 (x,y,z) 来表示向量 $\boldsymbol{a}$ 或 $\overrightarrow{AB}$.

向量的大小也称为向量的**模**. 向量 $\boldsymbol{a}=(x,y,z)$ 的模记作 $|\boldsymbol{a}|$ 或 $|\vec{a}|$, 即
$$|\boldsymbol{a}|=\sqrt{x^2+y^2+z^2}.$$
向量 $\boldsymbol{a}$ 的方向由
$$\cos\alpha=\frac{x}{|\boldsymbol{a}|}, \quad \cos\beta=\frac{y}{|\boldsymbol{a}|}, \quad \cos\gamma=\frac{z}{|\boldsymbol{a}|}$$
确定, 其中 α,β,γ 分别为向量 $\boldsymbol{a}$ 与 x,y,z 轴正半轴的夹角. 称 $(\cos\alpha,\cos\beta,\cos\gamma)$ 为向量 $\boldsymbol{a}$ 的**方向余弦**. 显然, 有
$$\cos^2\alpha+\cos^2\beta+\cos^2\gamma=1.$$
模为 0 的向量称为**零向量**, 记作 **0**. 零向量的方向可以看作是任意的.

模为 1 的向量称为**单位向量**. 与 $\boldsymbol{a}$ 同向的单位向量记作 $\boldsymbol{a}^0$.

与向量 $\boldsymbol{a}$ 长度相等且方向相反的向量称为 $\boldsymbol{a}$ 的**反向量**, 记作 $-\boldsymbol{a}$.

对于两个非零向量 $\boldsymbol{a},\boldsymbol{b}$, 如果它们的方向相同或者相反, 就称这两个向量**平行**, 也称这两个向量**共线**, 记作 $\boldsymbol{a}/\!/\boldsymbol{b}$. 规定零向量与任何向量都平行.

下面讨论向量在数轴上的投影.

设有空间一点 M 及一数轴 u,过点 M 作与数轴 u 垂直的平面,平面与数轴 u 的交点 M' 称为点 M 在数轴 u 上的**投影点**(图 7).

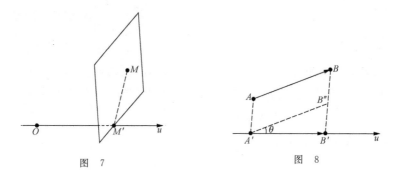

图 7　　　　　　　　　　图 8

定义 1　设向量 $\overrightarrow{AB}$ 的起点 A 和终点 B 在数轴 u 上的投影点分别为点 A' 和点 B',那么数轴 u 上的有向线段 $\overrightarrow{A'B'}$ 称为向量 $\overrightarrow{AB}$ 在数轴 u 上的**投影向量**(图 8). 分别记点 A', B' 在数轴 u 上的坐标为 u_A, u_B,称 $u_B - u_A$ 为向量 $\overrightarrow{AB}$ 在数轴 u 上的**投影**,记作 $\mathrm{Prj}_u \overrightarrow{AB}$ 或 $(\overrightarrow{AB})_u$,其中数轴 u 称为**投影轴**.

值得注意的是,投影是数量而不是向量,当 $\overrightarrow{A'B'}$ 的方向和数轴 u 的正向一致时,投影为正的;当 $\overrightarrow{A'B'}$ 的方向和数轴 u 的正向相反时,投影为负的. 设 $\overrightarrow{AB} // \overrightarrow{A'B''}$,记 $\angle B''A'B' = \theta$,如图 8 所示,易得

$$\mathrm{Prj}_u \overrightarrow{AB} = |\overrightarrow{AB}|\cos\theta.$$

按定义 1,向量 $\boldsymbol{a}$ 在空间直角坐标系中的坐标 x, y, z 就是 $\boldsymbol{a}$ 在三条坐标轴上的投影,即

$$x = \mathrm{Prj}_x \boldsymbol{a}, \quad y = \mathrm{Prj}_y \boldsymbol{a}, \quad z = \mathrm{Prj}_z \boldsymbol{a}.$$

给定非零向量 $\boldsymbol{b}$,作与 $\boldsymbol{b}$ 同向的数轴 u. 称向量 $\boldsymbol{a}$ 在数轴 u 上的投影为 $\boldsymbol{a}$ 在向量 $\boldsymbol{b}$ 上的投影,记作 $\mathrm{Prj}_b \boldsymbol{a}$.

(一)向量的加减法

定义 2　设两向量 $\boldsymbol{a} = (x_1, y_1, z_1)$, $\boldsymbol{b} = (x_2, y_2, z_2)$,称向量 $(x_1 + x_2, y_1 + y_2, z_1 + z_2)$ 为 $\boldsymbol{a}$ 与 $\boldsymbol{b}$ 的和,记作 $\boldsymbol{a} + \boldsymbol{b}$,即

$$\boldsymbol{a} + \boldsymbol{b} = (x_1 + x_2, y_1 + y_2, z_1 + z_2).$$

当向量 $\boldsymbol{a}, \boldsymbol{b}$ 不共线时,作有向线段 $\overrightarrow{OA}$ 和 $\overrightarrow{OB}$ 分别表示向量 $\boldsymbol{a}, \boldsymbol{b}$,再以 OA, OB 为边作平行四边形 $OACB$,则对角线 $\overrightarrow{OC}$ 就表示 $\boldsymbol{a} + \boldsymbol{b}$. 这一确定向量之和的法则称为**平行四边形法则**(图 9). 物理学中力的合成、速度的合成都是利用这种加法. 也可以作有向线段 $\overrightarrow{AB}$ 表示向量 $\boldsymbol{a}$,作 $\overrightarrow{BC}$ 表示 $\boldsymbol{b}$,此时 $\boldsymbol{a}$ 的终点与 $\boldsymbol{b}$ 的起点相接,则有向线段 $\overrightarrow{AC}$ 就表示 $\boldsymbol{a} + \boldsymbol{b}$(图 10). 这一确定向量之和的法则称为**三角形法则**.

图 9

图 10

规定两向量 b 与 a 的**差**为
$$b - a = b + (-a),$$
即将 $b - a$ 看作向量 b 与 $-a$ 的和(图 11). 从图形上看,从 a 的终点到 b 的终点的向量就是 $b - a$.

图 11

显然,任给向量 $\overrightarrow{AB}$ 及点 O,有
$$\overrightarrow{AB} = \overrightarrow{AO} + \overrightarrow{OB} = \overrightarrow{OB} - \overrightarrow{OA}.$$
由此可得到三角形的两边之和大于第三边的向量表示形式:
$$|a + b| < |a| + |b| \quad 及 \quad |a - b| < |a| + |b|.$$
于是,对于一般的向量 a, b,有
$$|a + b| \leqslant |a| + |b| \quad 及 \quad |a - b| \leqslant |a| + |b|.$$

(二) 向量与数的乘法

定义 3 设向量 $a = (x, y, z)$,λ 为任一实数,向量 $(\lambda x, \lambda y, \lambda z)$ 称为**向量 a 与数 λ 的乘积**,简称**数乘**,记作 λa,即
$$\lambda a = (\lambda x, \lambda y, \lambda z).$$

显然,当 $\lambda > 0$ 时,λa 与 a 同向;当 $\lambda < 0$ 时,λa 与 a 反向;当 $\lambda = 0$ 时,λa 为零向量,且均有 $|\lambda a| = |\lambda| |a|$(图 12). 如果 $a \neq 0$,可验证 $a^0 = \dfrac{1}{|a|} a$.

图 12

以上讨论的向量的加减运算和数乘运算统称为向量的**线性运算**. 对任意的向量 a, b, c 及实数 λ, μ,向量的线性运算满足如下运算法则:

(1) $a + b = b + a$;　　　　　　(交换律)

(2) $a+(b+c)=(a+b)+c$；　（结合律）
(3) $\lambda(\mu a)=(\lambda\mu)a=\mu(\lambda a)$；　（数乘结合律）
(4) $\lambda(a+b)=\lambda a+\lambda b$；　（对于向量加法的分配律）
(5) $(\lambda+\mu)a=\lambda a+\mu a$．　（对于数量加法的分配律）

由于向量的加法符合交换律和结合律，所以 n 个向量 $a_1,a_2,\cdots,a_n(n\geqslant 3)$ 相加可写成
$$a_1+a_2+\cdots+a_n.$$

按向量相加的三角形法则，可得 n 个向量相加的法则：以前一个向量的终点作为后一个向量的起点，依次作向量 $a_1,a_2,\cdots,a_n$，则以第一个向量的起点为起点，最后一个向量的终点为终点的向量即为所求的和向量．例如，图 13 所示的以点 A 为起点，点 B 为终点的向量 $\overrightarrow{AB}$ 即为和向量 $a_1+a_2+a_3+a_4+a_5$．

图 13

另外，由向量数乘的定义可得到如下性质：

性质 1　设向量 $a\neq \mathbf{0}$，那么向量 b 与 a 平行的充分必要条件是：存在唯一的实数 λ，使得
$$b=\lambda a.$$

性质 2　取方向与三个坐标轴正向相同的单位向量 $i=(1,0,0),j=(0,1,0),k=(0,0,1)$（称为**基本单位向量**），则任意向量 $a=(x,y,z)$ 可分解为
$$a=xi+yj+zk.$$

例 2　已知 $a=(1,2,3),b=(2,-1,0)$，求 $2a-b$．

解　由向量的线性运算性质可得
$$2a-b=2(1,2,3)-(2,-1,0)=(0,5,6).$$

例 3　证明：连接三角形两边中点的线段平行于第三边且等于第三边的一半．

证　如图 14 所示，M,N 分别是 AB,AC 的中点．
因为
$$\begin{aligned}\overrightarrow{MN}&=\overrightarrow{AN}-\overrightarrow{AM}\\&=\frac{1}{2}\overrightarrow{AC}-\frac{1}{2}\overrightarrow{AB}\\&=\frac{1}{2}(\overrightarrow{AC}-\overrightarrow{AB})=\frac{1}{2}\overrightarrow{BC},\end{aligned}$$

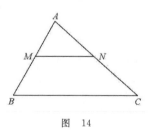

图 14

所以
$$\overrightarrow{MN}\;/\!/\;\overrightarrow{BC},\quad 且\quad |\overrightarrow{MN}|=\frac{1}{2}|\overrightarrow{BC}|,$$

即命题得证．

例 4 已知两点 $M_1(x_1,y_1,z_1)$ 和 $M_2(x_2,y_2,z_2)$ 以及实数 $\lambda \neq -1$,在直线 M_1M_2 上求点 M,使 $\overrightarrow{M_1M} = \lambda \overrightarrow{MM_2}$.

解 如图 15 所示,由于
$$\overrightarrow{M_1M} = \overrightarrow{OM} - \overrightarrow{OM_1}, \quad \overrightarrow{MM_2} = \overrightarrow{OM_2} - \overrightarrow{OM},$$
所以需要点 M 满足
$$\overrightarrow{OM} - \overrightarrow{OM_1} = \lambda(\overrightarrow{OM_2} - \overrightarrow{OM}),$$
即
$$\overrightarrow{OM} = \frac{1}{1+\lambda}(\overrightarrow{OM_1} + \lambda \overrightarrow{OM_2}).$$

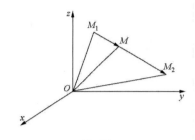

图 15

将点 M_1,M_2 的坐标代入,即得
$$\overrightarrow{OM} = \left(\frac{x_1+\lambda x_2}{1+\lambda}, \frac{y_1+\lambda y_2}{1+\lambda}, \frac{z_1+\lambda z_2}{1+\lambda}\right).$$

这就是点 M 的坐标. 与平面解析几何类似,这样的点 M 称为有向线段 $\overrightarrow{M_1M_2}$ 的 λ **分点**.

特别地,当 $\lambda = 1$ 时,得到线段 M_1M_2 的中点坐标为
$$\left(\frac{x_1+x_2}{2}, \frac{y_1+y_2}{2}, \frac{z_1+z_2}{2}\right).$$

(三) 向量的数量积

定义 4 两向量 $\boldsymbol{a} = (x_1,y_1,z_1)$, $\boldsymbol{b} = (x_2,y_2,z_2)$ 的**数量积**记作 $\boldsymbol{a} \cdot \boldsymbol{b}$ 或 $\boldsymbol{ab}$,规定为一个实数:
$$\boldsymbol{a} \cdot \boldsymbol{b} = x_1x_2 + y_1y_2 + z_1z_2.$$

显然,由定义 4 有 $\boldsymbol{a} \cdot \boldsymbol{a} = |\boldsymbol{a}|^2$.

对任意的向量 $\boldsymbol{a},\boldsymbol{b}$ 及实数 λ,向量的数量积满足如下运算法则:

(1) $\boldsymbol{a} \cdot \boldsymbol{b} = \boldsymbol{b} \cdot \boldsymbol{a}$; (交换律)

(2) $\boldsymbol{a} \cdot (\boldsymbol{b}+\boldsymbol{c}) = \boldsymbol{a} \cdot \boldsymbol{b} + \boldsymbol{a} \cdot \boldsymbol{c}$; (分配律)

(3) $(\lambda \boldsymbol{a}) \cdot \boldsymbol{b} = \lambda(\boldsymbol{a} \cdot \boldsymbol{b}) = \boldsymbol{a} \cdot (\lambda \boldsymbol{b})$. (结合律)

给定两非零向量 $\boldsymbol{a},\boldsymbol{b}$,作 $\overrightarrow{OA} = \boldsymbol{a}, \overrightarrow{OB} = \boldsymbol{b}$,规定 OA 与 OB 所夹的不超过 π 的角 $\theta(0 \leqslant \theta \leqslant \pi)$ 为向量 $\boldsymbol{a}$ 和 $\boldsymbol{b}$ 的**夹角**,记作 $\angle(\boldsymbol{a},\boldsymbol{b})$(图 16).

图 16

图 17

若向量 a 与 b 的夹角 $\angle(a,b) = \dfrac{\pi}{2}$，则称 a 与 b **垂直**，记作 $a \perp b$. 可以认为零向量与任何向量均垂直.

下面给出计算向量数量积的另一种方法.

定理 1　对任意的两个向量 a,b，有 $a \cdot b = |a||b|\cos\angle(a,b)$.

证　当 a 与 b 共线时，显然成立.

当 a 与 b 不共线时，如图 16 所示，将 a 和 b 的起点均移到 O 点，则 $\overrightarrow{BA} = a - b$，且由余弦定理可知

$$|a-b|^2 = |a|^2 + |b|^2 - 2|a||b|\cos\angle(a,b).$$

另外，

$$\begin{aligned}|a-b|^2 &= (a-b)\cdot(a-b) = a\cdot a + b\cdot b - 2(a\cdot b)\\ &= |a|^2 + |b|^2 - 2(a\cdot b).\end{aligned}$$

比较上面两式可得

$$a\cdot b = |a||b|\cos\angle(a,b).$$

事实上，在物理学中已经研究过两向量的数量积. 设物体在力 F 的作用下产生位移 s（图 17），则力 F 所做的功为

$$W = |F||s|\cos\theta,$$

其中 θ 为 F 与 s 的夹角. 现在可以用数量积把这个结果表达成

$$W = F\cdot s.$$

由定理 1 可以得到以下两个推论：

推论 1　若 $a = (x_1, y_1, z_1), b = (x_2, y_2, z_2)$ 为两个非零向量，则有

$$\cos\angle(a,b) = \dfrac{a\cdot b}{|a||b|} = \dfrac{x_1 x_2 + y_1 y_2 + z_1 z_2}{\sqrt{x_1^2 + y_1^2 + z_1^2}\cdot\sqrt{x_2^2 + y_2^2 + z_2^2}}.$$

推论 2　向量 a,b 相互垂直的充分必要条件是 $a\cdot b = 0$.

事实上，若 a,b 均为非零向量，则由定理 1 直接可得结论. 若 a,b 中有一个零向量，零向量可以认为与任何向量都垂直.

显然，对于三个基本单位向量 $i = (1,0,0), j = (0,1,0), k = (0,0,1)$，有

$$i\cdot i = j\cdot j = k\cdot k = 1, \quad i\cdot j = j\cdot k = k\cdot i = 0.$$

例 5　已知 $|a| = 2, |b| = 1, \angle(a,b) = \dfrac{\pi}{3}$，求 $(3a+2b)\cdot(2a-b)$.

解　由已知有

$$a\cdot b = |a||b|\cos\angle(a,b) = 2\times 1\times\cos\dfrac{\pi}{3} = 1,$$

从而

$$(3a+2b)\cdot(2a-b) = 6(a\cdot a) - 3(a\cdot b) + 4(b\cdot a) - 2(b\cdot b)$$

$$= 6|\boldsymbol{a}|^2 + \boldsymbol{a} \cdot \boldsymbol{b} - 2|\boldsymbol{b}|^2$$
$$= 6 \cdot 2^2 + 1 - 2 \cdot 1^2 = 23.$$

（四）向量的向量积

定义 5 两向量 $\boldsymbol{a}=(x_1,y_1,z_1)$, $\boldsymbol{b}=(x_2,y_2,z_2)$ 的**向量积**记作 $\boldsymbol{a}\times\boldsymbol{b}$，规定它仍是一个向量：
$$\boldsymbol{a}\times\boldsymbol{b} = (y_1z_2 - z_1y_2, z_1x_2 - x_1z_2, x_1y_2 - y_1x_2),$$
或写成
$$\boldsymbol{a}\times\boldsymbol{b} = \begin{vmatrix} \boldsymbol{i} & \boldsymbol{j} & \boldsymbol{k} \\ x_1 & y_1 & z_1 \\ x_2 & y_2 & z_2 \end{vmatrix},$$
还可写成
$$\boldsymbol{a}\times\boldsymbol{b} = \begin{vmatrix} y_1 & z_1 \\ y_2 & z_2 \end{vmatrix}\boldsymbol{i} + \begin{vmatrix} z_1 & x_1 \\ z_2 & x_2 \end{vmatrix}\boldsymbol{j} + \begin{vmatrix} x_1 & y_1 \\ x_2 & y_2 \end{vmatrix}\boldsymbol{k}.$$

对任意的向量 $\boldsymbol{a},\boldsymbol{b},\boldsymbol{c}$ 及实数 λ，向量的向量积满足如下运算法则：

(1) $\boldsymbol{a}\times\boldsymbol{b} = -\boldsymbol{b}\times\boldsymbol{a}$；　　　　　（反交换律）

(2) $\boldsymbol{a}\times(\boldsymbol{b}+\boldsymbol{c}) = \boldsymbol{a}\times\boldsymbol{b} + \boldsymbol{a}\times\boldsymbol{c}$；　（分配律）

(3) $(\lambda\boldsymbol{a})\times\boldsymbol{b} = \lambda(\boldsymbol{a}\times\boldsymbol{b}) = \boldsymbol{a}\times(\lambda\boldsymbol{b})$．（数乘结合律）

下面研究向量积的方向和大小．

定理 2 向量 $\boldsymbol{a}\times\boldsymbol{b}$ 垂直于 $\boldsymbol{a}$ 与 $\boldsymbol{b}$，即垂直于 $\boldsymbol{a},\boldsymbol{b}$ 所在的平面，并按向量 $\boldsymbol{a},\boldsymbol{b},\boldsymbol{a}\times\boldsymbol{b}$ 构成右手系（伸平右手，当右手的四指从 $\boldsymbol{a}$ 的方向以不超过 π 的角度转到 $\boldsymbol{b}$ 的方向时，大拇指所指的方向就是 $\boldsymbol{a}\times\boldsymbol{b}$ 的方向）．

证 把 $\boldsymbol{a},\boldsymbol{b}$ 移到共同的起点 O，取 $\boldsymbol{a}$ 和 $\boldsymbol{b}$ 所决定的平面作为 Oxy 平面，$\boldsymbol{a}$ 的方向作为 x 轴的正向（图 18），则可设 $\boldsymbol{a}=(x_1,0,0)(x_1>0)$, $\boldsymbol{b}=(x_2,y_2,0)$．于是
$$\boldsymbol{a}\times\boldsymbol{b} = (y_1z_2 - z_1y_2, z_1x_2 - x_1z_2, x_1y_2 - y_1x_2) = (0,0,x_1y_2) = x_1y_2\boldsymbol{k}.$$
所以，向量 $\boldsymbol{a}\times\boldsymbol{b}$ 垂直于 $\boldsymbol{a},\boldsymbol{b}$ 所在的平面，且其方向按右手系从 $\boldsymbol{a}$ 到 $\boldsymbol{b}$ 来确定．

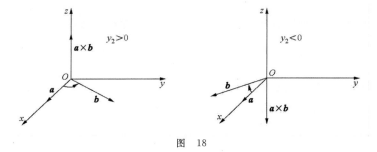

图 18

定理 3 向量 $\boldsymbol{a}\times\boldsymbol{b}$ 的模等于以 $\boldsymbol{a},\boldsymbol{b}$ 为边的平行四边形的面积，即

$$|a \times b| = |a||b|\sin\angle(a,b).$$

证 设向量 $a=(x_1,y_1,z_1)$，$b=(x_2,y_2,z_2)$，记 $\theta=\angle(a,b)$，则

$$\begin{aligned}|a \times b|^2 &= (a \times b) \cdot (a \times b) \\ &= (y_1z_2-z_1y_2)^2+(z_1x_2-x_1z_2)^2+(x_1y_2-y_1x_2)^2 \\ &= (x_1^2+y_1^2+z_1^2)(x_2^2+y_2^2+z_2^2)-(x_1x_2+y_1y_2+z_1z_2)^2 \\ &= |a|^2|b|^2-(a \cdot b)^2 = |a|^2|b|^2(1-\cos^2\theta) \\ &= |a|^2|b|^2\sin^2\theta.\end{aligned}$$

因为 $0 \leqslant \theta \leqslant \pi$，所以可得

$$|a \times b| = |a||b|\sin\theta.$$

由向量积的模可直接得到下面一个常用的结论：

推论 两个向量 a,b 平行的充分必要条件是 $a \times b = 0$.

特别地，对于基本单位向量，有

$$i \times i = 0, \quad j \times j = 0, \quad k \times k = 0;$$
$$i \times j = k, \quad j \times k = i, \quad k \times i = j.$$

物理学中的力矩是一个向量，它是两个向量的向量积的实例. 如图 19 所示，设点 O 为杠杆的支点，如果力 F 的作用点是杠杆上的点 A，$\overrightarrow{OA}=r$，那么力 F 对于点 O 的力矩可用一个向量 m 来表示，其方向垂直于 r 和 F 所确定的平面，与 r,F 构成右手系，其大小为 $|m|=|F|p$，其中 p 是力臂，也就是点 O 到力 F 作用线的垂直距离. 设 r 与 F 的夹角为 θ，则 $p=|r|\sin\theta$. 由此有 $|m|=|F||r|\sin\theta$. 因此力矩为 $m=r \times F$.

图 19

例 6 已知向量 $a=(-2,3,-1)$，$b=(1,-2,1)$，求与 a,b 都垂直且满足如下条件之一的向量 c：

(1) c 为单位向量；

(2) $c \cdot d = 8$，其中 $d=(2,1,-7)$.

解 因为 c 与 a,b 都垂直，所以与 $a \times b$ 平行. 令

$$n = a \times b = \begin{vmatrix} i & j & k \\ -2 & 3 & -1 \\ 1 & -2 & 1 \end{vmatrix} = (1,1,1).$$

(1) $c = \pm \dfrac{n}{|n|} = \pm \left(\dfrac{1}{\sqrt{3}}, \dfrac{1}{\sqrt{3}}, \dfrac{1}{\sqrt{3}}\right)$.

(2) 设 $c = \lambda n$，则
$$c \cdot d = (\lambda, \lambda, \lambda) \cdot (2, 1, -7) = -4\lambda.$$
又 $c \cdot d = 8$，得 $\lambda = -2$. 所以 $c = (-2, -2, -2)$.

习 题 7.1

1. 落在三坐标平面和三坐标轴上的点各有什么特征？指出下列各点位置的特殊性：
$A(2,0,0)$；$B(0,-3,0)$；$C(0,0,5)$；$D(-1,2,0)$；$E(3,0,1)$；$F(0,2,1)$.

2. 求点 (x,y,z) 关于各坐标平面、各坐标轴和坐标原点的对称点的坐标.

3. 在 z 轴上求与点 $A(-4,1,7)$ 和 $B(3,2,-1)$ 等距离的点.

4. 已知线段 AB 被点 $C(2,0,2)$ 和 $D(5,-2,0)$ 三等分，试求这条线段的端点 A 与 B 的坐标.

5. 已知两点 $M_1(2,3,\sqrt{2})$ 和 $M_2(1,2,0)$，计算向量 $\overrightarrow{M_1 M_2}$ 的模、方向余弦和方向角.

6. 已知平行四边形以 $a=(2,1,-1)$，$b=(1,-2,1)$ 为边，求它的两条对角线的长和夹角.

7. 试用向量证明对角线互相平分的四边形是平行四边形.

8. 已知向量 $a=(0,-1,2)$，$b=(2,1,3)$，求 $2a-3b$.

9. 已知向量 $a=(2,-3,1)$，$b=(1,1,-3)$，计算：
(1) $(2a+3b) \cdot (a-2b)$；　(2) $|a-b|^2$；　(3) $\mathrm{Prj}_b a$.

10. 已知向量 a, b, c 两两垂直，且 $|a|=1, |b|=2, |c|=3$，求 $r=a+b+c$ 的模.

11. 设 $|a|=2, |b|=5, \angle(a,b)=\dfrac{2\pi}{3}, p=3a-b, q=\lambda a+17b$，问：系数 λ 为何值时 p 与 q 垂直？

12. 已知空间三点 $A(1,2,3), B(2,-1,5), C(3,2,-5)$，求 $\triangle ABC$ 的面积.

13. 设向量 $a=2i-j+k, b=i+2j-k$，求同时垂直于 a, b 的单位向量.

14. 设有三点 $A(2,4,1), B(3,7,5), C(4,10,9)$，证明：$A, B, C$ 在同一直线上.

§7.2　曲面及其方程

一、曲面方程的概念

与平面上的曲线类似，空间中的曲面可看成具有某种几何性质的点的轨迹. 如果一个曲面 S 上任一点的坐标都满足方程 $F(x,y,z)=0$，并且不在曲面 S 上的点的坐标都不满足方

程 $F(x,y,z)=0$，那么就称曲面 S 为**方程** $F(x,y,z)=0$ **的图形**，而称方程 $F(x,y,z)=0$ 为**曲面 S 的方程**.

建立了空间曲面与其方程的联系之后，就可以通过方程的解析性质来研究曲面的几何性质.

空间解析几何研究的基本问题是：

(1) 已知曲面 S 上的点所满足的几何条件，求曲面的方程；

(2) 已知曲面的方程，研究曲面的几何性质.

例 1 求连接两点 $A(1,2,4)$ 和 $B(3,-1,1)$ 的线段的垂直平分面方程.

解 设 $M(x,y,z)$ 为所求垂直平分面上的任一点，则有点 M 到 A,B 两点的距离相等，即 $|AM|=|BM|$，从而得

$$\sqrt{(x-1)^2+(y-2)^2+(z-4)^2}=\sqrt{(x-3)^2+(y+1)^2+(z-1)^2},$$

化简得

$$2x-3y-3z+5=0.$$

这就是垂直平分面上点的坐标满足的方程，而不在该垂直平分面上的点的坐标都不满足这个方程，所以此方程即为所求的垂直平分面方程.

例 2 求以点 $M_0(x_0,y_0,z_0)$ 为球心，R 为半径的球面方程.

解 设 $M(x,y,z)$ 为所求球面上的任一点，则点 M 到球心 M_0 的距离为 R，即 $|M_0M|=R$，所以

$$\sqrt{(x-x_0)^2+(y-y_0)^2+(z-z_0)^2}=R$$

或

$$(x-x_0)^2+(y-y_0)^2+(z-z_0)^2=R^2.$$

这就是球面上点的坐标满足的方程，而不在球面上的点的坐标都不满足此方程，所以此方程就是以 $M_0(x_0,y_0,z_0)$ 为球心，R 为半径的球面方程.

如果球心在原点，那么 $x_0=y_0=z_0=0$，此时球面方程为

$$x^2+y^2+z^2=R^2.$$

二、旋转曲面

平面上的一条曲线绕同一平面上的一条定直线旋转一周所生成的曲面称为**旋转曲面**，其中旋转的曲线和定直线分别称为旋转曲面的**母线**和**轴**.

设曲线 C 是 Oyz 平面上的一条曲线，其方程为 $f(y,z)=0$. 把这条曲线绕 z 轴旋转一周，就得到一个以 z 轴为旋转轴的旋转曲面（图1）. 下面推导它的方程.

设 $M_1(0,y_1,z_1)$ 为曲线 C 上的任一点，则有 $f(y_1,z_1)=0$. 若当曲线 C 绕 z 轴旋转时，点 M_1 旋转至点 $M(x,y,z)$，则

$$\sqrt{x^2+y^2} = |y_1|, \quad z = z_1$$

或

$$y_1 = \pm\sqrt{x^2+y^2}, \quad z_1 = z.$$

所以旋转曲面的方程为

$$f(\pm\sqrt{x^2+y^2}, z) = 0.$$

同理可得曲线 C 绕 y 轴旋转一周所生成的旋转曲面的方程为

$$f(y, \pm\sqrt{x^2+z^2}) = 0.$$

图 1

Oxy 平面上的曲线绕 x 轴或 y 轴旋转，或者 Ozx 平面上的曲线绕 x 轴或 z 轴旋转时，都可以用类似的方法讨论所得旋转曲面的方程，且可得到类似的结果.

例3 将 Ozx 平面上的椭圆

$$\frac{x^2}{a^2} + \frac{z^2}{b^2} = 1$$

分别绕 x 轴和 z 轴旋转一周，求所生成的旋转曲面的方程.

解 绕 x 轴旋转一周所生成的旋转曲面的方程为

$$\frac{x^2}{a^2} + \frac{(\pm\sqrt{y^2+z^2})^2}{b^2} = 1, \quad 即 \quad \frac{x^2}{a^2} + \frac{y^2+z^2}{b^2} = 1;$$

绕 z 轴旋转一周所生成的旋转曲面的方程为

$$\frac{(\pm\sqrt{x^2+y^2})^2}{a^2} + \frac{z^2}{b^2} = 1, \quad 即 \quad \frac{x^2+y^2}{a^2} + \frac{z^2}{b^2} = 1.$$

这两种曲面都称为**旋转椭球面**.

图 2

例4 直线 L 绕另一条与 L 相交的定直线旋转一周，所生成的旋转曲面叫作**圆锥面**，其中两直线的交点称为圆锥面的**顶点**，两直线的夹角 $\alpha\left(0<\alpha<\dfrac{\pi}{2}\right)$ 称为圆锥面的**半顶角**. 试建立顶点在坐标原点 O，旋转轴为 z 轴，半顶角为 α 的圆锥面（图2）的方程.

解 在 Oyz 平面上，取直线 L：

$$z = y\cot\alpha,$$

则 L 绕 z 轴旋转一周所生成的圆锥面即为所求的圆锥面，其方程是

$$z = \pm\sqrt{x^2+y^2}\cot\alpha$$

或
$$z^2 = k^2(x^2+y^2), \quad 其中 \quad k = \cot\alpha.$$

以上研究的问题是从已知曲面特点出发建立曲面的方程,都属于基本问题(1).下面讨论基本问题(2).

三、柱面

先来看一个不含变量 z 的方程 $x^2+y^2=R^2$. 在 Oxy 平面上,它表示圆心在原点,半径为 R 的圆. 在空间中,它表示怎样的图形呢? 注意到方程不含竖坐标 z,因此给定一点 (x,y,z),不论其竖坐标 z 如何,只要它的横坐标 x 和纵坐标 y 能满足方程,这点就一定落在曲面上. 这就是说,凡是通过 Oxy 平面中圆 $x^2+y^2=R^2$ 上的一点 $M(x,y,0)$,且平行于 z 轴的直线 l 都在这曲面上. 因此,方程 $x^2+y^2=R^2$ 对应的图形可以看作由平行于 z 轴的直线 l 沿 Oxy 平面上的圆 $x^2+y^2=R^2$ 移动而形成的,称为**圆柱面**(图 3). Oxy 平面上的圆 $x^2+y^2=R^2$ 叫作它的准线,直线 l 叫作它的母线.

定义 平行于定直线并沿定曲线 C 移动的直线 l 所形成的曲面称为**柱面**,其中定曲线 C 叫作柱面的**准线**,动直线 l 叫作柱面的**母线**.

与上面讨论的圆柱面类似,不含变量 z 的方程 $y^2=2px(p>0)$ 也表示母线平行于 z 轴的柱面,它的准线是 Oxy 平面上的抛物线 $y^2=2px$,把它叫作**抛物柱面**(图 4).

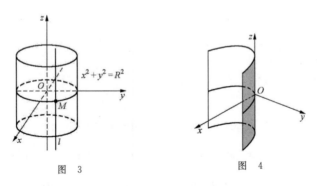

图 3　　　　　图 4

一般地,不含 z 而只含 x,y 的方程 $F(x,y)=0$ 在空间直角坐标系中表示母线平行于 z 轴的柱面,Oxy 平面上的曲线 $F(x,y)=0$ 则是这个柱面的一条准线.

类似地,不含 x 而只含 y,z 的方程表示母线平行于 x 轴的柱面;不含 y 而只含 x,z 的方程表示母线平行于 y 轴的柱面.

例如,$x-y=1$ 表示母线平行于 z 轴的柱面,其准线是 Oxy 平面上的直线 $x-y=1$,所以它是平行于 z 轴的平面.

除了前面研究过的圆柱面、抛物柱面之外,常见的柱面还有:

椭圆柱面：$\dfrac{x^2}{a^2}+\dfrac{y^2}{b^2}=1$（图 5）；

双曲柱面：$\dfrac{x^2}{a^2}-\dfrac{y^2}{b^2}=1$（图 6）.

图 5

图 6

这些柱面的方程都是二次的，统称为**二次柱面**.

习 题 7.2

1. 一动点与两定点 $A(2,3,1)$ 和 $B(4,0,5)$ 等距离，求此动点的轨迹方程.
2. 一动点与点 $A(4,0,0)$ 和 Oxy 平面等距离，求该动点的轨迹方程.
3. 求下列各球面的方程：
   (1) 球心在点 $(2,-1,3)$，半径为 $R=6$；
   (2) 球心在原点，且经过点 $(6,-2,3)$；
   (3) 一直径的两个端点是点 $(2,-3,5)$ 与 $(4,1,-3)$.
4. 求下列曲线绕指定轴旋转一周所生成曲面的方程：
   (1) Oxy 平面上的双曲线 $4x^2-9y^2=36$ 绕 x 轴旋转；
   (2) Oxy 平面上的直线 $y=kx(k\neq0)$ 绕 y 轴旋转；
   (3) Oyz 平面上的椭圆 $y^2+2z^2=1$ 绕 z 轴旋转；
   (4) Ozx 平面上的曲线 $z=2x$ 绕 z 轴旋转.
5. 指出下列方程中哪些是旋转曲面，并说明它们是怎样生成的：
   (1) $x^2+y^2=\dfrac{1}{z}$；   (2) $4x^2+y^2+5z^2=20$；
   (3) $y^2-z=0$；   (4) $\dfrac{x^2}{2}-\dfrac{y^2}{3}-\dfrac{z^2}{3}=1$.
6. 指出下列方程在平面和空间中分别表示什么图形：
   (1) $(x-1)^2+y^2=1$；   (2) $y^2-x=0$；
   (3) $y=x+1$；   (4) $x^2-y^2=1$.

§7.3 空间曲线及其方程

一、空间曲线的一般方程

空间中的曲线可以看作两个曲面的交线,如空间中的直线可看作某两个平面的交线,而圆可看作某个球面与某个平面的交线. 设两曲面 S_1 和 S_2 的方程分别为

$$S_1 : F(x,y,z) = 0 \quad \text{和} \quad S_2 : G(x,y,z) = 0,$$

它们的交线为 Γ(图 1),则曲线 Γ 上任意点 $P(x,y,z)$ 既在曲面 S_1 上又在曲面 S_2 上,从而点 P 的坐标应同时满足这两个曲面的方程,所以应满足方程组

$$\begin{cases} F(x,y,z) = 0, \\ G(x,y,z) = 0. \end{cases} \quad \text{①}$$

反过来,方程组①的任何一个解所表示的点都同时在曲面 S_1 和 S_2 上,从而在它们的交线 Γ 上. 因此,曲线 Γ 可以用方程组①来表示. 方程组①称为**空间曲线的一般方程**.

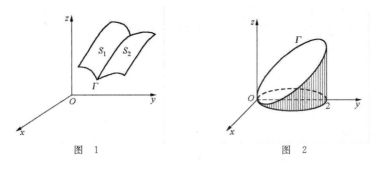

图 1　　　　　图 2

例 1 方程组

$$\begin{cases} x^2 + y^2 = 2y, \\ y = z \end{cases} \quad \text{②}$$

表示怎样的曲线?

解 方程组②中的第一个方程表示一个母线平行于 z 轴的圆柱面,其准线是 Oxy 平面上圆心在 $(0,1)$,半径为 1 的圆;第二个方程表示一个母线平行于 x 轴的柱面,其准线是 Oyz 平面上的直线,即它是一个平面. 因此,方程组②表示的是上述圆柱面与平面的交线 Γ(图 2),它在空间中是一个椭圆.

二、空间曲线的参数方程

空间曲线也可以用参数方程来表示. 设空间曲线 Γ 上动点 M 的坐标 x,y,z 可表示为参

数 t 的函数：
$$\begin{cases} x = x(t), \\ y = y(t), \quad t \in I. \\ z = z(t), \end{cases} \qquad ③$$

反之，给定某范围 I 内的一个 t 值，由③式就得到曲线 Γ 上的一个点，当 t 在这一范围内变化时，动点 M 就描出空间一条曲线 Γ. 称方程组③为**空间曲线 Γ 的参数方程**.

例 2 讨论参数方程
$$\begin{cases} x = a\cos\theta, \\ y = a\sin\theta, \\ z = k\theta \end{cases}$$
表示的曲线 Γ，其中 a,k 是正的常数，参数 $\theta \in (-\infty, +\infty)$.

解 先看坐标 $z = k\theta$ 的变化，它表明曲线上的动点 $M(x,y,z)$ 随着参数 θ 的增大而升高，升高的幅度与 θ 成正比，比例系数为 k. 设点 $M'(x,y,0)$ 是点 M 在 Oxy 平面上的投影，由参数方程可知 $x^2 + y^2 = a^2\cos^2\theta + a^2\sin^2\theta = a^2$. 这说明 OM' 的长度总是 a，也表明点 M 到 z 轴的距离总是 a. OM' 与 x 轴的夹角为 θ. 点 M 的三个坐标 x, y, z 都随 θ 的变化而变化，随着 θ 的增大，动点 M 在升高的同时还围绕 z 轴逆时针旋转，并保持与 z 轴的距离为 a. 这条曲线 Γ 称为**螺旋线**，它的图形如图 3 所示.

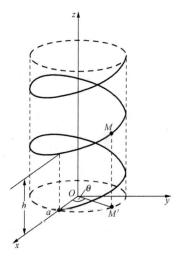

图 3

螺旋线是实践中常用的曲线. 例如，平头螺丝钉的外缘曲线就是螺旋线. 螺旋线有一个重要性质：从任一点开始，动点 M 上升的高度 h 与 M 转过的角度 θ 成正比，即 $h = k\theta$. 特别地，当 M 转过一周，即 $\theta = 2\pi$ 时，$h = 2k\pi$. 这一固定高度在工程技术上称为**螺距**（图 3）.

三、空间曲线在坐标平面上的投影

设空间曲线 Γ 的一般方程为
$$\begin{cases} F(x,y,z) = 0, \\ G(x,y,z) = 0. \end{cases} \qquad ④$$

如果从方程组④中消去 z 后得到的方程为
$$H(x,y) = 0, \qquad ⑤$$

那么当点 $M(x,y,z)$ 的坐标满足方程组④时，也一定满足方程⑤. 这说明曲线 Γ 完全落在方程⑤表示的曲面上. 方程⑤中没有变量 z，因此它表示的是母线平行于 z 轴的柱面. 我们把这个柱面称为曲线 Γ 对 Oxy 平面的**投影柱面**. 这个投影柱面与 Oxy 平面的交线
$$\begin{cases} H(x,y) = 0, \\ z = 0 \end{cases} \qquad ⑥$$

称为曲线 Γ 在 Oxy 平面上的**投影曲线**,简称**投影**.

同理,从方程组④中消去 x 或 y,再分别与 $x=0$ 或 $y=0$ 联立,我们就可得到曲线 Γ 在 Oyz 平面或 Ozx 平面上的投影曲线方程

$$\begin{cases} R(y,z)=0, \\ x=0 \end{cases} \quad 或 \quad \begin{cases} T(z,x)=0, \\ y=0. \end{cases}$$

例 3 求球面 $x^2+y^2+z^2=9$ 与平面 $x+z=1$ 的交线在 Oxy 平面上的投影方程.

解 球面 $x^2+y^2+z^2=9$ 与平面 $x+z=1$ 的交线方程为

$$\begin{cases} x^2+y^2+z^2=9, \\ x+z=1. \end{cases} \quad ⑦$$

从方程组⑦中消去 z 并化简,得交线对 Oxy 平面的投影柱面方程

$$2x^2-2x+y^2=8,$$

因此交线在 Oxy 平面上的投影方程为

$$\begin{cases} 2x^2-2x+y^2=8, \\ z=0. \end{cases}$$

例 4 讨论曲线 $\begin{cases} 2x^2+4y+z^2=4z, \\ x^2-8y+3z^2=12z \end{cases}$ 的图形.

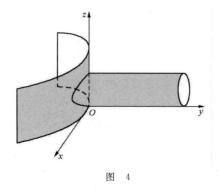

图 4

解 在所给曲线方程中分别消去变量 y 和 z,得 $x^2+z^2=4z, x^2+4y=0$,因而曲线方程等价于

$$\begin{cases} x^2+4y=0, \\ x^2+z^2=4z. \end{cases}$$

此方程组的第一个方程表示一个抛物柱面,第二个方程表示一个圆柱面,因此曲线为这两个柱面的交线,其形状如图 4 所示.

由此可以看出,空间曲线的投影柱面有利于认识空间曲线的图形.

习 题 7.3

1. 讨论曲线 $\begin{cases} x^2+y^2+z^2=1, \\ x^2+y^2=1 \end{cases}$ 的图形.

2. 求曲线 $\begin{cases} x^2+y^2-z=0, \\ z=x+1 \end{cases}$ 对三个坐标平面的投影柱面方程.

3. 求两球面 $x^2+y^2+z^2=1$ 与 $x^2+(y-1)^2+(z-1)^2=1$ 的交线在 Oxy 平面上的投影方程.

4. 求下列空间曲线的参数方程:

(1) $\begin{cases} y^2-4z=0, \\ x^2+z^2=4; \end{cases}$ (2) $\begin{cases} 5x-3y=0, \\ \dfrac{x^2}{9}+\dfrac{z^2}{16}=1. \end{cases}$

§7.4 平面及其方程

平面与直线是最常见也是最简单的曲面与曲线. 本节和§7.5将以向量为工具, 在空间直角坐标系中分别对它们进行讨论.

一、平面的点法式方程

垂直于平面 Π 的非零向量称为 Π 的**法向量**. 显然, 平面上的任一向量均与该平面的法向量垂直.

如果已知平面上的一点 $M_0(x_0,y_0,z_0)$ 和平面 Π 的一个法向量 $\boldsymbol{n}=(A,B,C)$, 那么平面 Π 的位置就完全确定了. 下面建立这个平面的方程.

图 1

设 $M(x,y,z)$ 是平面 Π 上的任一点(图1), 则向量 $\overrightarrow{M_0M}$ 必与法向量 $\boldsymbol{n}$ 垂直. 于是
$$\boldsymbol{n} \cdot \overrightarrow{M_0M} = 0,$$
即
$$A(x-x_0)+B(y-y_0)+C(z-z_0)=0. \qquad ①$$

这就是平面 Π 上的任一点 $M(x,y,z)$ 的坐标所满足的方程. 反过来, 如果点 $M(x,y,z)$ 满足方程①, 则说明向量 $\overrightarrow{M_0M}$ 垂直于 $\boldsymbol{n}$, 从而点 $M(x,y,z)$ 在平面 Π 上. 因此, 方程①即为平面 Π 的方程, 称为**平面的点法式方程**.

例1 求过点 $(-1,3,0)$ 且以 $\boldsymbol{n}=(2,-3,3)$ 为法向量的平面方程.

解 由平面的点法式方程①得所求的平面方程为
$$2(x+1)-3(y-3)+3z=0, \quad 即 \quad 2x-3y+3z+11=0.$$

例2 求过三点 $M_1(0,2,-1), M_2(-1,3,-2), M_3(1,2,4)$ 的平面方程.

解 先求此平面的一个法向量 n. 由于 n 与 $\overrightarrow{M_1M_2}, \overrightarrow{M_1M_3}$ 都垂直,所以可以取向量积 $\overrightarrow{M_1M_2} \times \overrightarrow{M_1M_3}$ 作为法向量 n:

$$\overrightarrow{M_1M_2} = (-1, 1, -1), \quad \overrightarrow{M_1M_3} = (1, 0, 5),$$

$$n = \overrightarrow{M_1M_2} \times \overrightarrow{M_1M_3} = \begin{vmatrix} i & j & k \\ -1 & 1 & -1 \\ 1 & 0 & 5 \end{vmatrix} = 5i + 4j - k.$$

故由平面的点法式方程①得所求的平面方程为

$$5x + 4(y-2) - (z+1) = 0, \quad 即 \quad 5x + 4y - z - 9 = 0.$$

对于一般情况,过三点 $M_1(x_1, y_1, z_1), M_2(x_2, y_2, z_2), M_3(x_3, y_3, z_3)$ 的平面方程可表示成如下形式:

$$\begin{vmatrix} x - x_1 & y - y_1 & z - z_1 \\ x_2 - x_1 & y_2 - y_1 & z_2 - z_1 \\ x_3 - x_1 & y_3 - y_1 & z_3 - z_1 \end{vmatrix} = 0.$$

二、平面的一般方程

容易看出平面的点法式方程①是关于 x, y, z 的三元一次方程,而任一平面都可以由它上的一点及它的法向量来确定,所以任一平面都可以用三元一次方程来表示.反过来,也可证明任何一个关于 x, y, z 的三元一次方程

$$Ax + By + Cz + D = 0 \qquad\qquad ②$$

的图形都是一个平面,其中 A, B, C 不全为零.把方程②称为**平面的一般方程**,其中 x, y, z 的系数是该平面的一个法向量 n 的坐标,即 $n = (A, B, C)$.

例如,方程 $x + 5y - 3z - 7 = 0$ 表示一个平面, $n = (1, 5, -3)$ 是这个平面的一个法向量.

在平面的一般方程 $Ax + By + Cz + D = 0$ 中,当各项系数取特殊值时,可得一些常用的特殊平面,具体如下:

(1) 若 $D = 0$,方程②成为 $Ax + By + Cz = 0$,它表示一个通过原点的平面.

(2) 若 $A = 0$,方程②成为 $By + Cz + D = 0$,法向量 $n = (0, B, C)$ 垂直于 x 轴,故它表示一个平行于 x 轴的平面(这里将直线在平面上看作直线与平面平行的一种特殊情况).

同理,方程 $Ax + Cz + D = 0$ 和 $Ax + By + D = 0$ 分别表示平行于 y 轴和 z 轴的平面.

(3) 若 $A = B = 0$,方程②成为 $Cz + D = 0$ 或 $z = -\dfrac{D}{C}$,法向量 $n = (0, 0, C)$ 同时垂直于 x 轴和 y 轴,故它表示一个平行于 Oxy 平面的平面(这里将平面与平面重合看作平面与平面平行的一种特殊情况).

同理,方程 $Ax + D = 0$ 和 $By + D = 0$ 分别表示平行于 Oyz 平面和 Ozx 平面的平面.特别地,$x = 0, y = 0, z = 0$ 分别表示 Oyz 平面,Ozx 平面,Oxy 平面.

§7.4 平面及其方程

例 3 求通过 x 轴和点 $M(3,2,-1)$ 的平面方程.

解 由于所求的平面通过 x 轴,因此它平行于 x 轴且过原点,从而可设其方程为
$$By + Cz = 0.$$
又因为所求的平面过点 $M(3,2,-1)$,代入所设的方程有
$$2B - C = 0, \quad 即 \quad C = 2B.$$
再代入所设的方程并除以 $B(B \neq 0)$,便得所求的平面方程为
$$y + 2z = 0.$$

例 4 设平面 Π 的一般方程为 $Ax + By + Cz + D = 0$. 如果 Π 不过原点,并且不与任何坐标轴平行,则 A, B, C, D 都不为零,且 Π 必与三个坐标轴各有一个交点,从而 Π 的方程可化为
$$\frac{A}{-D}x + \frac{B}{-D}y + \frac{C}{-D}z = 1.$$
令 $a = \dfrac{-D}{A}, b = \dfrac{-D}{B}, c = \dfrac{-D}{C}$,则 Π 的方程又化为
$$\frac{x}{a} + \frac{y}{b} + \frac{z}{c} = 1. \qquad ③$$
称方程③为**平面 Π 的截距式方程**. 显然,点 $(a, 0, 0)$, $(0, b, 0)$, $(0, 0, c)$ 都在平面 Π 上. 称 a, b, c 是平面 Π 分别在 x 轴,y 轴,z 轴上的**截距**(图 2).

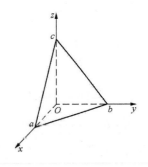

图 2

三、两平面的夹角

规定两平面的法向量的夹角(取锐角)为**两平面的夹角**.

设两平面 Π_1, Π_2 的法向量分别为 $\boldsymbol{n}_1 = (A_1, B_1, C_1)$ 和 $\boldsymbol{n}_2 = (A_2, B_2, C_2)$,$\Pi_1$ 和 Π_2 的夹角为 $\theta \left(0 \leqslant \theta \leqslant \dfrac{\pi}{2}\right)$,则 $\theta = \angle(\boldsymbol{n}_1, \boldsymbol{n}_2)$ 或 $\theta = \pi - \angle(\boldsymbol{n}_1, \boldsymbol{n}_2)$(图 3). 按两向量夹角的余弦公式,有

$$\cos\theta = |\cos\angle(\boldsymbol{n}_1, \boldsymbol{n}_2)|$$
$$= \frac{|A_1 A_2 + B_1 B_2 + C_1 C_2|}{\sqrt{A_1^2 + B_1^2 + C_1^2}\sqrt{A_2^2 + B_2^2 + C_2^2}}. \qquad ④$$

图 3

另外,从两向量垂直和平行的条件易知:

(1) 两平面 Π_1, Π_2 平行的充分必要条件是
$$\frac{A_1}{A_2} = \frac{B_1}{B_2} = \frac{C_1}{C_2},$$
其中当分母为零时,约定分子也为零,如当 $A_2 = 0$,而 $B_2, C_2 \neq 0$ 时,应有 $A_1 = 0$,且充分必要条件成为 $\dfrac{B_1}{B_2} = \dfrac{C_1}{C_2}$;

(2) 两平面 Π_1, Π_2 垂直的充分必要条件是

$$A_1A_2 + B_1B_2 + C_1C_2 = 0.$$

例 5 求通过点 $M_1(4,2,-1), M_2(5,1,3)$ 且垂直于平面 $3x+y-z-2=0$ 的平面方程.

解 设所求平面的一个法向量为
$$\boldsymbol{n} = (A, B, C).$$
所求平面与平面 $3x+y-z-2=0$ 垂直，所以两平面的法向量相互垂直，从而有
$$(A, B, C) \cdot (3, 1, -1) = 3A + B - C = 0. \qquad ⑤$$
同时，$\overrightarrow{M_1M_2}=(1,-1,4)$ 在所求的平面上，它必与 $\boldsymbol{n}$ 垂直，于是有
$$(A, B, C) \cdot (1, -1, 4) = A - B + 4C = 0. \qquad ⑥$$
由方程⑤，⑥可得 $A=-\dfrac{3}{4}C, B=\dfrac{13}{4}C$，再由平面的点法式方程可得所求的平面方程为
$$-\frac{3}{4}C(x-4) + \frac{13}{4}C(y-2) + C(z+1) = 0,$$
化简为
$$3x - 13y - 4z + 10 = 0.$$

四、点到平面的距离

设 $P_0(x_0, y_0, z_0)$ 是平面 $\Pi: Ax+By+Cz+D=0$ 以外的一点，下面推导点 P_0 到平面 Π 的距离公式.

图 4

在平面 Π 上任取一点 $P_1(x_1, y_1, z_1)$，作向量 $\overrightarrow{P_1P_0}$ 和法向量 $\boldsymbol{n}$（图 4），设这两向量的夹角为 θ，则点 P_0 到平面 Π 的距离为
$$d = |\overrightarrow{P_1P_0}||\cos\theta| = |\overrightarrow{P_1P_0}| \frac{|\overrightarrow{P_1P_0} \cdot \boldsymbol{n}|}{|\overrightarrow{P_1P_0}||\boldsymbol{n}|}$$
$$= \frac{|A(x_0-x_1) + B(y_0-y_1) + C(z_0-z_1)|}{\sqrt{A^2+B^2+C^2}}$$
$$= \frac{|Ax_0 + By_0 + Cz_0 - (Ax_1 + By_1 + Cz_1)|}{\sqrt{A^2+B^2+C^2}}.$$

因为 $P_1(x_1, y_1, z_1)$ 是平面 Π 上一点，所以 $Ax_1+By_1+Cz_1=-D$，于是得到点 P_0 到平面 Π 的距离公式
$$d = \frac{|Ax_0 + By_0 + Cz_0 + D|}{\sqrt{A^2+B^2+C^2}}.$$

例 6 求平行于平面 $x+2y-2z=1$ 且与其距离为 2 的平面方程.

解 所求的平面与平面 $x+2y-2z=1$ 平行，由两平面平行的充分必要条件，可设所求的平面方程为
$$x + 2y - 2z + D = 0.$$

在平面 $x+2y-2z=1$ 上取一点 $P(1,0,0)$，则点 P 到所求平面的距离即为两平行平面间的距离，因而有

$$d = \frac{|1+D|}{\sqrt{1^2+2^2+(-2)^2}} = 2,$$

解得 $D=5$ 或 -7. 故所求的平面方程为

$$x+2y-2z+5=0 \quad 或 \quad x+2y-2z-7=0.$$

习 题 7.4

1. 已知空间中的两点 $M_1(1,2,-1),M_2(3,-1,2)$，求过点 M_1 且与直线 M_1M_2 垂直的平面方程.

2. 求过三点 $M_1(0,2,3),M_2(-1,3,-2)$ 和 $M_3(2,-1,4)$ 的平面方程.

3. 求过点 $(1,0,-2)$ 且与平面 $2x+y-z-2=0$ 和 $x-y-z-3=0$ 均垂直的平面方程.

4. 已知从原点引某平面的垂线，垂足为 $(3,-1,7)$，求此平面的方程.

5. 求过点 $M(3,2,-4)$ 且在 x 轴和 y 轴上的截距分别为 -2 和 -3 的平面方程.

6. 已知连接两点 $A(3,10,-5)$ 和 $B(0,12,k)$ 的线段平行于平面 $7x+4y-z-1=0$，求 k.

7. 指出以下各平面的特殊位置.
(1) $x+5y+4z=0$；　　　(2) $2x+3y-6=0$；
(3) $By+Cz=0$；　　　　(4) $2z+5=0$.

8. 求平行于 z 轴且过点 $M_1(1,0,1),M_2(2,-1,1)$ 的平面方程.

9. 求下列各组平面的夹角：
(1) $x+y-11=0, 3x+8=0$；
(2) $2x-3y+6z-12=0, x+2y+2z-7=0$.

10. 确定下列方程中的 l 和 m：
(1) 平面 $2x+ly+3z-5=0$ 与平面 $mx-6y-z+2=0$ 平行；
(2) 平面 $3x-5y+lz-3=0$ 与平面 $x+3y+2z+5=0$ 垂直.

11. 求与原点的距离为 6 且在三条坐标轴 x,y,z 轴上的截距之比为 $a:b:c=-1:3:2$ 的平面方程.

§7.5 空间直线及其方程

一、空间直线的一般方程

设有空间中的两个平面

$$\Pi_1: A_1x+B_1y+C_1z+D_1=0, \quad \Pi_2: A_2x+B_2y+C_2z+D_2=0,$$

且 Π_1 与 Π_2 不平行,即它们的法向量 (A_1,B_1,C_1) 与 (A_2,B_2,C_2) 的对应坐标不成比例,则它们必相交,且交线是空间中的一条直线.记它们的交线为 L(图 1),那么直线 L 上任一点的坐标应同时满足两个平面的方程,即应满足方程组

$$\begin{cases} A_1x+B_1y+C_1z+D_1=0, \\ A_2x+B_2y+C_2z+D_2=0. \end{cases} \quad ①$$

反过来,如果点 $M(x,y,z)$ 的坐标满足方程组①,则说明点 $M(x,y,z)$ 同时在平面 Π_1,Π_2 上,从而点 $M(x,y,z)$ 在 Π_1,Π_2 的交线 L 上.因此,直线 L 可以用方程组①来表示,方程组①叫作**空间直线的一般方程**.

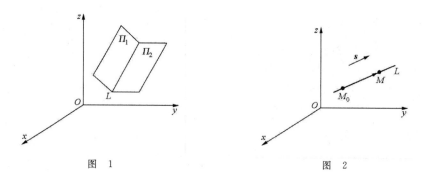

图 1　　　　　　　　　图 2

由于通过空间直线 L 的平面有无限多个,只要在这无限多个平面中任意选取两个,把它们的方程联立起来,都可作为 L 的方程.

二、空间直线的对称式方程和参数方程

若空间中的一条直线 L 通过点 $M_0(x_0,y_0,z_0)$ 且平行于非零向量 $\boldsymbol{s}=(m,n,p)$,则这条直线的位置就完全确定了.下面建立直线 L 的方程.

设 $M(x,y,z)$ 是直线 L 上的任一异于 M_0 的点.因为直线 L 平行于非零向量 $\boldsymbol{s}$,所以 $\overrightarrow{M_0M}\ /\!/\ \boldsymbol{s}$(图 2).根据向量平行的条件,得

$$\frac{x-x_0}{m}=\frac{y-y_0}{n}=\frac{z-z_0}{p}. \quad ②$$

反之,如果点 $M(x,y,z)$ 的坐标满足方程②,则说明 $\overrightarrow{M_0M}$ 平行于 $\boldsymbol{s}$,从而点 $M(x,y,z)$ 在直线 L 上.所以,方程②是直线 L 的方程,称它为**直线的对称式方程**.

由于非零向量 $\boldsymbol{s}$ 确定了直线的方向,所以称它为直线 L 的**方向向量**,其中 $\boldsymbol{s}$ 的分量 m,n,p 称为直线 L 的一组**方向数**.因为方程②是由直线上的一点和方向向量确定的,所以它又称为**直线的点向式方程**.

注　当方程②中的分母为零时,约定分子也为零.例如,当 $m=0$,而 $n,p\neq 0$ 时,方程②应理解为

$$\begin{cases} x - x_0 = 0, \\ \dfrac{y - y_0}{n} = \dfrac{z - z_0}{p}, \end{cases}$$

也可写成

$$\frac{x - x_0}{0} = \frac{y - y_0}{n} = \frac{z - z_0}{p};$$

当 $m = n = 0$,而 $p \neq 0$ 时,方程②应理解为

$$\begin{cases} x - x_0 = 0, \\ y - y_0 = 0. \end{cases}$$

由直线的对称式方程②可见,当点 $M(x, y, z)$ 在直线 L 上变化时,方程②中的三个比例式总保持相等.因此,如果令

$$\frac{x - x_0}{m} = \frac{y - y_0}{n} = \frac{z - z_0}{p} = t,$$

则有

$$\begin{cases} x = x_0 + mt, \\ y = y_0 + nt, \\ z = z_0 + pt. \end{cases} \qquad ③$$

方程组③称为**直线的参数方程**.

至此,已经研究了直线方程的三种不同形式,这三种形式在不同的场合,各有便利之处,应注意灵活运用.

例1 求过点 $M_0(2, -1, 3)$ 且平行于直线 $\dfrac{x-3}{2} = \dfrac{y}{1} = \dfrac{z-1}{5}$ 的直线方程.

解 因为所求的直线平行于直线 $\dfrac{x-3}{2} = \dfrac{y}{1} = \dfrac{z-1}{5}$,所以两直线有相同的方向向量:

$$s = (2, 1, 5).$$

又所求的直线过点 $M_0(2, -1, 3)$,从而由直线的对称式方程②可得所求的直线方程为

$$\frac{x-2}{2} = \frac{y+1}{1} = \frac{z-3}{5}.$$

例2 求过 $M_1(x_1, y_1, z_1), M_2(x_2, y_2, z_2)$ 两点的直线方程.

解 可取向量 $\overrightarrow{M_1 M_2} = (x_2 - x_1, y_2 - y_1, z_2 - z_1)$ 作为所求直线的方向向量,取 M_1 作为已知定点,于是由直线的对称式方程②可得所求的直线方程为

$$\frac{x - x_1}{x_2 - x_1} = \frac{y - y_1}{y_2 - y_1} = \frac{z - z_1}{z_2 - z_1}.$$

上式称为**直线的两点式方程**.

例3 化直线 L 的一般式方程

$$L: \begin{cases} x - 2y + z + 1 = 0, \\ x + y - z + 3 = 0 \end{cases} \qquad ④$$

为对称式方程和参数方程.

解 先找出直线 L 上的一点 $M_0(x_0, y_0, z_0)$. 如可以取 $y_0 = 0$, 代入方程组④, 得

$$\begin{cases} x_0 + z_0 + 1 = 0, \\ x_0 - z_0 + 3 = 0, \end{cases}$$

解得 $x_0 = -2, z_0 = 1$, 即 $(-2, 0, 1)$ 为这直线上的一点.

下面求直线 L 的方向向量 $\boldsymbol{s}$. 由于两平面的交线与这两平面的法向量 $\boldsymbol{n}_1 = (1, -2, 1)$, $\boldsymbol{n}_2 = (1, 1, -1)$ 都垂直, 所以 $\boldsymbol{s} // \boldsymbol{n}_1 \times \boldsymbol{n}_2$. 而

$$\boldsymbol{n}_1 \times \boldsymbol{n}_2 = \begin{vmatrix} \boldsymbol{i} & \boldsymbol{j} & \boldsymbol{k} \\ 1 & -2 & 1 \\ 1 & 1 & -1 \end{vmatrix} = \boldsymbol{i} + 2\boldsymbol{j} + 3\boldsymbol{k},$$

故可取 $\boldsymbol{s} = (1, 2, 3)$, 得直线 L 的对称式方程为

$$\frac{x+2}{1} = \frac{y}{2} = \frac{z-1}{3}.$$

令

$$\frac{x+2}{1} = \frac{y}{2} = \frac{z-1}{3} = t,$$

得直线 L 的参数方程为

$$\begin{cases} x = -2 + t, \\ y = 2t, \\ z = 1 + 3t. \end{cases}$$

例 4 求直线 $L: \frac{x-4}{5} = \frac{y+3}{2} = \frac{z}{1}$ 在平面 $\Pi: 4x - y + z = 1$ 上的投影直线方程.

解 先求过直线 L 且垂直于平面 Π 的平面方程. 设它的法向量为 $\boldsymbol{n}$, 则

$$\boldsymbol{n} = \begin{vmatrix} \boldsymbol{i} & \boldsymbol{j} & \boldsymbol{k} \\ 5 & 2 & 1 \\ 4 & -1 & 1 \end{vmatrix} = 3\boldsymbol{i} - \boldsymbol{j} - 13\boldsymbol{k}.$$

所以过直线 L 且垂直于平面 Π 的平面方程为

$$3(x-4) - (y+3) - 13(z-0) = 0, \quad 即 \quad 3x - y - 13z - 15 = 0.$$

因此, 所求的投影直线方程为

$$\begin{cases} 4x - y + z = 1, \\ 3x - y - 13z - 15 = 0. \end{cases}$$

三、两空间直线的夹角

给定两空间直线 L_1 和 L_2, 它们方向向量分别为 $\boldsymbol{s}_1 = (m_1, n_1, p_1)$ 和 $\boldsymbol{s}_2 = (m_2, n_2, p_2)$. 规

定**直线 L_1 与 L_2 的夹角**为它们方向向量的夹角,取锐角.于是 L_1 与 L_2 的夹角 φ 为
$$\varphi = \min\{\angle(s_1,s_2), \pi - \angle(s_1,s_2)\},$$
因此 $\cos\varphi = |\cos\angle(s_1,s_2)|$.与前面讨论过的平面的夹角类似,可以得到以下结论:

(1) $\cos\varphi = \dfrac{|s_1 \cdot s_2|}{|s_1||s_2|} = \dfrac{|m_1 m_2 + n_1 n_2 + p_1 p_2|}{\sqrt{m_1^2+n_1^2+p_1^2}\sqrt{m_2^2+n_2^2+p_2^2}}$;

(2) 两直线 L_1 和 L_2 平行的充分必要条件是
$$\frac{m_1}{m_2} = \frac{n_1}{n_2} = \frac{p_1}{p_2}$$
(这里将两直线重合看作平行的特殊情况);

(3) 两直线 L_1 和 L_2 垂直的充分必要条件是
$$m_1 m_2 + n_1 n_2 + p_1 p_2 = 0.$$

例 5 求直线 $L_1: \dfrac{x-4}{2} = \dfrac{y+1}{4} = \dfrac{z-3}{-3}$ 和 $L_2: \dfrac{x-1}{3} = \dfrac{y+2}{1} = \dfrac{z-3}{2}$ 的夹角.

解 易知直线 L_1 和 L_2 的方向向量分别为 $(2,4,-3)$ 和 $(3,1,2)$.设直线 L_1 和 L_2 的夹角为 φ,则有
$$\cos\varphi = \frac{|2\times 3 + 4\times 1 + (-3)\times 2|}{\sqrt{2^2+4^2+(-3)^2}\sqrt{3^2+1^2+2^2}} = \frac{4}{\sqrt{406}},$$
即
$$\varphi = \arccos\frac{4}{\sqrt{406}}.$$

四、空间直线和平面的夹角

规定**空间直线 L 与平面 Π 的夹角**为直线 L 和它在平面 Π 上的投影直线的夹角.当直线和平面垂直时,规定直线与平面的夹角为 $\dfrac{\pi}{2}$.

如图 3 所示,设直线 L 的方向向量为 $s=(m,n,p)$,平面 Π 的法向量为 $n=(A,B,C)$.当 L 与 Π 不垂直时,L 与 Π 的夹角为直线 L 与它在 Π 上的投影直线 L' 的夹角 φ;而当 L 与 Π 垂直时,它们的夹角 $\varphi = \dfrac{\pi}{2}$.显然有 $\varphi = \left|\dfrac{\pi}{2} - \angle(s,n)\right|$,所以有

图 3

$$\sin\varphi = \left|\sin\left(\frac{\pi}{2} - \angle(s,n)\right)\right| = |\cos\angle(s,n)| = \frac{|Am+Bn+Cp|}{\sqrt{A^2+B^2+C^2}\sqrt{m^2+n^2+p^2}}.$$

例 6 求直线 $L: \dfrac{x}{-1} = \dfrac{y-1}{1} = \dfrac{z-1}{2}$ 与平面 $\Pi: 2x+y-z-3=0$ 的交点与夹角.

解 (1) 易得直线 L 的参数方程为

$$\begin{cases} x = -t, \\ y = 1+t, \\ z = 1+2t. \end{cases}$$

代入平面方程可得

$$-2t+(1+t)-(1+2t)-3=0,$$

解得 $t=-1$,所以直线 L 与平面 Π 的交点为 $(1,0,-1)$.

(2) 易知直线 L 的方向向量为 $\boldsymbol{s}=(-1,1,2)$,平面 Π 的法向量为 $\boldsymbol{n}=(2,1,-1)$. 记直线 L 与平面 Π 的夹角为 φ,则

$$\sin\varphi = \left|\sin\left(\frac{\pi}{2}-\angle(\boldsymbol{s},\boldsymbol{n})\right)\right| = \frac{|-1\times2+1\times1+2\times(-1)|}{\sqrt{(-1)^2+1^2+2^2}\sqrt{2^2+1^2+(-1)^2}} = \frac{1}{2}.$$

所以直线 L 和平面 Π 的夹角为 $\dfrac{\pi}{6}$.

五、平面束

通过空间直线 L 可以作无穷多个平面,所有这些平面的集合称为过直线 L 的**平面束**.
设直线 L 是两平面 Π_1,Π_2 的交线,其方程为

$$\begin{cases} \Pi_1: A_1x+B_1y+C_1z+D_1=0, \\ \Pi_2: A_2x+B_2y+C_2z+D_2=0. \end{cases}$$

构造一个新的三元一次方程

$$(A_1x+B_1y+C_1z+D_1)+\lambda(A_2x+B_2y+C_2z+D_2)=0 \qquad ⑤$$

或

$$(A_1+\lambda A_2)x+(B_1+\lambda B_2)y+(C_1+\lambda C_2)z+D_1+\lambda D_2=0, \qquad ⑥$$

其中 λ 为任意实数. 因为平面 Π_1,Π_2 相交,则 (A_1,B_1,C_1) 与 (A_2,B_2,C_2) 的对应坐标不成比例,所以方程⑤或⑥的系数 $A_1+\lambda A_2$,$B_1+\lambda B_2$,$C_1+\lambda C_2$ 不全为零. 因此⑤或⑥表示一个平面. 容易知道,若一点在直线 L 上,则此点的坐标也必满足方程⑤或⑥. 这说明方程⑤或⑥表示通过直线 L 的平面. 当 λ 取遍全体实数时,方程⑤或⑥就给出了过直线 L 的平面束方程(Π_2 除外).

例 7 求通过直线 $\begin{cases} 2x+y-2z+3=0, \\ x+2y-z-2=0 \end{cases}$ 且与平面 $x-2y+z-1=0$ 垂直的平面方程.

解 设所求的平面方程为

$$(2x+y-2z+3)+\lambda(x+2y-z-2)=0,$$

则由两平面垂直的条件有

$$(2+\lambda)-2\times(1+2\lambda)+(-2-\lambda)=0,$$

即

$$-4\lambda-2=0, \quad \lambda=-\frac{1}{2}.$$

故所求的平面方程为

$$(2x+y-2z+3)-\frac{1}{2}(x+2y-z-2)=0, \quad 即 \quad 3x-3z+8=0.$$

习 题 7.5

1. 求过点 $(1,2,-4)$ 且与平面 $x-2y+z-4=0$ 垂直的直线方程.

2. 求通过下列两已知点的直线方程:

(1) $(1,-2,1),(3,1,-1)$; (2) $(3,-1,0),(1,0,3)$.

3. 求下列直线的对称式方程和参数方程:

(1) $\begin{cases} x-y+z+5=0, \\ 5x-8y+4z+36=0; \end{cases}$ (2) $\begin{cases} x=3z-5, \\ y=2z-8. \end{cases}$

4. 求以下各点的坐标:

(1) 在直线 $\dfrac{x-1}{2}=\dfrac{y-8}{1}=\dfrac{z-8}{3}$ 上与原点相距 25 的点;

(2) 点 $P(2,0,-1)$ 关于直线 $\begin{cases} x-y-4z+12=0, \\ 2x+y-2z+3=0 \end{cases}$ 的对称点.

5. 求直线 $\dfrac{x-1}{1}=\dfrac{y+1}{-2}=\dfrac{z}{3}$ 与平面 $2x+3y+z-1=0$ 的夹角与交点.

6. 求过点 $(0,2,4)$ 且与两平面 $x+2z=1$ 和 $x+y-3z=2$ 平行的直线方程.

7. 判别下列各对直线的相互位置,如果是相交或平行的两直线,求出它们所在的平面:

(1) $\begin{cases} x-2y+2z=0, \\ 3x+2y-6=0 \end{cases}$ 与 $\begin{cases} x+2y-z-11=0, \\ 2x+z-14=0; \end{cases}$

(2) $\dfrac{x-3}{3}=\dfrac{y-8}{-1}=\dfrac{z-3}{1}$ 与 $\dfrac{x+3}{-3}=\dfrac{y+7}{2}=\dfrac{z-6}{4}$;

(3) $\begin{cases} x=t, \\ y=2t+1, \\ z=-t-2 \end{cases}$ 与 $\dfrac{x-1}{4}=\dfrac{y-4}{7}=\dfrac{z+2}{-5}$.

8. 求直线 $\dfrac{x+1}{-1}=\dfrac{y-3}{1}=\dfrac{z+4}{2}$ 与 $\dfrac{x-1}{-2}=\dfrac{y}{4}=\dfrac{z-1}{-3}$ 的夹角.

9. 求过点 $(2,0,-1)$ 和直线 $\dfrac{x+1}{2}=\dfrac{y}{-1}=\dfrac{z-2}{3}$ 的平面方程.

10. 求过点 $P(1,5,-1)$ 且与直线 $L:\dfrac{x-5}{1}=\dfrac{y+1}{-1}=\dfrac{z}{2}$ 垂直相交的直线方程.

11. 求直线 $L:\dfrac{x+2}{3}=\dfrac{y-2}{-1}=\dfrac{z+1}{2}$ 在平面 $\Pi:2x+3y+3z-8=0$ 上的投影直线方程.

12. 求过点 $(-1,0,4)$，平行于平面 $3x-4y+z=10$ 且与直线 $x+1=y-3=\dfrac{z}{2}$ 相交的直线方程.

13. 求过直线 $\dfrac{x-1}{2}=\dfrac{y+2}{-3}=\dfrac{z-2}{2}$ 且与平面 $3x+2y-z-5=0$ 垂直的平面方程.

14. 求过直线 $\begin{cases} x+5y+z=0, \\ x-z+4=0 \end{cases}$ 且与平面 $x-4y-8z+12=0$ 成 $\dfrac{\pi}{4}$ 角的平面方程.

15. 设 M_0 是直线 L 外一点，M 是直线 L 上任意一点，且直线 L 的方向向量为 s，试证：点 M_0 到直线 L 的距离为
$$d=\dfrac{|\overrightarrow{M_0 M}\times s|}{|s|}.$$

16. 求下列点 M 到直线 L 的距离：

(1) 点 $M(1,2,3)$，直线 $L: \dfrac{x-2}{1}=\dfrac{y-2}{-3}=\dfrac{z}{5}$；

(2) 点 $M(2,3,-1)$，直线 $L: \begin{cases} 2x-2y+z+3=0, \\ 3x-2y+2z+17=0. \end{cases}$

§7.6 二次曲面

三元二次方程所表示的曲面称为**二次曲面**. 在 §7.2 中已经研究过的球面和圆柱面都属于二次曲面. 下面用截痕法讨论几种简单的二次曲面. 所谓**截痕法**，就是取一系列平面与曲面相交，考查这些交线（即截痕）的形状，然后加以综合，进而了解曲面全貌的一种方法.

一、椭球面

由方程
$$\dfrac{x^2}{a^2}+\dfrac{y^2}{b^2}+\dfrac{z^2}{c^2}=1 \quad (a>0, b>0, c>0) \qquad ①$$

所表示的曲面称为**椭球面**，其中 a,b,c 称为椭球面的**半轴**.

方程①中仅含有坐标的平方项，可见当点 (x,y,z) 满足方程①时，点 $(\pm x, \pm y, \pm z)$ 也一定满足方程①，其中正、负号可任意选取，所以椭球面关于三个坐标平面、三条坐标轴及坐标原点都对称. 从方程①还可以看出 $|x|\leqslant a, |y|\leqslant b, |z|\leqslant c$，因此椭球面完全被封闭在由平面 $x=\pm a, y=\pm b, z=\pm c$ 所围成的长方体内部. 为了进一步了解椭球面的形状，下面用平行于坐标平面的平面截椭球面.

先用平面 $z=h(h\leqslant c)$ 去截椭球面①，得到的截痕为

$$\begin{cases} \dfrac{x^2}{a^2} + \dfrac{y^2}{b^2} = 1 - \dfrac{h^2}{c^2}, \\ z = h. \end{cases}$$

此截痕是平面 $z=h$ 上的椭圆,当 $|h|$ 由零增大到 c 时,椭圆由大变小,最后缩成一点 $(0,0,\pm c)$.

同理,用平面 $x=h(|h|\leqslant a)$ 或 $y=h(|h|\leqslant b)$ 去截椭球面①,可以得到类似的结果.

综合上述结果,可得到椭球面①的形状如图 1 所示.

如果有两个半轴相等,例如 $a=b\neq c$,方程①成为

$$\dfrac{x^2}{a^2} + \dfrac{y^2}{a^2} + \dfrac{z^2}{c^2} = 1,$$

图 1

它可以看作 Ozx 平面上的椭圆 $\dfrac{x^2}{a^2} + \dfrac{z^2}{c^2} = 1$ 绕 z 轴旋转一周而形成的旋转曲面,称之为**旋转椭球面**. 如果 $a=b=c$, 椭球面即为球面.

二、双曲面

(一) 单叶双曲面

由方程

$$\dfrac{x^2}{a^2} + \dfrac{y^2}{b^2} - \dfrac{z^2}{c^2} = 1 \quad (a>0, b>0, c>0) \qquad ②$$

所表示的曲面称为**单叶双曲面**.

显然,单叶双曲面与椭球面一样,它关于三个坐标平面、三条坐标轴及坐标原点都对称. 下面同样用截痕法讨论单叶双曲面的形状.

首先,用平面 $z=h$ 去截单叶双曲面②,得到的截痕为

$$\begin{cases} \dfrac{x^2}{a^2} + \dfrac{y^2}{b^2} = 1 + \dfrac{h^2}{c^2}, \\ z = h. \end{cases}$$

此截痕是平面 $z=h$ 上的椭圆,当 $h=0$ 时,截得的椭圆最小,随着 $|h|$ 的增大,椭圆也在增大.

其次,用平面 $y=h$ 去截单叶双曲面②,得到的截痕为

$$\begin{cases} \dfrac{x^2}{a^2} - \dfrac{z^2}{c^2} = 1 - \dfrac{h^2}{b^2}, \\ y = h. \end{cases}$$

当 $|h|<b$ 时,它是平面 $y=h$ 上的双曲线,其实轴平行于 x 轴,虚轴平行于 z 轴;当 $|h|>b$ 时,它仍是平面 $y=h$ 上的双曲线,但此时实轴平行于 z 轴,而虚轴平行于 x 轴;当 $h=\pm b$ 时,它是一对相交直线

$$\begin{cases} \dfrac{x}{a} - \dfrac{z}{c} = 0, \\ y = h \end{cases} \text{和} \begin{cases} \dfrac{x}{a} + \dfrac{z}{c} = 0, \\ y = h. \end{cases}$$

用平面 $x=h$ 或 $y=h$ 去截单叶双曲面②,可得到相似的结论.

综合以上的结果,可得单叶双曲面②的图形如图 2 所示.

(二) 双叶双曲面

由方程

$$\dfrac{x^2}{a^2} + \dfrac{y^2}{b^2} - \dfrac{z^2}{c^2} = -1 \quad (a>0, b>0, c>0) \qquad ③$$

所表示的曲面称为**双叶双曲面**.

用截痕法讨论可知双叶双曲面③的形状如图 3 所示.

图 2　　　　图 3

三、抛物面

(一) 椭圆抛物面

由方程

$$\dfrac{x^2}{p} + \dfrac{y^2}{q} = 2z \quad (p, q \text{ 同号}) \qquad ④$$

所表示的曲面称为**椭圆抛物面**.

显然,椭圆抛物面关于 Ozx 平面和 Oyz 平面对称,也对称于 z 轴,它与对称轴的交点 $(0,0,0)$ 称为椭圆抛物面的**顶点**.

为了用截痕法讨论椭圆抛物面的形状,不妨设 $p,q>0$.

用平面 $z=h(h \geqslant 0)$ 去截椭圆抛物面④,得到的截痕为

$$\begin{cases} \dfrac{x^2}{p} + \dfrac{y^2}{q} = 2h, \\ z = h. \end{cases}$$

当 $h=0$ 时,截痕为原点,即椭圆抛物面的**顶点**.当 $h>0$ 时,截痕是平面 $z=h$ 上的椭圆.

用平面 $y=h$ 去截椭圆抛物面④,得到的截痕为

$$\begin{cases} x^2 = 2p\left(z - \dfrac{h^2}{2q}\right), \\ y = h. \end{cases}$$

此截痕为平面 $y=h$ 上的抛物线，顶点为 $\left(0, h, \dfrac{h^2}{2q}\right)$.

用平面 $x=h$ 去截椭圆抛物面④时，截痕也是抛物线.

综合以上的结果，可得椭圆抛物面④的图形如图 4 所示.

图 4

图 5

（二）双曲抛物面

由方程

$$\dfrac{x^2}{p} - \dfrac{y^2}{q} = 2z \quad (p, q \text{ 同号}) \qquad ⑤$$

所表示的曲面称为**双曲抛物面**（或**马鞍面**）.

同样，在下面用截痕法讨论双曲抛物面的形状中，设 $p, q > 0$.

用平面 $z=h$ 去截双曲抛物面⑤，得到的截痕为

$$\begin{cases} \dfrac{x^2}{p} - \dfrac{y^2}{q} = 2h, \\ z = h. \end{cases}$$

当 $h>0$ 时，截痕是平面 $z=h$ 上的双曲线，其实轴与 x 轴平行，虚轴与 y 轴平行；当 $h<0$ 时，截线也是平面 $z=h$ 上的双曲线，其实轴与 y 轴平行，虚轴与 x 轴平行；当 $h=0$ 时，截痕为两条相交直线.

用平面 $y=h$ 去截双曲抛物面⑤时，截痕为

$$\begin{cases} x^2 = 2p\left(z + \dfrac{h^2}{2q}\right), \\ y = h, \end{cases}$$

它是平面 $y=h$ 上的一条抛物线.

类似地，用平面 $x=h$ 去截双曲抛物面⑤，得到的截痕也是抛物线.

综合以上的结果，可得双曲抛物面⑤的图形如图 5 所示.

四、二次锥面

由方程

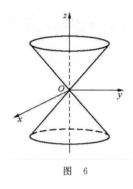

图 6

$$\frac{x^2}{a^2}+\frac{y^2}{b^2}=z^2 \quad (a>0,b>0) \qquad ⑥$$

所表示的曲面称为**椭圆锥面**.

用平面 $z=h$ 去截椭圆锥面⑥,得到的截痕为

$$\begin{cases}\dfrac{x^2}{a^2}+\dfrac{y^2}{b^2}=h^2,\\ z=h.\end{cases}$$

当 $h=0$ 时,此截痕是原点;当 $h\neq 0$ 时,此截痕是一椭圆.

类似地,也可以用平面 $x=h$ 和 $y=h$ 去截椭圆锥面⑥.综合可得,椭圆锥面⑥的图形如图 6 所示.

习 题 7.6

用截痕法讨论下列方程表示的曲面形状:

1. $x^2+y^2-\dfrac{z^2}{9}=0$.　　2. $\dfrac{x^2}{9}-y^2-\dfrac{z^2}{9}=1$.　　3. $z=2-x^2-y^2$.

4. $4x^2+y^2+9z^2=36$.　　5. $2x^2+z^2=4$.　　6. $x^2-y^2=4z$.

总练习题七

1. 求点 $M(1,-3,4)$ 到原点及到各坐标轴的距离.

2. 判断下列命题是否正确:

(1) 若 $\boldsymbol{a}\cdot\boldsymbol{c}=\boldsymbol{b}\cdot\boldsymbol{c}(\boldsymbol{c}\neq\boldsymbol{0})$,则 $\boldsymbol{a}=\boldsymbol{b}$;

(2) 若 $\boldsymbol{a}\times\boldsymbol{c}=\boldsymbol{b}\times\boldsymbol{c}(\boldsymbol{c}\neq\boldsymbol{0})$,则 $\boldsymbol{a}=\boldsymbol{b}$;

(3) 若 $\boldsymbol{a}\cdot\boldsymbol{b}=0$,则 $\boldsymbol{a}=\boldsymbol{0}$ 或 $\boldsymbol{b}=\boldsymbol{0}$;

(4) 若 $\boldsymbol{a}\times\boldsymbol{b}=\boldsymbol{0}$,则 $\boldsymbol{a}=\boldsymbol{0}$ 或 $\boldsymbol{b}=\boldsymbol{0}$.

3. 设某三角形的三个顶点为 $A(x_1,y_1,z_1),B(x_2,y_2,z_2),C(x_3,y_3,z_3)$,求此三角形重心的坐标.

4. 已知 $\boldsymbol{a}+3\boldsymbol{b}$ 与 $7\boldsymbol{a}-5\boldsymbol{b}$ 垂直,且 $\boldsymbol{a}-4\boldsymbol{b}$ 与 $7\boldsymbol{a}-2\boldsymbol{b}$ 垂直,求 $\angle(\boldsymbol{a},\boldsymbol{b})$.

5. 已知向量 $\boldsymbol{a}=(2,0,-1),\boldsymbol{b}=(3,1,4),\boldsymbol{c}=(-1,2,1)$,求:

(1) $3\boldsymbol{a}+\boldsymbol{b}-2\boldsymbol{c}$;　　(2) $(3\boldsymbol{a}-2\boldsymbol{b})\cdot(\boldsymbol{a}+5\boldsymbol{b})$;　　(3) $\mathrm{Prj}_{\boldsymbol{a}}(\boldsymbol{b}\times\boldsymbol{c})$;

(4) $2\boldsymbol{b}\times 7\boldsymbol{a}$;　　(5) $(\boldsymbol{a}\times\boldsymbol{c})\cdot\boldsymbol{b}$;　　(6) $(2\boldsymbol{a}\times\boldsymbol{b})$ 与 $3\boldsymbol{c}$ 的夹角.

总练习题七

6. 设向量 $a=(-1,3,2)$, $b=(2,-3,-4)$, $c=(-3,12,6)$, 证明向量 a,b,c 共面, 并用向量 a 和 b 表示 c.

7. 已知向量 $a=(1,5,3)$, $b=(6,-4,-2)$, $c=(0,-5,7)$, $d=(-20,27,-35)$, 求数 λ, μ, ν, 使向量 $\lambda a, \mu b, \nu c$ 及 d 可构成封闭折线.

8. 求下列球面的球心与半径:
(1) $x^2+y^2+z^2+2x-4y-4=0$;
(2) $x^2+y^2+z^2+6x-8y+2z-10=0$.

9. 已知三角形的三个顶点为 $A(0,-7,0)$, $B(2,-1,1)$, $C(2,2,2)$, 求平行于 $\triangle ABC$ 所在的平面且与它的距离为 2 的平面方程.

10. 设一平面过原点及点 $(6,-3,2)$, 且与平面 $4x-y+2z=9$ 垂直, 求此平面的方程.

11. 求两平面 $x-2y+2z+5=0$, $2x-6y-3z+4=0$ 间的角平分面方程.

12. 求与平面 $x+2y+2z+3=0$ 相切于点 $M(1,1,-3)$ 且半径为 $r=3$ 的球面方程.

13. 设平面 Π 垂直于平面 $z=0$, 并通过点 $A(1,-1,1)$ 到直线 $L:\begin{cases} y-z+1=0, \\ x=0 \end{cases}$ 的垂线, 求平面 Π 的方程.

14. 判别直线 $\dfrac{x-1}{2}=\dfrac{y-2}{3}-\dfrac{z-3}{4}$ 与 $\dfrac{x+1}{6}=\dfrac{y-3}{-1}=\dfrac{z+5}{2}$ 是否平行、相交或异面.

15. 已知一直线过点 $A(-3,5,-9)$ 且与两直线

$$L_1: x+1=\dfrac{y-2}{3}=\dfrac{z+5}{2}, \quad L_2:\begin{cases} y=4x-7, \\ z=5x+10 \end{cases}$$

相交, 求此直线方程.

16. 求两曲面 $x^2+y^2+z^2=2$ 和 $z=x^2+y^2$ 的交线在各坐标平面上的投影曲线.

17. 证明: 曲线 $\begin{cases} 2x-12y-z+16=0, \\ x^2-4y^2=2z \end{cases}$ 是两条相交直线.

18. 求直线 $L:\dfrac{x-1}{1}=\dfrac{y}{1}=\dfrac{z-1}{-1}$ 在平面 $\Pi:x-y+2z-1=0$ 上的投影直线 L' 的方程, 并求 L' 绕 y 轴旋转一周所成曲面 Σ 的方程.

19. 证明: 向量 $c=\dfrac{|a|b+|b|a}{|a|+|b|}$ 表示向量 a 与 b 的夹角的平分线方程.

20. 设 a 和 b 为非零向量, 且 $|b|=1$, $\angle(a,b)=\dfrac{\pi}{4}$, 求 $\lim\limits_{t\to 0}\dfrac{|a+tb|-|a|}{t}$ 的值.

第八章 多元函数微分法及其应用

> 这一章讨论多元函数的微分. 在现实生活中,有时一个量的变化只和另外一个量有关,这种相互的依赖关系往往可以表示为一元函数;但有时一个量的变化受多个量的影响,这时它们的变化关系往往可以表示为将要介绍的多元函数. 一元函数的定义域是实数 $\mathbf{R}$ 或 $\mathbf{R}$ 中的子集,多元函数的定义域是 n 维空间 $\mathbf{R}^n$ 或 $\mathbf{R}^n$ 中的子集. 为了便于理解,先从讨论 $\mathbf{R}^2$(平面)及其性质开始,类似的结论可以推广到 $\mathbf{R}^n$ 中.

§8.1 多元函数的基本概念及性质

一、平面点集

在讨论一元函数时,把实数集 $\mathbf{R}$ 中的数和数轴上的点建立了一一对应关系. 同样,在讨论二元函数时,也把集合 $\mathbf{R}^2 = \{(x,y) | x, y \in \mathbf{R}\}$ 中的有序实数组和 Oxy 平面上的点建立一一对应关系. 也就是说,集合 $\mathbf{R}^2$ 可理解为整个 Oxy 平面上的点构成的集合. $\mathbf{R}^2$ 的子集称为平面点集,通常表示为如下形式:
$$D = \{(x,y) | (x,y) \text{ 具有性质 } P\}.$$

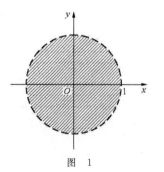

图 1

例如,平面上单位圆内的所有点构成的集合可表示为(图 1)
$$D = \{(x,y) | x^2 + y^2 < 1\}.$$
为了方便,也经常将这个点集简记为
$$D: x^2 + y^2 < 1.$$
如果用 P 表示点 (x,y),O 表示坐标原点 $(0,0)$,$|OP|$ 表示点 O 和点 P 的距离,则上述的集合 D 也可表示为
$$D = \{P | |OP| < 1\}.$$

设 $P_0(x_0, y_0)$ 是 Oxy 平面上的一点,δ 是某一正数. 与点 $P_0(x_0, y_0)$

距离小于 δ 的点 $P(x,y)$ 的全体,称为点 P_0 的 δ **邻域**,记为 $U(P_0,\delta)$,即
$$U(P_0,\delta) = \{P \mid |PP_0| < \delta\},$$
亦即
$$U(P_0,\delta) = \{(x,y) \mid \sqrt{(x-x_0)^2+(y-y_0)^2} < \delta\}.$$

在几何上,邻域 $U(P_0,\delta)$ 就是 Oxy 平面上以点 $P_0(x_0,y_0)$ 为中心,δ 为半径的圆的内部(图 2(a)).

点集 $\{P \mid 0 < |PP_0| < \delta\}$ 称为点 P_0 的**去心** δ **邻域**,记为 $\mathring{U}(P_0,\delta)$,它即 $U(P_0,\delta)$ 去掉中心点 P_0(图 2(b)).

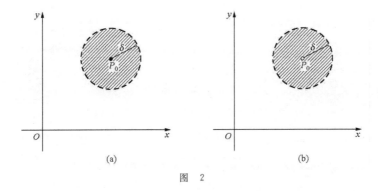

图 2

在不需要指明邻域的半径 δ,而只是泛指点 P_0 的某个邻域时,邻域 $U(P_0,\delta)$ 可简记为 $U(P_0)$,而去心邻域 $\mathring{U}(P_0,\delta)$ 可简记为 $\mathring{U}(P_0)$.

下面用邻域来描述点与点集之间的关系.

对于给定的点 P 以及非空点集 D,它们之间必有且仅有以下三种关系中的一种(图 3):

图 3

(1) **内点**:如果存在某个 $U(P)$,使得 $U(P) \subset D$,则称 P 为 D 的内点;

(2) **外点**:如果存在某个 $U(P)$,使得 $U(P) \subset D^c$(D^c 为 D 的余集),则称 P 为 D 的外点;

(3) **边界点**:如果 P 的任一邻域内既含 D 中的点,又含 D^c 中的点,则称 P 为 D 的边界点.

D 的所有边界点构成的集合称为 D 的**边界**,记作 ∂D.

还可以根据点集是否具有某种特性给出下面一些定义:

(1) **连通集**:如果点集 D 中的任意两点都可用含于 D 中的一条有限折线连接,则称 D 为连通集;

(2) **区域和闭区域**:连通的点集称为区域;包含边界的区域称为闭区域. 例如,$\{(x,y)|y-x>0\}$(图 4),$\{(x,y)|\frac{1}{4}<x^2+y^2<1\}$(图 5),$\{(x,y)|x^2+y^2\leqslant 1\}$(图 6)及 $\{(x,y)|1\leqslant x^2+y^2\leqslant 9\}$(图 7)都是区域,后两个区域还是闭区域.

图 4

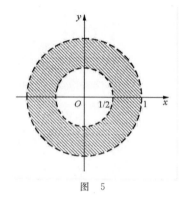

图 5

(3) **有界集**:若存在某一正数 r,使得 $D\subset U(O,r)$,其中 O 是坐标原点,则称 D 为有界集.

(4) **无界集**:若 D 不是有界集,则称 D 为无界集.

例如,$\{(x,y)|1\leqslant x^2+y^2\leqslant 4\}$ 是有界区域,$\{(x,y)|x+y<1\}$ 是无界区域.

图 6

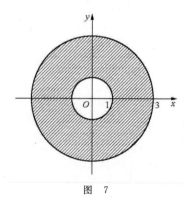

图 7

二、n 维空间

n 元有序实数组 $(x_1,x_2,\cdots,x_n)$ 的全体构成的集合

$$\{(x_1, x_2, \cdots, x_n) | x_i \in \mathbf{R}, i = 1, 2, \cdots, n\}$$

称为 n 维空间，记为 $\mathbf{R}^n$. 它的元素 $(x_1, x_2, \cdots, x_n)$ 也称为空间中的一点，常常用单个字母 P 表示，其中 x_i 称为 P 的第 i 个**坐标**.

定义 n 维空间 $\mathbf{R}^n$ 中两点 $P(x_1, x_2, \cdots, x_n)$ 与 $Q(y_1, y_2, \cdots, y_n)$ 间的**距离**为

$$|PQ| = \sqrt{(x_1 - y_1)^2 + (x_2 - y_2)^2 + \cdots + (x_n - y_n)^2}.$$

在 $\mathbf{R}^n$ 中有了距离的概念，就可以把平面 $\mathbf{R}^2$ 中的邻域概念以及由邻域概念定义的一系列概念引入到 n 维空间 $\mathbf{R}^n$ 中来，这里不再赘述.

三、多元函数的概念

在很多自然现象以及实际问题中，某个量往往受到多个变量因素的影响. 举例如下：

例1 矩形的面积 S 和相邻两边的长度 a, b 之间具有关系 $S = ab$，当给定一组 a, b 的值时，S 唯一确定；长方体的体积 V 和它的长 a，宽 b，高 h 之间具有关系 $V = abh$，当给定一组 a, b, h 的值时，V 唯一确定.

例2 一定量的理想气体的压强 p，体积 V 和绝对温度 T 之间具有关系 $p = \dfrac{RT}{V}$，其中 R 为常数. 这里，当 V, T 在集合 $\{(V, T) | V > 0, T > T_0\}$ 内取定一对值 (V, T) 时，p 的对应值就随之唯一确定.

例3 将一笔本金 R 存入银行，所获得的利息 L 与本金 R，年利率 r 以及存款年限 t 有关系 $L = R(1 + r)^t - R$（按复利计算）. 当 R, r, t 给定时，L 亦唯一确定.

定义1 设 D 是平面上的一个点集. 称映射 $f: D \to \mathbf{R}$ 为定义在 D 上的**二元函数**，记为

$$z = f(x, y), (x, y) \in D \quad \text{或} \quad z = f(P), P \in D,$$

其中点集 D 称为该函数的**定义域**，x, y 称为**自变量**，z 称为**因变量**. 这时也称 z 是 x, y 的函数.

通常 z 是 x, y 的函数也可记为 $z = z(x, y)$. 对于某组固定取值 $x = x_0, y = y_0$，若对应的因变量 z 的值为 z_0，则记之为 $z_0 = f(x_0, y_0), z_0 = z(x_0, y_0), z_0 = f(x, y)\Big|_{\substack{x = x_0 \\ y = y_0}}$ 等. z_0 称为二元函数 $z = f(x, y)$ 在 (x_0, y_0) 处的**函数值**. 所有函数值所构成的集合称为该函数的**值域**.

类似地，可以定义三元函数 $u = f(x, y, z)$ 以及三元以上的函数. 一般地，把定义1中的平面点集 D 换成 n 维空间内的点集 D，则可以类似定义 n 元函数 $u = f(x_1, x_2, \cdots, x_n)$. n 元函数也可简记为 $u = f(P)$，这里点 $P(x_1, x_2, \cdots, x_n) \in D$. 当 $n = 1$ 时，n 元函数就是一元函数；当 $n \geq 2$ 时，n 元函数就统称为**多元函数**.

与一元函数类似，有时默认多元函数 $u = f(x_1, x_2, \cdots, x_n)$ 的定义域为使得该多元函数式有意义的点 $(x_1, x_2, \cdots, x_n)$ 的集合. 例如，函数 $z = \sqrt{x + y}$ 的定义域为

$$\{(x, y) | x + y \geq 0\}.$$

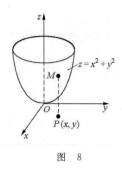

图 8

又如,函数 $z=\arccos(x^2+y^2)$ 的定义域为
$$\{(x,y)\mid x^2+y^2\leqslant 1\}.$$

设函数 $z=f(x,y)$ 的定义域为 D. 对于任意取定的点 $P(x,y)\in D$,对应的函数值为 $z=f(x,y)$. 这样,以 x 为横坐标,y 为纵坐标,$z=f(x,y)$ 为竖坐标在空间就确定一点 $M(x,y,z)$. 当 (x,y) 在 D 上变化时,点 M 在空间中变化的轨迹通常是空间中的一个曲面 Σ,它亦即二元函数 $z=f(x,y)$ 的图形. 例如,函数 $z=x^2+y^2$ 的图形为旋转抛物面(图 8).

四、多元函数的极限

定义 2 对二元函数 $f(x,y)$,若存在常数 A,对于任意给定的正数 ε,总存在正数 δ,使得当点 $P(x,y)\in \mathring{U}(P_0,\delta)$ 时,都有
$$|f(x,y)-A|<\varepsilon$$
成立,则称常数 A 为函数 $f(x,y)$ 当 $(x,y)\to (x_0,y_0)$ 时的**极限**,或称常数 A 为函数 $f(x,y)$ 在点 (x_0,y_0) 的极限,记作
$$\lim_{(x,y)\to(x_0,y_0)}f(x,y)=A, \quad \lim_{\substack{x\to x_0\\ y\to y_0}}f(x,y)=A \quad \text{或} \quad f(x,y)\to A\;((x,y)\to(x_0,y_0)).$$

二元函数的极限也叫作**二重极限**. 它反映了当点 $P(x,y)$ 以任意方式无限靠近点 $P_0(x_0,y_0)$ 时函数值无限接近固定值 A. 因此,如果 $P(x,y)$ 以某一种特殊方式,如沿着一条直线或定曲线趋于 $P_0(x_0,y_0)$ 时,即使函数值无限接近某一固定值,也不能由此断定函数在此点处的极限存在. 但是反过来,如果 $P(x,y)$ 以不同方式趋于 $P_0(x_0,y_0)$ 时,函数值趋于不同的值,那么可以断定函数在点 $P_0(x_0,y_0)$ 的极限不存在.

例 4 证明:函数 $f(x,y)=\dfrac{xy}{x^2+y^2}$ 在点 $(0,0)$ 的极限不存在.

证 只需证明存在不同方式趋于点 $(0,0)$ 时,函数 $f(x,y)$ 的极限不相等. 为此,考虑特殊方式,如沿直线趋于点 $(0,0)$. 显然,当点 (x,y) 沿 x 轴趋于点 $(0,0)$ 时,有
$$\lim_{\substack{(x,y)\to(0,0)\\ y=0}}f(x,y)=\lim_{x\to 0}f(x,0)=0;$$

又当点 (x,y) 沿 y 轴趋于点 $(0,0)$ 时,有
$$\lim_{\substack{(x,y)\to(0,0)\\ x=0}}f(x,y)=\lim_{y\to 0}f(0,y)=0.$$

虽然点 (x,y) 以上述两种特殊方式(沿 x 轴和沿 y 轴)趋于原点时函数的极限存在且相等,但是 $\lim\limits_{(x,y)\to(0,0)}f(x,y)$ 并不存在. 这是因为,当点 (x,y) 沿着直线 $y=kx$ 趋于 $(0,0)$ 时,有
$$\lim_{\substack{(x,y)\to(0,0)\\ y=kx}}\frac{xy}{x^2+y^2}=\lim_{x\to 0}\frac{kx^2}{x^2+k^2x^2}=\frac{k}{1+k^2},$$

显然它是随着 k 值的不同而改变的(图9),从而 $f(x,y)$ 在点 $(0,0)$ 的极限不存在.

关于二元函数的极限概念可以类推到一般多元函数.多元函数极限的性质和运算法则与一元函数极限的性质和运算法则相似.

例 5 求极限 $\lim\limits_{(x,y) \to (0,2)} \dfrac{e^{xy}-1}{x}$.

解 这里 $f(x,y) = \dfrac{e^{xy}-1}{x}$ 的定义域为
$$D = \{(x,y) \mid x \neq 0, y \in \mathbf{R}\},$$
由极限的运算法则得

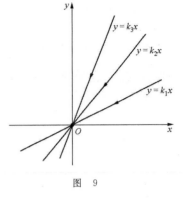

图 9

$$\lim_{(x,y) \to (0,2)} \dfrac{e^{xy}-1}{x} = \lim_{(x,y) \to (0,2)} \dfrac{e^{xy}-1}{xy} \cdot y = \lim_{(x,y) \to (0,2)} \dfrac{e^{xy}-1}{xy} \cdot \lim_{(x,y) \to (0,2)} y = 1 \cdot 2 = 2.$$

五、多元函数的连续性

定义 3 设函数 $f(x,y)$ 在点集 D 上有定义,$P_0(x_0,y_0)$ 为 D 的内点.如果
$$\lim_{(x,y) \to (x_0,y_0)} f(x,y) = f(x_0,y_0),$$
则称函数 $f(x,y)$ 在点 $P_0(x_0,y_0)$ **连续**.

如果函数 $f(x,y)$ 在点集 D 内及边界上的每一点都连续,那么就称函数 $f(x,y)$ **在 D 上连续**,或者称 $f(x,y)$ 是 D 上的**连续函数**.

注 函数 $f(x,y)$ 在 D 的边界上连续可参照一元函数在闭区间端点连续的定义理解.

若函数 $f(x,y)$ 在点 $P_0(x_0,y_0)$ 不连续,则称 P_0 为函数 $f(x,y)$ 的**间断点**.

前面已经证明过函数
$$f(x,y) = \dfrac{xy}{x^2+y^2}$$
当 $(x,y) \to (0,0)$ 时的极限不存在,所以点 $(0,0)$ 是该函数的一个间断点.又如,函数
$$z = \dfrac{1}{\sin(x^2+y^2-1)}$$
仅在圆周 $x^2+y^2 = 1+k\pi$ (k 为非负整数)上没有定义,从而 $x^2+y^2 = 1+k\pi$ (k 为非负整数)上的点都是间断点.

由于一元函数中关于极限的运算法则对于多元函数仍然适用,所以多元连续函数的和、差、积仍为连续函数;多元连续函数的商在分母不为零处仍连续;多元连续函数的复合函数也是连续函数.另外,多元初等函数在其定义区域上都是连续的(由常数及若干不同自变量的一元基本初等函数经过有限次四则运算和复合运算而得到的多元函数称为**多元初等函数**

(简称初等函数).而**定义区域**是指包含在定义域内的区域).

例 6 求极限 $\lim\limits_{(x,y)\to(1,2)}\dfrac{x^2+y}{xy}$.

解 函数 $f(x,y)=\dfrac{x^2+y}{xy}$ 是初等函数,其定义域为 $D=\{(x,y)\mid x\neq 0,y\neq 0\}$,从而该函数在点 $P_0(1,2)$ 连续,所以

$$\lim_{(x,y)\to(1,2)}\frac{x^2+y}{xy}=f(1,2)=\frac{3}{2}.$$

一般地,如果 $f(P)$ 是初等函数,P_0 是 $f(P)$ 的定义域 D 的内点,则 $f(P)$ 在点 P_0 连续.于是

$$\lim_{P\to P_0}f(P)=f(P_0).$$

例 7 求极限 $\lim\limits_{(x,y)\to(0,0)}\dfrac{\sqrt{xy+1}-1}{\sin xy}$.

解 由于 $(x,y)\to(0,0)$ 时 $xy\to 0$,所以 $\sin xy\sim xy\ (xy\to 0)$,从而

$$\lim_{(x,y)\to(0,0)}\frac{\sqrt{xy+1}-1}{\sin xy}=\lim_{(x,y)\to(0,0)}\frac{\sqrt{xy+1}-1}{xy}=\lim_{(x,y)\to(0,0)}\frac{xy+1-1}{xy(\sqrt{xy+1}+1)}$$

$$=\lim_{(x,y)\to(0,0)}\frac{1}{\sqrt{xy+1}+1}\xlongequal{\text{连续性}}\frac{1}{2}.$$

在闭区间上连续的一元函数有很好的性质,如存在最值,能取到介于最值间的任意值.相应地,在有界闭区域上连续的多元函数也有类似的性质.

性质 1(最大值和最小值定理) 有界闭区域 D 上的多元连续函数 f 在 D 上一定有最大值和最小值.这就是说,在 D 上至少有一点 P_1 及一点 P_2,使得 $f(P_1)$ 为最大值,而 $f(P_2)$ 为最小值,即对于一切 $P\in D$,有

$$f(P_2)\leqslant f(P)\leqslant f(P_1).$$

性质 2(介值定理) 有界闭区域上的多元连续函数必取得介于最大值和最小值之间的任何值.

习 题 8.1

1. 设函数 $f(x,y,z)=x^2+y^2+\arcsin\dfrac{x}{y^z}$,求 $f(y,2x,z)$.

2. 求下列函数的定义域:

(1) $z=\ln(y-x)+\dfrac{\sqrt{x}}{\sqrt{1-x^2-y^2}}$; (2) $u=\arccos\dfrac{z}{\sqrt{x^2+y^2}}$;

(3) $z=\dfrac{2-\sqrt{xy+4}}{xy}$; (4) $z=\dfrac{y^2+2x}{\ln(y^2-2x)}$.

3. 求下列极限：

(1) $\lim\limits_{(x,y)\to(0,0)} \dfrac{1-xy}{x^2+y^2+1}$；

(2) $\lim\limits_{(x,y)\to(0,0)} \dfrac{xy}{\sqrt{xy+1}-1}$；

(3) $\lim\limits_{(x,y)\to(0,0)} \dfrac{1-\cos(x^2+y^2)}{(x^2+y^2)e^{x^2y^2}}$.

4. 证明下列极限不存在：

(1) $\lim\limits_{(x,y)\to(0,0)} \dfrac{x+2y}{x^2-y}$；

(2) $\lim\limits_{(x,y)\to(0,0)} \dfrac{x^2y^2}{x^2y^2+(x-y)^2}$.

5. 函数 $z = \dfrac{y^2+2x}{(y^2-2x)y}$ 在何处间断？

6. 证明：函数 $f(x,y)=\begin{cases} \dfrac{x^2y}{x^2+y^2}, & (x,y)\neq(0,0), \\ 0, & (x,y)=(0,0) \end{cases}$ 在原点 $(0,0)$ 连续.

§8.2 偏 导 数

在研究一元函数时，通过考查由自变量变化而引起因变量变化的变化率引入了导数的概念. 但是，对于多元函数来说，自变量是多维空间 $\mathbf{R}^n\,(n\geqslant 2)$ 中的点，它们已经不再有大小关系了，所以从本质上来讲，多元函数也不再有所谓的变化率. 不过，有时候人们也需要考虑多个因素中某一个因素对总体结果的影响，从而引入了偏导数的概念. 下面以二元函数为例进行讨论，类似的定义和结论可推广到三元及三元以上的函数.

一、偏导数的概念

定义 设函数 $z=f(x,y)$ 在点 (x_0,y_0) 的某一邻域内有定义，当 y 固定在 y_0，而 x 在 x_0 处有增量 Δx 时，函数相应地有增量 $f(x_0+\Delta x,y_0)-f(x_0,y_0)$. 如果

$$\lim_{\Delta x\to 0} \frac{f(x_0+\Delta x,y_0)-f(x_0,y_0)}{\Delta x} \qquad ①$$

存在，则称此极限值为函数 $z=f(x,y)$ 在点 (x_0,y_0) **关于 x 的偏导数**，记作

$$\left.\frac{\partial z}{\partial x}\right|_{\substack{x=x_0\\y=y_0}}, \quad \left.\frac{\partial f}{\partial x}\right|_{\substack{x=x_0\\y=y_0}}, \quad \left.z_x\right|_{\substack{x=x_0\\y=y_0}} \quad 或 \quad f_x(x_0,y_0).$$

类似地，函数 $z=f(x,y)$ 在点 (x_0,y_0) **关于 y 的偏导数**定义为

$$\lim_{\Delta y\to 0} \frac{f(x_0,y_0+\Delta y)-f(x_0,y_0)}{\Delta y}, \qquad ②$$

记作

$$\left.\frac{\partial z}{\partial y}\right|_{\substack{x=x_0\\y=y_0}}, \quad \left.\frac{\partial f}{\partial y}\right|_{\substack{x=x_0\\y=y_0}}, \quad \left.z_y\right|_{\substack{x=x_0\\y=y_0}} \quad 或 \quad f_y(x_0,y_0).$$

偏导数定义中的增量 $f(x_0+\Delta x,y_0)-f(x_0,y_0)$ 称为函数 $z=f(x,y)$ 在点 (x_0,y_0) 关于 x 的**偏增量**,记为 $\Delta_x z$;而增量 $f(x_0,y_0+\Delta y)-f(x_0,y_0)$ 则称为**关于 y 的偏增量**,记为 $\Delta_y z$. 相应地,称 $\Delta z=f(x_0+\Delta x,y_0+\Delta y)-f(x_0,y_0)$ 为函数 $f(x,y)$ 在点 (x_0,y_0) 的**全增量**.

把函数 $z=f(x,y)$ 在区域 D 内的每一点 (x,y) 对应到函数在该点关于 x 的偏导数(如果存在的话),就得到一个定义在 D(或其子集)上的二元函数,称之为 $z=f(x,y)$ 关于 x 的**偏导函数**(简称偏导数),记作

$$\frac{\partial z}{\partial x}, \quad \frac{\partial f}{\partial x}, \quad z_x \quad \text{或} \quad f_x(x,y).$$

类似地,可以定义函数 $z=f(x,y)$ 关于 y 的**偏导函数**,记作

$$\frac{\partial z}{\partial y}, \quad \frac{\partial f}{\partial y}, \quad z_y \quad \text{或} \quad f_y(x,y).$$

偏导数的概念还可以推广到三元及三元以上的函数. 例如,三元函数 $u=f(x,y,z)$ 在点 (x,y,z) 关于 x 的偏导数定义为

$$f_x(x,y,z)=\lim_{\Delta x\to 0}\frac{f(x+\Delta x,y,z)-f(x,y,z)}{\Delta x},$$

其中 (x,y,z) 是函数 $u=f(x,y,z)$ 的定义域的内点.

一般说来,函数 f 的偏导(函)数是定义在 f 的定义域的某个子集上的函数. 从本质上来说,它们是把多元函数视为一元函数时的导数,所以其求法也完全是一元函数的求导法.

例1 求函数 $z=x^3+2xy^2+\cos y+1$ 在点 $(1,2)$ 的偏导数.

解 把 x 视为变量,y 视为常数,得

$$\frac{\partial z}{\partial x}=3x^2+2y^2;$$

把 y 视为变量,x 视为常数,得

$$\frac{\partial z}{\partial y}=4xy-\sin y.$$

两个偏导函数 $\dfrac{\partial z}{\partial x},\dfrac{\partial z}{\partial y}$ 在点 $(1,2)$ 的偏导数值分别是

$$\left.\frac{\partial z}{\partial x}\right|_{\substack{x=1\\y=2}}=3\cdot 1^2+2\cdot 2^2=11,$$

$$\left.\frac{\partial z}{\partial y}\right|_{\substack{x=1\\y=2}}=4\cdot 1\cdot 2-\sin 2=8-\sin 2.$$

例2 已知理想气体的状态方程 $pV=RT$(R 为常量),求证:

$$\frac{\partial p}{\partial V}\cdot\frac{\partial V}{\partial T}\cdot\frac{\partial T}{\partial p}=-1.$$

证 因为 $p=\dfrac{RT}{V}$,$V=\dfrac{RT}{p}$,$T=\dfrac{pV}{R}$,所以

$$\frac{\partial p}{\partial V} = -\frac{RT}{V^2}, \quad \frac{\partial V}{\partial T} = \frac{R}{p}, \quad \frac{\partial T}{\partial p} = \frac{V}{R},$$

从而

$$\frac{\partial p}{\partial V} \cdot \frac{\partial V}{\partial T} \cdot \frac{\partial T}{\partial p} = -\frac{RT}{V^2} \cdot \frac{R}{p} \cdot \frac{V}{R} = -\frac{RT}{pV} = -1.$$

注 对一元函数来说,$\frac{dy}{dx}$ 可看作函数的微分 dy 与自变量的微分 dx 之商. 而本例表明,偏导数的记号是一个整体记号,不能看作分子与分母之商.

例 3 求函数 $u = x^{y+z}$ 的偏导数.

解 将 x 视为变量,y,z 视为常数,则 u 为关于 x 的幂函数. 所以

$$u_x = (y+z)x^{y+z-1}.$$

将 y 视为变量,x,z 视为常数,则 u 为关于 y 的指数函数. 所以

$$u_y = x^{y+z}\ln x.$$

类似可得

$$u_z = x^{y+z}\ln x.$$

例 4 设函数 $f(x,y) = \begin{cases} \dfrac{xy}{x^2+y^2}, & x^2+y^2 \neq 0, \\ 0, & x^2+y^2 = 0, \end{cases}$ 求 $f(x,y)$ 在点 $(0,0)$ 的偏导数.

解 在点 $(0,0)$ 关于 x 的偏导数为

$$f_x(0,0) = \lim_{\Delta x \to 0} \frac{f(0+\Delta x, 0) - f(0,0)}{\Delta x} = \lim_{\Delta x \to 0} \frac{\frac{\Delta x \cdot 0}{(\Delta x)^2 + 0^2} - 0}{\Delta x} = 0.$$

同理,在点 $(0,0)$ 关于 y 的偏导数为

$$f_y(0,0) = 0.$$

注 本题的函数 $f(x,y)$ 在原点 $(0,0)$ 的函数值是单独定义的,所以它在整个定义域上不是初等函数,从而在点 $(0,0)$ 不能用例 1 的方法直接求偏导数,只能用定义去求.

另外,从偏导数的定义还可看出,函数 $f(x,y)$ 在点 (x_0,y_0) 关于 x 的偏导数实际上就是一元函数 $f(x,y_0)$ 在点 x_0 的导数. 比如例 1 中,$f(x,2) = x^3 + 8x + \cos 2 + 1$,$f'(x,2) = 3x^2 + 8$,将 $x=1$ 代入也可得到 $\left.\frac{\partial z}{\partial x}\right|_{\substack{x=1 \\ y=2}} = 3 \cdot 1^2 + 8 = 11$;类似也可计算得 $\left.\frac{\partial z}{\partial y}\right|_{\substack{x=1 \\ y=2}} = 8 - \sin 2$. 这种计算的过程还有下述很明显的几何意义.

设 $M_0(x_0,y_0,f(x_0,y_0))$ 为曲面 $z=f(x,y)$ 上的一点,过 M_0 作平面 $y=y_0$,截此曲面得一曲线,此曲线在平面 $y=y_0$ 上的方程为 $z=f(x,y_0)$,则导数 $\left.\frac{d}{dx}f(x,y_0)\right|_{x=x_0}$,即偏导数 $f_x(x_0,y_0)$,就是此曲线在点 M_0 处的切线 M_0T_x 对 x 轴的斜率,即切线 M_0T_x 与 x 轴所成的倾角 α 的正切 $\tan\alpha$,也就是 $f_x(x_0,y_0) = \tan\alpha$. 同样,偏导数 $f_y(x_0,y_0)$ 是该曲面被平面 $x=x_0$ 所截得的曲线在点 M_0 处的切线 M_0T_y 对 y 轴的斜率,即 $f_y(x_0,y_0) = \tan\beta$(图 1).

图 1

从上面的几何意义可以看出,偏导数就是函数沿平行于坐标轴的直线的变化率. 如果一元函数在某点具有导数,则它在该点必定连续. 但对于多元函数来说,即使各偏导数在某点都存在,也不能保证函数在该点连续. 这是因为,在点 $P_0(x_0,y_0)$ 各偏导数存在只能保证点 $P(x,y)$ 沿着平行于坐标轴的方向趋于 $P_0(x_0,y_0)$ 时,函数值 $f(P)$ 趋于 $f(P_0)$,或者说,偏导数只是用到函数在过点 P_0 且平行于相应坐标轴的直线上点的信息,与其余的点对应的函数值无关,当然不能保证点 P 按任何方式趋于 P_0 时,函数值 $f(P)$ 都趋于 $f(P_0)$. 例如,由例 4 知函数

$$z = f(x,y) = \begin{cases} \dfrac{xy}{x^2+y^2}, & x^2+y^2 \neq 0, \\ 0, & x^2+y^2 = 0 \end{cases}$$

在点 $(0,0)$ 关于 x 的偏导数和关于 y 的偏导数都存在,但是在 §8.1 中的例 4 已经证明极限 $\lim\limits_{(x,y)\to(0,0)} \dfrac{xy}{x^2+y^2}$ 不存在,故知函数 $f(x,y)$ 在点 $(0,0)$ 不连续.

二、高阶偏导数

注意到如果一个函数在一点的偏导数存在,则是唯一的一个实数,所以可以和定义一元函数的导数一样定义偏导函数. 偏导函数仍然是 x,y 的二元函数,其定义域一般是原来函数定义域的一个子集(当然,如果原来函数在定义域内每一点的偏导数都存在,则原来函数和其偏导函数的定义域相同),所以可以继续讨论偏导数的偏导数,称之为**二阶偏导数**. 依次类推,如有可能,还可以考虑更高阶的偏导数. 比如,设函数 $z=f(x,y)$ 在区域 D 内具有偏导数 $\dfrac{\partial z}{\partial x}=f_x(x,y)$,$\dfrac{\partial z}{\partial y}=f_y(x,y)$,那么在 D 内 $f_x(x,y)$,$f_y(x,y)$ 都是 x,y 的二元函数,它们分别关于 x,y 的偏导数记为

$$\dfrac{\partial}{\partial x}\left(\dfrac{\partial z}{\partial x}\right) = \dfrac{\partial^2 z}{\partial x^2} = f_{xx}(x,y), \qquad \dfrac{\partial}{\partial y}\left(\dfrac{\partial z}{\partial x}\right) = \dfrac{\partial^2 z}{\partial x \partial y} = f_{xy}(x,y),$$

§ 8.2 偏导数

$$\frac{\partial}{\partial x}\left(\frac{\partial z}{\partial y}\right)=\frac{\partial^2 z}{\partial y \partial x}=f_{yx}(x,y), \quad \frac{\partial}{\partial y}\left(\frac{\partial z}{\partial y}\right)=\frac{\partial^2 z}{\partial y^2}=f_{yy}(x,y),$$

即按照对变量求导次序的不同,函数 $z=f(x,y)$ 有上述四个**二阶偏导数**,其中像 $\frac{\partial^2 z}{\partial x \partial y}, \frac{\partial^2 z}{\partial y \partial x}$ 这种包含对不同变量次序求偏导的高阶偏导数称为**混合偏导数**.

例 5 设函数 $z=x^3 y^2-2xy^3-x^2 y+5$,求 $\frac{\partial^2 z}{\partial x^2}, \frac{\partial^2 z}{\partial x \partial y}, \frac{\partial^2 z}{\partial y \partial x}, \frac{\partial^2 z}{\partial y^2}$ 及 $\frac{\partial^3 z}{\partial x^3}$.

解 $\frac{\partial z}{\partial x}=3x^2 y^2-2y^3-2xy,\qquad \frac{\partial z}{\partial y}=2x^3 y-6xy^2-x^2,$

$\frac{\partial^2 z}{\partial x^2}=6xy^2-2y,\qquad \frac{\partial^2 z}{\partial x \partial y}=6x^2 y-6y^2-2x,$

$\frac{\partial^2 z}{\partial y \partial x}=6x^2 y-6y^2-2x,\qquad \frac{\partial^2 z}{\partial y^2}=2x^3-12xy,$

$\frac{\partial^3 z}{\partial x^3}=6y^2.$

定理 如果函数 $z=f(x,y)$ 的两个二阶混合偏导数 $\frac{\partial^2 z}{\partial x \partial y}, \frac{\partial^2 z}{\partial y \partial x}$ 在区域 D 内连续,那么这两个二阶混合偏导数在区域 D 内必相等,即

$$\frac{\partial^2 z}{\partial x \partial y}=\frac{\partial^2 z}{\partial y \partial x}.$$

定理的证明从略. 类似的结论对高阶偏导数也适用. 此定理说明,在二阶混合偏导数连续的条件下,关于 x,y 的求导次序可以交换.

例 6 验证:函数 $z=\ln(x^2+y^2)$ 满足方程

$$\frac{\partial^2 z}{\partial x^2}+\frac{\partial^2 z}{\partial y^2}=0.$$

证 因为 $\frac{\partial z}{\partial x}=\frac{2x}{x^2+y^2}, \frac{\partial z}{\partial y}=\frac{2y}{x^2+y^2}$,所以

$$\frac{\partial^2 z}{\partial x^2}=2 \cdot \frac{(x^2+y^2)-x \cdot 2x}{(x^2+y^2)^2}=\frac{2(y^2-x^2)}{(x^2+y^2)^2},$$

$$\frac{\partial^2 z}{\partial y^2}=2 \cdot \frac{(x^2+y^2)-y \cdot 2y}{(x^2+y^2)^2}=\frac{2(x^2-y^2)}{(x^2+y^2)^2}.$$

因此 $\frac{\partial^2 z}{\partial x^2}+\frac{\partial^2 z}{\partial y^2}=\frac{2(y^2-x^2)}{(x^2+y^2)^2}+\frac{2(x^2-y^2)}{(x^2+y^2)^2}=0.$

习 题 8.2

1. 求下列函数的偏导数:

(1) $z=2x^2-3y^3 x$; (2) $s=\frac{\sin u^2}{uv}$;

(3) $z=\sqrt[3]{\ln(xy)}$;　　　　(4) $z=(\sin x)^y+\cos^2(xy)$;

(5) $z=\ln\cot\dfrac{x}{y}$;　　　　(6) $z=(1+xy)^{x+y}$;

(7) $u=(xy)^{\frac{y}{z}}$;　　　　(8) $u=\arctan x^{y+z}$.

2. 设函数 $z=ye^{x^2-y^2}$，求证：$y^2\dfrac{\partial z}{\partial x}+xy\dfrac{\partial z}{\partial y}=xz$.

3. 设函数 $f(x,y)=x+(y-1)\arcsin\sqrt{\dfrac{x}{y}}$，求 $f_x(x,1)$.

4. 曲线 $\begin{cases}z=e^{xy}\\ y=4\end{cases}$，在点 $(0,4,1)$ 处的切线对于 x 轴的倾角是多少？

5. 求下列函数的 $\dfrac{\partial^2 z}{\partial x^2},\dfrac{\partial^2 z}{\partial y^2},\dfrac{\partial^2 z}{\partial x\partial y}$:

(1) $z=x^3+y^4-x^2y^2$;　　(2) $z=\arctan\dfrac{y}{x}$;　　(3) $z=x^y$.

6. 设函数 $f(x,y,z)=xy^2+yz^2+zx^2$，求 $f_{xx}(0,0,1),f_{xz}(1,0,2),f_{yz}(0,-1,0)$, $f_{zzx}(2,0,1)$.

7. 证明：函数 $u=\dfrac{1}{2a\sqrt{\pi t}}e^{-\frac{(x-b)^2}{4a^2t}}$（$a,b$ 为常数）满足热传导方程 $\dfrac{\partial u}{\partial t}=a^2\dfrac{\partial^2 u}{\partial x^2}$.

8. 证明：函数 $u=\dfrac{1}{r}$（其中 $r=\sqrt{(x-a)^2+(y-b)^2+(z-c)^2}$）当 $r\neq 0$ 时满足拉普拉斯方程

$$\dfrac{\partial^2 u}{\partial x^2}+\dfrac{\partial^2 u}{\partial y^2}+\dfrac{\partial^2 u}{\partial z^2}=0.$$

§8.3　全　微　分

一、全微分的定义

一元函数在点 x_0 的微分，实际上是 Δx 的线性函数：$dy=A\Delta x$，而 $\Delta y=f(x_0+\Delta x)-f(x_0)=dy+o(\Delta x)$. 当 Δx 很小时，可用 dy 近似代替 Δy，达到"以直代曲"的目的. 把这一概念推广到二元函数（这里以二元函数为例讨论，相应的结论可类推到多元函数）就得到下面的定义.

定义　如果函数 $z=f(x,y)$ 在点 $P(x,y)$ 的全增量

$$\Delta z=f(x+\Delta x,y+\Delta y)-f(x,y) \quad ①$$

可表示为

$$\Delta z=A\Delta x+B\Delta y+o(\rho)\quad(\rho\to 0), \quad ②$$

其中 A,B 不依赖于 $\Delta x, \Delta y$，而仅与 x,y 有关，

$$\rho = \sqrt{(\Delta x)^2 + (\Delta y)^2},$$

则称函数 $f(x,y)$ 在点 $P(x,y)$ **可微分**（简称**可微**），而 $A\Delta x + B\Delta y$ 称为函数 $f(x,y)$ 在点 $P(x,y)$ 的**全微分**，记作 $\mathrm{d}z$，即

$$\mathrm{d}z = A\Delta x + B\Delta y.$$

注 定义中的②式等价于

$$\lim_{\rho \to 0} \frac{\Delta z - A\Delta x - B\Delta y}{\rho} = \lim_{(\Delta x, \Delta y) \to (0,0)} \frac{f(x+\Delta x, y+\Delta y) - f(x,y) - A\Delta x - B\Delta y}{\sqrt{\Delta x^2 + \Delta y^2}} = 0. \quad ③$$

定理 1 如果函数 $z = f(x,y)$ 在一点可微，则它在该点连续.

证 设 $z = f(x,y)$ 在点 (x_0, y_0) 可微. 由定义知，存在不依赖于 $\Delta x, \Delta y$ 的常数 A,B，使得②式成立，则

$$\lim_{(\Delta x, \Delta y) \to (0,0)} \Delta z = \lim_{(\Delta x, \Delta y) \to (0,0)} [f(x_0 + \Delta x, y_0 + \Delta y) - f(x_0, y_0)] = 0.$$

所以 $z = f(x,y)$ 在点 (x_0, y_0) 连续.

当函数在一个区域 D 内每一点都可微时，称函数在区域 D 上可微.

下面讨论函数 $z = f(x,y)$ 在一点可微的条件.

定理 2（可微的必要条件） 如果函数 $z = f(x,y)$ 在点 (x,y) 可微，则该函数在点 (x,y) 的偏导数 $\frac{\partial z}{\partial x}, \frac{\partial z}{\partial y}$ 必定存在，且函数 $z = f(x,y)$ 在点 (x,y) 的全微分为

$$\mathrm{d}z = \frac{\partial z}{\partial x}\Delta x + \frac{\partial z}{\partial y}\Delta y. \quad ④$$

证 由函数 $z = f(x,y)$ 在点 (x,y) 可微知③式成立，故

$$\lim_{\substack{(\Delta x, \Delta y) \to (0,0) \\ \Delta y = 0}} \frac{f(x+\Delta x, y+\Delta y) - f(x,y) - A\Delta x - B\Delta y}{\sqrt{(\Delta x)^2 + (\Delta y)^2}}$$

$$= \lim_{\Delta x \to 0} \frac{f(x+\Delta x, y) - f(x,y) - A\Delta x}{\sqrt{(\Delta x)^2}}$$

$$= \lim_{\Delta x \to 0} \frac{f(x+\Delta x, y) - f(x,y) - A\Delta x}{|\Delta x|} = 0,$$

从而

$$\lim_{\Delta x \to 0} \frac{f(x+\Delta x, y) - f(x,y)}{\Delta x} = A,$$

即 $\frac{\partial z}{\partial x} = A$ 存在. 同理 $\frac{\partial z}{\partial y} = B$ 存在，结论成立.

注 定理 2 说明，如果函数可微，则偏导数一定存在，并可用偏导数表示出它的全微分. 但反之不一定成立.

例 1 证明：函数 $f(x,y)=\begin{cases}\dfrac{xy}{\sqrt{x^2+y^2}}, & x^2+y^2\neq 0,\\ 0, & x^2+y^2=0\end{cases}$ 在点 $(0,0)$ 的两个偏导数均存在，但在该点不可微.

证 $f_x(0,0)=\lim\limits_{\Delta x\to 0}\dfrac{f(0+\Delta x,0)-f(0,0)}{\Delta x}=0$ 存在，同理 $f_y(0,0)=0$ 存在.

下面用反证法证明 $f(x,y)$ 在点 $(0,0)$ 不可微. 假设在点 $(0,0)$ 可微. 由定义知，存在常数 A,B，使得③式成立. 由定理 2 知 $A=0,B=0$，即有

$$\lim_{(\Delta x,\Delta y)\to(0,0)}\frac{f(0+\Delta x,0+\Delta y)-f(0,0)-0\Delta x-0\Delta y}{\sqrt{(\Delta x)^2+(\Delta y)^2}}$$

$$=\lim_{(\Delta x,\Delta y)\to(0,0)}\frac{f(\Delta x,\Delta y)-f(0,0)}{\sqrt{(\Delta x)^2+(\Delta y)^2}}=\lim_{(\Delta x,\Delta y)\to(0,0)}\frac{\Delta x\Delta y}{(\Delta x)^2+(\Delta y)^2}=0.$$

但是，在 §8.1 中的例 4 已经证明此极限不存在，更不会为 0，从而函数 $f(x,y)$ 在点 $(0,0)$ 不可微.

定理 3（可微的充分条件） 如果函数 $z=f(x,y)$ 的偏导数 $\dfrac{\partial z}{\partial x},\dfrac{\partial z}{\partial y}$ 在点 (x,y) 连续，则函数 $z=f(x,y)$ 在点 (x,y) 可微.

证 由于 $z=f(x,y)$ 的偏导数 $\dfrac{\partial z}{\partial x},\dfrac{\partial z}{\partial y}$ 在点 (x,y) 连续，故在 (x,y) 的某个邻域内偏导数存在. 在此邻域内任取一点 $(x+\Delta x,y+\Delta y)$，有

$$\Delta z=f(x+\Delta x,y+\Delta y)-f(x,y)$$
$$=[f(x+\Delta x,y+\Delta y)-f(x,y+\Delta y)]+[f(x,y+\Delta y)-f(x,y)].$$

上式中第一个方括号内，由于第二个变量没有变，故可把它理解为关于 x 的一元函数 $f(x,y+\Delta y)$ 的增量，从而由一元函数的拉格朗日中值定理可得

$$f(x+\Delta x,y+\Delta y)-f(x,y+\Delta y)=f_x(x+\theta_1\Delta x,y+\Delta y)\Delta x\quad(0<\theta_1<1).$$

同理，有

$$f(x,y+\Delta y)-f(x,y)=f_y(x,y+\theta_2\Delta y)\Delta y\quad(0<\theta_2<1).$$

所以

$$\left|\frac{\Delta z-f_x(x,y)\Delta x-f_y(x,y)\Delta y}{\sqrt{(\Delta x)^2+(\Delta y)^2}}\right|$$

$$=\left|\frac{[f_x(x+\theta_1\Delta x,y+\Delta y)-f_x(x,y)]\Delta x+[f_y(x,y+\theta_2\Delta y)-f_y(x,y)]\Delta y}{\sqrt{(\Delta x)^2+(\Delta y)^2}}\right|$$

$$\leqslant|f_x(x+\theta_1\Delta x,y+\Delta y)-f_x(x,y)|+|f_y(x,y+\theta_2\Delta y)-f_y(x,y)|.$$

由于两偏导数均在点 (x,y) 连续，故当 $(\Delta x,\Delta y)\to(0,0)$ 时，上式极限为 0，从而 $z=f(x,y)$ 在点 (x,y) 可微. 证毕.

§8.3 全微分

虽然这里只就二元函数证明了可微的充分条件,实际上结论对一般多元函数也成立.

与一元函数一样,习惯上也分别记 $\Delta x, \Delta y$ 为 dx, dy,从而由④式全微分记为

$$dz = \frac{\partial z}{\partial x}dx + \frac{\partial z}{\partial y}dy. \qquad ⑤$$

对于三元函数 $u = f(x,y,z)$,则有

$$du = \frac{\partial u}{\partial x}dx + \frac{\partial u}{\partial y}dy + \frac{\partial u}{\partial z}dz. \qquad ⑥$$

例 2 求函数 $z = x^2 y + \sin y$ 的全微分.

解 因为 $\frac{\partial z}{\partial x} = 2xy, \frac{\partial z}{\partial y} = x^2 + \cos y$,所以

$$dz = 2xy\,dx + (x^2 + \cos y)dy.$$

例 3 计算函数 $z = e^{x/y}$ 在点 $(2,1)$ 的全微分.

解 因为 $\frac{\partial z}{\partial x} = \frac{1}{y}e^{x/y}, \frac{\partial z}{\partial y} = -\frac{x}{y^2}e^{x/y}$,从而

$$\left.\frac{\partial z}{\partial x}\right|_{(2,1)} = e^2, \quad \left.\frac{\partial z}{\partial y}\right|_{(2,1)} = -2e^2,$$

所以

$$dz = e^2\,dx - 2e^2\,dy.$$

*二、全微分在近似计算中的应用

设二元函数 $z = f(x,y)$ 的两个偏导数 $f_x(x,y), f_y(x,y)$ 在点 $P(x,y)$ 都连续,则该函数在点 $P(x,y)$ 的全增量 Δz 与全微分 dz 的差 $\Delta z - dz$ 是一个比 ρ 高阶的无穷小量.这样当 $|\Delta x|, |\Delta y|$ 都比较小时,就可以用全微分 dz 来近似代替全增量 Δz,即 $\Delta z \approx dz$,亦即

$$f(x+\Delta x, y+\Delta y) - f(x,y) \approx f_x(x,y)dx + f_y(x,y)dy, \qquad ⑦$$

故

$$f(x+\Delta x, y+\Delta y) \approx f(x,y) + f_x(x,y)dx + f_y(x,y)dy. \qquad ⑧$$

可以利用上述两式对二元函数 $z = f(x,y)$ 作近似计算.

例 4 设有一个圆柱体,受压后发生形变,其半径由 10 cm 增大到 10.04 cm,并且高度由 50 cm 减少到 49.5 cm.求该圆柱体体积变化的近似值.

解 设圆柱体的半径、高、体积依次为 r, h, V,则相应的体积函数为 $V = \pi r^2 h$.记 r, h, V 的改变量(或增量)分别为 $\Delta r, \Delta h, \Delta V$,则有

$$\Delta V \approx dV = V_r \Delta r + V_h \Delta h = 2\pi rh\Delta r + \pi r^2 \Delta h.$$

将 $r = 10, h = 50, \Delta r = 0.04, \Delta h = -0.5$ 代入上式,可以得到

$$\Delta V \approx 2\pi \times 10 \times 50 \times 0.04 + \pi \times 10^2 \times (-0.5) = -10\pi,$$

即该圆柱体的体积约减少了 10π cm^3.

例5 求 $(1.02)^{2.01}$ 的近似值.

解 设二元函数 $f(x,y)=x^y$, 则所要计算的值就是该函数当 $x=1.02, y=2.01$ 时的函数值 $f(1.02, 2.01)$.

因 $f(1.02, 2.01)=f(1+0.02, 2+0.01)$, 故取 $x=1, y=2, \Delta x=0.02, \Delta y=0.01$.

由于 $f_x(x,y)=yx^{y-1}, f_y(x,y)=x^y \ln x$, 于是得 $f_x(1,2)=2, f_y(1,2)=0$.

应用近似计算公式⑦, 可以得到

$$(1.02)^{2.01} = f(1.02, 2.01) = f(1+0.02, 2+0.01)$$
$$\approx f(1,2)+f_x(1,2)\Delta x + f_y(1,2)\Delta y$$
$$= 1+2\times 0.02+0\times 0.01=1.04.$$

习 题 8.3

1. 求下列函数的全微分：

(1) $z=xy+\sin xy$；　(2) $z=e^{y^2/x}$；　(3) $z=\dfrac{x}{\sqrt{x^2+y^2}}$；　(4) $u=x^{yz}$.

2. 求函数 $z=\ln(1+x^2+y^2)$ 在点 $(1,2)$ 的全微分.

§8.4 多元复合函数的求导法则

设函数 $u=\varphi(x,y), v=\psi(x,y)$ 都是定义在 Oxy 平面的区域 D 上的函数, $z=f(u,v)$ 是定义在 Ouv 平面的区域 D_1 上的函数, 且 $\{(\varphi(x,y),\psi(x,y))|(x,y)\in D\}\subset D_1$, 则称函数 $z=F(x,y)=f(\varphi(x,y),\psi(x,y))$ 为以 φ, ψ 为中间变量, x,y 为自变量的**二元复合函数**. 此时称 f 为**外函数**.

类似地, 可以定义其他类型的二元及二元以上的复合函数(统称为**多元复合函数**).

一、多元复合函数求导的链式法则

关于多元复合函数的求导, 有以下定理:

定理 如果函数 $u=\varphi(x,y), v=\psi(x,y)$ 在点 (x,y) 的两个偏导数都存在, 函数 $z=f(u,v)$ 在对应点 (u,v) 可微, 则复合函数 $z=F(x,y)=f(\varphi(x,y),\psi(x,y))$ 在点 (x,y) 的两个偏导数存在, 且有

$$\dfrac{\partial z}{\partial x}=\dfrac{\partial z}{\partial u}\cdot\dfrac{\partial u}{\partial x}+\dfrac{\partial z}{\partial v}\cdot\dfrac{\partial v}{\partial x},$$

$$\dfrac{\partial z}{\partial y}=\dfrac{\partial z}{\partial u}\cdot\dfrac{\partial u}{\partial y}+\dfrac{\partial z}{\partial v}\cdot\dfrac{\partial v}{\partial y}.$$

①

§8.4 多元复合函数的求导法则

公式①称为复合函数求导的**链式法则**. 关于它的证明较复杂，为了便于理解，做如下简要推导：

因 $z=f(u,v)$ 在对应点 (u,v) 可微，则

$$\Delta z = \frac{\partial z}{\partial u}\Delta u + \frac{\partial z}{\partial v}\Delta v + o(\sqrt{(\Delta u)^2+(\Delta v)^2}).$$

令 $\Delta y=0, \Delta x \neq 0$，上式变为

$$\Delta_x z = \frac{\partial z}{\partial u}\Delta_x u + \frac{\partial z}{\partial v}\Delta_x v + o(\sqrt{(\Delta_x u)^2+(\Delta_x v)^2}),$$

$$\frac{\Delta_x z}{\Delta x} = \frac{\partial z}{\partial u}\cdot\frac{\Delta_x u}{\Delta x} + \frac{\partial z}{\partial v}\cdot\frac{\Delta_x v}{\Delta x} + \frac{o(\sqrt{(\Delta_x u)^2+(\Delta_x v)^2})}{\sqrt{(\Delta_x u)^2+(\Delta_x v)^2}}\sqrt{\left(\frac{\Delta_x u}{\Delta x}\right)^2+\left(\frac{\Delta_x v}{\Delta x}\right)^2}\frac{|\Delta x|}{\Delta x}.$$

上式两边取 $\Delta x \to 0$ 时的极限，可得

$$\frac{\partial z}{\partial x} = \frac{\partial z}{\partial u}\cdot\frac{\partial u}{\partial x} + \frac{\partial z}{\partial v}\cdot\frac{\partial v}{\partial x}.$$

同理可得

$$\frac{\partial z}{\partial y} = \frac{\partial z}{\partial u}\cdot\frac{\partial u}{\partial y} + \frac{\partial z}{\partial v}\cdot\frac{\partial v}{\partial y}.$$

这一公式还可推广到中间变量及外函数都是一般多元函数（包括一元函数）的情形. 例如，设 $z=f(u), u=\varphi(x,y)$，则

$$\frac{\partial z}{\partial x} = \frac{\mathrm{d}z}{\mathrm{d}u}\cdot\frac{\partial u}{\partial x}, \quad \frac{\partial z}{\partial y} = \frac{\mathrm{d}z}{\mathrm{d}u}\cdot\frac{\partial u}{\partial y}. \qquad ②$$

又如，设 $z=f(u,v,w), u=\varphi(x,y), v=\psi(x,y), w=\tau(x,y)$，则

$$\frac{\partial z}{\partial x} = \frac{\partial z}{\partial u}\cdot\frac{\partial u}{\partial x} + \frac{\partial z}{\partial v}\cdot\frac{\partial v}{\partial x} + \frac{\partial z}{\partial w}\cdot\frac{\partial w}{\partial x},$$

$$\frac{\partial z}{\partial y} = \frac{\partial z}{\partial u}\cdot\frac{\partial u}{\partial y} + \frac{\partial z}{\partial v}\cdot\frac{\partial v}{\partial y} + \frac{\partial z}{\partial w}\cdot\frac{\partial w}{\partial y}. \qquad ③$$

再如，设 $z=f(u,v,w), u=\varphi(x), v=\psi(x), w=\tau(x)$，则

$$\frac{\mathrm{d}z}{\mathrm{d}x} = \frac{\partial z}{\partial u}\cdot\frac{\mathrm{d}u}{\mathrm{d}x} + \frac{\partial z}{\partial v}\cdot\frac{\mathrm{d}v}{\mathrm{d}x} + \frac{\partial z}{\partial w}\cdot\frac{\mathrm{d}w}{\mathrm{d}x}. \qquad ④$$

例 1 设函数 $z=\sin u \cos v$，而 $u=xy, v=x^y$，求 $\frac{\partial z}{\partial x}$ 和 $\frac{\partial z}{\partial y}$.

解 因为

$$\frac{\partial z}{\partial u} = \cos u \cos v, \quad \frac{\partial z}{\partial v} = -\sin u \sin v,$$

$$\frac{\partial u}{\partial x} = y, \quad \frac{\partial v}{\partial x} = yx^{y-1}, \quad \frac{\partial u}{\partial y} = x, \quad \frac{\partial v}{\partial y} = x^y \ln x,$$

所以

$$\frac{\partial z}{\partial x} = \frac{\partial z}{\partial u} \cdot \frac{\partial u}{\partial x} + \frac{\partial z}{\partial v} \cdot \frac{\partial v}{\partial x} = \cos u \cos v \cdot y - \sin u \sin v \cdot yx^{y-1}$$
$$= y\cos(xy)\cos x^y - yx^{y-1}\sin(xy)\sin x^y,$$
$$\frac{\partial z}{\partial y} = \frac{\partial z}{\partial u} \cdot \frac{\partial u}{\partial y} + \frac{\partial z}{\partial v} \cdot \frac{\partial v}{\partial y} = \cos u \cos v \cdot x - \sin u \sin v \cdot x^y \ln x$$
$$= x\cos(xy)\cos x^y - x^y \ln x \sin(xy)\sin x^y.$$

例 2 设函数 $u = f(x,y,z) = e^{xy+z^2}$,而 $z = x^2 \sin y$,求 $\dfrac{\partial u}{\partial x}$ 和 $\dfrac{\partial u}{\partial y}$.

解 由链式法则有

$$\frac{\partial u}{\partial x} = \frac{\partial f}{\partial x} \cdot \frac{\partial x}{\partial x} + \frac{\partial f}{\partial y} \cdot \frac{\partial y}{\partial x} + \frac{\partial f}{\partial z} \cdot \frac{\partial z}{\partial x}.$$

注意到 x, y 都是自变量,而 z 是中间变量,所以

$$\frac{\partial x}{\partial x} = 1, \quad \frac{\partial y}{\partial x} = 0, \quad \frac{\partial z}{\partial x} = 2x\sin y.$$

于是

$$\frac{\partial u}{\partial x} = \frac{\partial f}{\partial x} + \frac{\partial f}{\partial z} \cdot \frac{\partial z}{\partial x} = ye^{xy+z^2} + 2ze^{xy+z^2} \cdot 2x\sin y$$
$$= (y + 4xz\sin y)e^{xy+z^2}.$$

同理,有

$$\frac{\partial u}{\partial y} = \frac{\partial f}{\partial y} + \frac{\partial f}{\partial z} \cdot \frac{\partial z}{\partial y} = xe^{xy+z^2} + 2ze^{xy+z^2} \cdot x^2 \cos y$$
$$= (x + 2zx^2 \cos y)e^{xy+z^2}.$$

注 本例中的记号 $\dfrac{\partial u}{\partial x}$ 与 $\dfrac{\partial f}{\partial x}$ 的意义是不同的,$\dfrac{\partial u}{\partial x}$ 表示复合后的函数对自变量 x 求偏导数,而 $\dfrac{\partial f}{\partial x}$ 表示函数 $f(x,y,z)$ 对第一个变量 x 求偏导数,此时 y, z 看成与 x 无关,按常量对待. 记号 $\dfrac{\partial u}{\partial y}$ 与 $\dfrac{\partial f}{\partial y}$ 的区别类似.

例 3 设函数 $z = uv + e^t$,而 $u = \sin t, v = \cos t$,求导数 $\dfrac{dz}{dt}$.

解 $\dfrac{dz}{dt} = \dfrac{\partial z}{\partial u} \cdot \dfrac{du}{dt} + \dfrac{\partial z}{\partial v} \cdot \dfrac{dv}{dt} + \dfrac{\partial z}{\partial t} \cdot \dfrac{dt}{dt} = v\cos t - u\sin t + e^t$
$= \cos^2 t - \sin^2 t + e^t = \cos 2t + e^t.$

从上面几个例子可以看出,复合函数求导的关键是弄清楚变量之间的关系,分清哪些是自变量,哪些是中间变量,哪些既是自变量又是中间变量,只有这样才能正确使用求导的链式法则.

二、多元复合函数的高阶导数

在本节的定理中,当所有函数都有连续的二阶偏导数时,也可以求 z 对 x 或 y 的二阶偏导数.由一阶偏导数 $\dfrac{\partial z}{\partial x}=\dfrac{\partial z}{\partial u}\cdot\dfrac{\partial u}{\partial x}+\dfrac{\partial z}{\partial v}\cdot\dfrac{\partial v}{\partial x}$,$\dfrac{\partial z}{\partial y}=\dfrac{\partial z}{\partial u}\cdot\dfrac{\partial u}{\partial y}+\dfrac{\partial z}{\partial v}\cdot\dfrac{\partial v}{\partial y}$ 求二阶偏导数时,特别要注意 $\dfrac{\partial z}{\partial u}$ 和 $\dfrac{\partial z}{\partial v}$ 都还是关于中间变量 u,v 的函数.

例 4 设函数 $w=f(x-y+z,xyz)$,f 具有二阶连续偏导数,求 $\dfrac{\partial w}{\partial x}$ 及 $\dfrac{\partial^2 w}{\partial x\partial z}$.

解 令 $u=x-y+z,v=xyz$,则 $w=f(u,v)$.

为表达简便起见,引入以下记号:

$$f_1=\frac{\partial f(u,v)}{\partial u},\quad f_{12}=\frac{\partial^2 f(u,v)}{\partial u\partial v},$$

这里下标 1 表示对第一个变量 u 求偏导数,下标 2 表示对第二个变量 v 求偏导数.同理,有 f_2,f_{11},f_{22},等等.

因所给函数由 $w=f(u,v)$ 及 $u=x-y+z,v=xyz$ 复合而成,根据复合函数的求导法则,有

$$\frac{\partial w}{\partial x}=\frac{\partial f}{\partial u}\cdot\frac{\partial u}{\partial x}+\frac{\partial f}{\partial v}\cdot\frac{\partial v}{\partial x}=f_1+yzf_2,$$

$$\frac{\partial^2 w}{\partial x\partial z}=\frac{\partial}{\partial z}(f_1+yzf_2)=\frac{\partial f_1}{\partial z}+yf_2+yz\frac{\partial f_2}{\partial z}.$$

求 $\dfrac{\partial f_1}{\partial z}$ 及 $\dfrac{\partial f_2}{\partial z}$ 时,应注意 f_1 及 f_2 仍然是复合函数.根据复合函数的求导法则,有

$$\frac{\partial f_1}{\partial z}=\frac{\partial f_1}{\partial u}\cdot\frac{\partial u}{\partial z}+\frac{\partial f_1}{\partial v}\cdot\frac{\partial v}{\partial z}=f_{11}+xyf_{12},$$

$$\frac{\partial f_2}{\partial z}=\frac{\partial f_2}{\partial u}\cdot\frac{\partial u}{\partial z}+\frac{\partial f_2}{\partial v}\cdot\frac{\partial v}{\partial z}=f_{21}+xyf_{22}.$$

于是

$$\frac{\partial^2 w}{\partial x\partial z}=f_{11}+xyf_{12}+yf_2+yzf_{21}+xy^2zf_{22}$$
$$=f_{11}+y(x+z)f_{12}+xy^2zf_{22}+yf_2,$$

其中用到 $f_{12}=f_{21}$.

例 5 设函数 $u=f(r)$,其中 $r=\sqrt{x^2+y^2+z^2}$,f 具有二阶连续偏导数,证明:

$$\frac{\partial^2 u}{\partial x^2}+\frac{\partial^2 u}{\partial y^2}+\frac{\partial^2 u}{\partial z^2}=F(r),$$

其中

$$F(r)=f''(r)+\frac{2f'(r)}{r}.$$

证 由题设有

$$\frac{\partial u}{\partial x} = \frac{\mathrm{d}u}{\mathrm{d}r} \cdot \frac{\partial r}{\partial x} = f'(r) \frac{x}{\sqrt{x^2+y^2+z^2}} = f'(r) \frac{x}{r},$$

于是

$$\frac{\partial^2 u}{\partial x^2} = f''(r) \frac{x^2}{r^2} + f'(r) \frac{r - x \frac{x}{r}}{r^2} = \frac{f'}{r} + \left(f'' - \frac{f'}{r}\right) \frac{x^2}{r^2}.$$

同理,有

$$\frac{\partial^2 u}{\partial y^2} = \frac{f'}{r} + \left(f'' - \frac{f'}{r}\right) \frac{y^2}{r^2}, \quad \frac{\partial^2 u}{\partial z^2} = \frac{f'}{r} + \left(f'' - \frac{f'}{r}\right) \frac{z^2}{r^2}.$$

注意到 $r^2 = x^2 + y^2 + z^2$,上三式相加可得

$$\frac{\partial^2 u}{\partial x^2} + \frac{\partial^2 u}{\partial y^2} + \frac{\partial^2 u}{\partial z^2} = \frac{3f'}{r} + f'' - \frac{f'}{r} = f''(r) + \frac{2f'(r)}{r} = F(r).$$

三、一阶微分形式不变性

设函数 $z = f(u,v)$ 具有连续偏导数,则有全微分

$$\mathrm{d}z = \frac{\partial z}{\partial u} \mathrm{d}u + \frac{\partial z}{\partial v} \mathrm{d}v.$$

如果 u,v 又是 x,y 的二元函数:$u = \varphi(x,y), v = \psi(x,y)$,且这两个函数也具有连续偏导数,则复合函数 $z = f(\varphi(x,y), \psi(x,y))$ 的全微分为

$$\mathrm{d}z = \frac{\partial z}{\partial x} \mathrm{d}x + \frac{\partial z}{\partial y} \mathrm{d}y,$$

其中 $\frac{\partial z}{\partial x}$ 及 $\frac{\partial z}{\partial y}$ 由①式给出. 把①式中的 $\frac{\partial z}{\partial x}$ 及 $\frac{\partial z}{\partial y}$ 代入上式,得

$$\begin{aligned}
\mathrm{d}z &= \left(\frac{\partial z}{\partial u} \cdot \frac{\partial u}{\partial x} + \frac{\partial z}{\partial v} \cdot \frac{\partial v}{\partial x}\right) \mathrm{d}x + \left(\frac{\partial z}{\partial u} \cdot \frac{\partial u}{\partial y} + \frac{\partial z}{\partial v} \cdot \frac{\partial v}{\partial y}\right) \mathrm{d}y \\
&= \frac{\partial z}{\partial u} \left(\frac{\partial u}{\partial x} \mathrm{d}x + \frac{\partial u}{\partial y} \mathrm{d}y\right) + \frac{\partial z}{\partial v} \left(\frac{\partial v}{\partial x} \mathrm{d}x + \frac{\partial v}{\partial y} \mathrm{d}y\right) \\
&= \frac{\partial z}{\partial u} \mathrm{d}u + \frac{\partial z}{\partial v} \mathrm{d}v.
\end{aligned}$$

由此可见,无论 z 是自变量 u,v 的函数,还是中间变量 u,v 的函数,它的全微分形式都是一样的. 这个性质叫作**一阶微分形式不变性**. 根据这个性质可以得到下列微分公式:

(1) $\mathrm{d}(u \pm v) = \mathrm{d}u \pm \mathrm{d}v$;   (2) $\mathrm{d}(uv) = u\mathrm{d}v + v\mathrm{d}u$;

(3) $\mathrm{d}\left(\dfrac{u}{v}\right) = \dfrac{v\mathrm{d}u - u\mathrm{d}v}{v^2}$;   (4) $\mathrm{d}f(u) = f'(u)\mathrm{d}u$.

这里 u,v 是多元可微函数,f 是一元可导函数.

例 6 利用一阶微分形式不变性解本节的例1.

解 因为

$$\begin{aligned}
\mathrm{d}z &= \mathrm{d}(\sin u \cos v) = \sin u \mathrm{d}(\cos v) + \cos v \mathrm{d}(\sin u) = \sin u(-\sin v)\mathrm{d}v + \cos v \cos u \mathrm{d}u \\
&= \sin u(-\sin v)(yx^{y-1}\mathrm{d}x + x^y \ln x \mathrm{d}y) + \cos v \cos u(y\mathrm{d}x + x\mathrm{d}y) \\
&= [y\cos(xy)\cos x^y - yx^{y-1}\sin(xy)\sin x^y]\mathrm{d}x \\
&\quad + [x\cos(xy)\cos x^y - x^y \ln x \sin(xy)\sin x^y]\mathrm{d}y,
\end{aligned}$$

所以

$$\frac{\partial z}{\partial x} = y\cos(xy)\cos x^y - yx^{y-1}\sin(xy)\sin x^y,$$

$$\frac{\partial z}{\partial y} = x\cos(xy)\cos x^y - x^y \ln x \sin(xy)\sin x^y.$$

习 题 8.4

1. 设函数 $z = u^2 \ln v$，而 $u = \dfrac{x}{y}, v = 3x - 2y$，求 $\dfrac{\partial z}{\partial x}, \dfrac{\partial z}{\partial y}$。

2. 设函数 $z = x^2 + xy + y^2$，而 $x = \sin t, y = t^2$，求 $\dfrac{\mathrm{d}z}{\mathrm{d}t}$。

3. 设函数 $z = \arctan(x + y)$，而 $y = \mathrm{e}^x$，求 $\dfrac{\mathrm{d}z}{\mathrm{d}x}$。

4. 设函数 $u = \dfrac{\mathrm{e}^{ax}(y-z)}{a^2+1}$，而 $y = a\sin x, z = \cos x$，求 $\dfrac{\mathrm{d}u}{\mathrm{d}x}$。

5. 设函数 $z = \ln(x^{\frac{1}{3}} + y^{\frac{1}{3}})$，证明：$x\dfrac{\partial z}{\partial x} + y\dfrac{\partial z}{\partial y} = \dfrac{1}{3}$。

6. 设函数 $z = \dfrac{y}{f(x^2 - y^2)}$，其中 $f(u)$ 为可导函数，验证：

$$\frac{1}{x} \cdot \frac{\partial z}{\partial x} + \frac{1}{y} \cdot \frac{\partial z}{\partial y} = \frac{z}{y^2}.$$

7. 求下列函数的一阶偏导数，其中 f 具有一阶连续偏导数：

(1) $u = f(\sin x, \mathrm{e}^{xy})$；　　(2) $u = f\left(\dfrac{x}{y}, \dfrac{y}{z}\right)$；　　(3) $u = f\left(x, xy, \dfrac{y}{z}\right)$。

8. 设函数 $z = f(x\mathrm{e}^y)$，其中 f 具有二阶连续偏导数，求 $\dfrac{\partial^2 z}{\partial x^2}, \dfrac{\partial^2 z}{\partial x \partial y}, \dfrac{\partial^2 z}{\partial y^2}$。

9. 设函数 f 具有二阶连续偏导数，求 $z = f\left(x, \dfrac{x}{y}\right)$ 的二阶偏导数 $\dfrac{\partial^2 z}{\partial x^2}, \dfrac{\partial^2 z}{\partial x \partial y}, \dfrac{\partial^2 z}{\partial y^2}$。

§8.5 隐函数的求导公式

一、一个方程的情形

在讨论一元函数时介绍的隐函数的概念，是由一个二元方程

$$F(x, y) = 0 \qquad ①$$

在满足某些条件时所确定的函数 $y=y(x)$ 或 $x=x(y)$. 现在有了二元函数的知识以后,就可以给隐函数一个更为严格的定义.

定义 如果①式中的函数 $F(x,y)$ 在矩形区域 $D=\{(x,y)|a<x<b,c<y<d\}$(此区域也记为 $(a,b)\times(c,d)$)内满足:对任意的 $x\in(a,b)$,都存在唯一的 $y\in(c,d)$,使得 (x,y) 是方程①的解,则称方程①在 D 内确定了一个**隐函数** $y=f(x),x\in(a,b),y\in(c,d)$.

注意到 x,y 的对称性,也可类似定义隐函数 $x=g(y)$.

关于隐函数的存在唯一性和它的导数的求法,有以下的定理:

定理1(隐函数存在定理) 设函数 $F(x,y)$ 在点 $P(x_0,y_0)$ 的某一邻域内具有连续的偏导数,且 $F(x_0,y_0)=0$,$F_y(x_0,y_0)\neq 0$,则方程 $F(x,y)=0$ 在点 (x_0,y_0) 的某一邻域内能唯一确定一个具有连续导数的隐函数 $y=f(x)$,使得 $y_0=f(x_0)$,并有

$$\frac{\mathrm{d}y}{\mathrm{d}x}=-\frac{F_x}{F_y}. \qquad ②$$

在此不证这个定理中关于隐函数的存在唯一性,仅对公式②作如下推导:

将由方程①所确定的函数 $y=f(x)$ 代入方程①,得恒等式

$$F(x,f(x))\equiv 0.$$

上式左端可以看作 x 的一个复合函数,求这个函数的导数,由于恒等式两端求导后仍然恒等,即得

$$F_x+F_y\frac{\mathrm{d}y}{\mathrm{d}x}=0.$$

因为 F_y 连续,且 $F_y(x_0,y_0)\neq 0$,所以存在 (x_0,y_0) 的某一邻域,在此邻域内 $F_y\neq 0$,于是得

$$\frac{\mathrm{d}y}{\mathrm{d}x}=-\frac{F_x}{F_y}.$$

例1 验证方程 $x^2+y^2-1=0$ 在点 $(0,1)$ 的某一邻域内能唯一确定一个具有连续导数的隐函数 $y=f(x)$,使得 $f(0)=1$,并求这个函数的一阶和二阶导数在 $x=0$ 处的值.

解 设 $F(x,y)=x^2+y^2-1$,则 $F_x=2x,F_y=2y,F(0,1)=0,F_y(0,1)=2\neq 0$. 因此,由定理1可知,方程 $x^2+y^2-1=0$ 在点 $(0,1)$ 的某一邻域内能唯一确定一个具有连续导数的隐函数 $y=f(x)$,它满足当 $x=0$ 时,$y=1$,且有

$$\frac{\mathrm{d}y}{\mathrm{d}x}=-\frac{F_x}{F_y}=-\frac{x}{y}, \quad \frac{\mathrm{d}y}{\mathrm{d}x}\Big|_{\substack{x=0\\y=1}}=0.$$

于是

$$\frac{\mathrm{d}^2 y}{\mathrm{d}x^2}=-\frac{y-xy'}{y^2}=-\frac{y-x\left(-\frac{x}{y}\right)}{y^2}=-\frac{y^2+x^2}{y^3}=-\frac{1}{y^3},$$

$$\frac{\mathrm{d}^2 y}{\mathrm{d}x^2}\Big|_{\substack{x=0\\y=1}}=-1.$$

§ 8.5 隐函数的求导公式

注 从上例可看出 $F_y=2y$ 只在 x 轴上等于零,所以单位圆上除点 $(-1,0),(1,0)$ 外,在其余点的邻域内都能确定隐函数 $y=f(x)$. 这有明显的几何意义:在上半单位圆时确定函数 $y=\sqrt{1-x^2}$,在下半单位圆时确定函数 $y=-\sqrt{1-x^2}$.

由定理 1 知,一个二元方程①在满足一定条件时可以确定一个一元隐函数. 自然地会想到,一个三元方程

$$F(x,y,z)=0 \qquad ③$$

在满足一定条件时能确定一个二元隐函数. 这就是下面的定理.

定理 2 (隐函数存在定理) 设函数 $F(x,y,z)$ 在点 $P(x_0,y_0,z_0)$ 的某一邻域内具有连续的偏导数,且 $F(x_0,y_0,z_0)=0$,$F_z(x_0,y_0,z_0)\neq 0$,则方程 $F(x,y,z)=0$ 在点 (x_0,y_0,z_0) 的某一邻域内能唯一确定一个具有连续偏导数的隐函数 $z=f(x,y)$,使得 $z_0=f(x_0,y_0)$,并有

$$\frac{\partial z}{\partial x}=-\frac{F_x}{F_z},\quad \frac{\partial z}{\partial y}=-\frac{F_y}{F_z}. \qquad ④$$

与定理 1 一样,定理 2 的证明从略,这里仅对公式④作如下推导:

将 $z=f(x,y)$ 代入方程 $F(x,y,z)=0$,得

$$F(x,y,f(x,y))\equiv 0.$$

上式两端分别对 x 和 y 求偏导数,应用复合函数的求导法则,得

$$F_x+F_z\frac{\partial z}{\partial x}=0,\quad F_y+F_z\frac{\partial z}{\partial y}=0.$$

因为 F_z 连续,且 $F_z(x_0,y_0,z_0)\neq 0$,所以存在点 (x_0,y_0,z_0) 的某一邻域,在此邻域内 $F_z\neq 0$,于是得

$$\frac{\partial z}{\partial x}=-\frac{F_x}{F_z},\quad \frac{\partial z}{\partial y}=-\frac{F_y}{F_z}.$$

例 2 设 $x^2+y^2+xyz-e^z=0$,求 $\dfrac{\partial^2 z}{\partial x^2}$.

解 设 $F(x,y,z)=x^2+y^2+xyz-e^z$,则 $F_x=2x+yz$,$F_z=xy-e^z$. 利用公式④,得

$$\frac{\partial z}{\partial x}=-\frac{F_x}{F_z}=\frac{2x+yz}{e^z-xy}.$$

再一次对 x 求偏导数,得

$$\frac{\partial^2 z}{\partial x^2}=\frac{\left(2+y\dfrac{\partial z}{\partial x}\right)(e^z-xy)-(2x+yz)\left(e^z\dfrac{\partial z}{\partial x}-y\right)}{(e^z-xy)^2}$$

$$=\frac{2(e^z-xy)+2y(2x+yz)}{(e^z-xy)^2}-\frac{(2x+yz)^2 e^z}{(e^z-xy)^3}.$$

注 当然,对于本例,也可以直接在方程 $x^2+y^2+xyz-e^z=0$ 两边对 x 求两次偏导数来计算,只是要注意这时 z 应理解为中间变量.

二、方程组的情形

下面将隐函数存在定理作进一步的推广，即考虑由方程组

$$\begin{cases} F(x,y,u,v) = 0, \\ G(x,y,u,v) = 0 \end{cases} \quad ⑤$$

来确定隐函数. 在某些条件下，当给定一组 x,y 时，可通过方程组⑤"解"出唯一的一组 u,v，因此方程组⑤就有可能确定两个二元函数. 这两个二元函数也称为一个隐函数组. 对此，我们有下面的定理.

定理 3（隐函数存在定理） 设函数 $F(x,y,u,v), G(x,y,u,v)$ 在点 $P_0(x_0,y_0,u_0,v_0)$ 的某一邻域内具有对各个变量的连续偏导数，又 $F(x_0,y_0,u_0,v_0)=0, G(x_0,y_0,u_0,v_0)=0$，且偏导数所组成的函数行列式（称为**雅可比（Jacobi）行列式**）

$$J = \frac{\partial(F,G)}{\partial(u,v)} = \begin{vmatrix} F_u & F_v \\ G_u & G_v \end{vmatrix}$$

在点 $P_0(x_0,y_0,u_0,v_0)$ 处不等于零，则方程组 $F(x,y,u,v)=0, G(x,y,u,v)=0$ 在点 (x_0,y_0,u_0,v_0) 的某一邻域内能唯一确定一组具有连续偏导数的隐函数 $u=u(x,y), v=v(x,y)$，使得 $u_0=u(x_0,y_0), v_0=v(x_0,y_0)$，并有

$$\frac{\partial u}{\partial x} = -\frac{1}{J} \cdot \frac{\partial(F,G)}{\partial(x,v)} = -\frac{\begin{vmatrix} F_x & F_v \\ G_x & G_v \end{vmatrix}}{\begin{vmatrix} F_u & F_v \\ G_u & G_v \end{vmatrix}}, \quad \frac{\partial v}{\partial x} = -\frac{1}{J} \cdot \frac{\partial(F,G)}{\partial(u,x)} = -\frac{\begin{vmatrix} F_u & F_x \\ G_u & G_x \end{vmatrix}}{\begin{vmatrix} F_u & F_v \\ G_u & G_v \end{vmatrix}},$$

$$\frac{\partial u}{\partial y} = -\frac{1}{J} \cdot \frac{\partial(F,G)}{\partial(y,v)} = -\frac{\begin{vmatrix} F_y & F_v \\ G_y & G_v \end{vmatrix}}{\begin{vmatrix} F_u & F_v \\ G_u & G_v \end{vmatrix}}, \quad \frac{\partial v}{\partial y} = -\frac{1}{J} \cdot \frac{\partial(F,G)}{\partial(u,y)} = -\frac{\begin{vmatrix} F_u & F_y \\ G_u & G_y \end{vmatrix}}{\begin{vmatrix} F_u & F_v \\ G_u & G_v \end{vmatrix}}. \quad ⑥$$

同样，定理 3 的证明从略，仅对公式⑥作如下推导：

将 $u(x,y)$ 和 $v(x,y)$ 代入方程组⑤，得

$$\begin{cases} F(x,y,u(x,y),v(x,y)) \equiv 0, \\ G(x,y,u(x,y),v(x,y)) \equiv 0. \end{cases}$$

两恒等式两边分别对 x 求偏导数，应用复合函数的求导法则，得

$$\begin{cases} F_x + F_u \dfrac{\partial u}{\partial x} + F_v \dfrac{\partial v}{\partial x} = 0, \\ G_x + G_u \dfrac{\partial u}{\partial x} + G_v \dfrac{\partial v}{\partial x} = 0. \end{cases}$$

§ 8.5 隐函数的求导公式

这是关于 $\frac{\partial u}{\partial x}, \frac{\partial v}{\partial x}$ 的线性方程组. 由假设可知,在点 $P_0(x_0, y_0, u_0, v_0)$ 的某一邻域内,系数行列式

$$J = \begin{vmatrix} F_u & F_v \\ G_u & G_v \end{vmatrix} \neq 0,$$

从而可解出 $\frac{\partial u}{\partial x}, \frac{\partial v}{\partial x}$,得

$$\frac{\partial u}{\partial x} = -\frac{1}{J} \cdot \frac{\partial(F,G)}{\partial(x,v)}, \quad \frac{\partial v}{\partial x} = -\frac{1}{J} \cdot \frac{\partial(F,G)}{\partial(u,x)}.$$

同理,可得

$$\frac{\partial u}{\partial y} = -\frac{1}{J} \cdot \frac{\partial(F,G)}{\partial(y,v)}, \quad \frac{\partial v}{\partial y} = -\frac{1}{J} \cdot \frac{\partial(F,G)}{\partial(u,y)}.$$

例 3 设 $x^2 u - yv^2 = 2, y^2 u^2 + x^2 v = 1$,求 $\frac{\partial u}{\partial x}, \frac{\partial u}{\partial y}, \frac{\partial v}{\partial x}$ 和 $\frac{\partial v}{\partial y}$.

解 此题可直接利用公式⑥来求,也可依照推导公式⑥的方法来求. 这里我们按后一种方法进行求解.

将所给方程的两边对 x 求偏导数并移项,得

$$\begin{cases} x^2 \dfrac{\partial u}{\partial x} - 2vy \dfrac{\partial v}{\partial x} = -2xu, \\ 2uy^2 \dfrac{\partial u}{\partial x} + x^2 \dfrac{\partial v}{\partial x} = -2xv. \end{cases}$$

这是关于 $\frac{\partial u}{\partial x}, \frac{\partial v}{\partial x}$ 的线性方程组,在系数行列式 $J = \begin{vmatrix} x^2 & -2vy \\ 2uy^2 & x^2 \end{vmatrix} = x^4 + 4uvy^3 \neq 0$ 的条件下,有

$$\frac{\partial u}{\partial x} = \frac{\begin{vmatrix} -2xu & -2vy \\ -2xv & x^2 \end{vmatrix}}{\begin{vmatrix} x^2 & -2vy \\ 2uy^2 & x^2 \end{vmatrix}} = -\frac{2x^3 u + 4xyv^2}{x^4 + 4uvy^3},$$

$$\frac{\partial v}{\partial x} = \frac{\begin{vmatrix} x^2 & -2xu \\ 2uy^2 & -2xv \end{vmatrix}}{\begin{vmatrix} x^2 & -2vy \\ 2uy^2 & x^2 \end{vmatrix}} = -\frac{2x^3 v - 4xy^2 u^2}{x^4 + 4uvy^3}.$$

同样,将所给方程的两边对 y 求偏导数,可得关于 $\frac{\partial u}{\partial y}, \frac{\partial v}{\partial y}$ 的线性方程组,其系数行列式

也是 $J = \begin{vmatrix} x^2 & -2vy \\ 2uy^2 & x^2 \end{vmatrix} = x^4 + 4uvy^3$. 当 $J \neq 0$ 时,可求得

$$\frac{\partial u}{\partial y} = \frac{x^2v^2 - 4y^2u^2v}{x^4 + 4uvy^3}, \quad \frac{\partial v}{\partial y} = -\frac{2x^2yu^2 + 2uy^2v^2}{x^4 + 4uvy^3}.$$

习 题 8.5

1. 设 $y - x - \frac{1}{2}\sin y = 0$, 求 $\frac{dy}{dx}$.

2. 设 $y = 2\arctan\frac{y}{x}$, 求 $\frac{dy}{dx}, \frac{d^2y}{dx^2}$.

3. 设 $e^{-xy} - 2z + e^z = 0$, 求 $\frac{\partial z}{\partial x}$ 及 $\frac{\partial z}{\partial y}$.

4. 设 $F(x, x+y, x+y+z) = 0$, 求 $\frac{\partial z}{\partial x}$ 及 $\frac{\partial z}{\partial y}$.

5. 设函数 $z = z(x, y)$ 由方程 $F\left(x + \frac{z}{y}, y + \frac{z}{x}\right) = 0$ 确定, 证明:

$$x\frac{\partial z}{\partial x} + y\frac{\partial z}{\partial y} = z - xy.$$

6. 设 $x = x(y, z), y = y(x, z), z = z(x, y)$ 都是由方程 $F(x, y, z) = 0$ 所确定的具有连续偏导数的函数, 证明:

$$\frac{\partial x}{\partial y} \cdot \frac{\partial y}{\partial z} \cdot \frac{\partial z}{\partial x} = -1.$$

7. 设 $\varphi(u, v)$ 具有连续偏导数, 证明: 由方程 $\varphi(x - az, y - bz) = 0$ 所确定的函数 $z = f(x, y)$ 满足

$$a\frac{\partial z}{\partial x} + b\frac{\partial z}{\partial y} = 1.$$

8. 设 $e^z - xyz = 0$, 求 $\frac{\partial^2 z}{\partial x^2}, \frac{\partial^2 z}{\partial x \partial y}$.

9. 求由下列方程组所确定的函数的导数或偏导数:

(1) 设 $\begin{cases} z = x^2 + y^2, \\ x^2 + 2y^2 + 3z^2 = 1, \end{cases}$ 求 $\frac{dy}{dx}, \frac{dz}{dx}$;

(2) 设 $\begin{cases} x + y + z = 0, \\ x^2 + y^2 + z^2 = 1, \end{cases}$ 求 $\frac{dx}{dz}, \frac{dy}{dz}$;

(3) 设 $\begin{cases} u = f(ux, v+y), \\ v = g(u-x, v^2y), \end{cases}$ 其中 f, g 具有一阶连续偏导数, 求 $\frac{\partial u}{\partial x}, \frac{\partial v}{\partial x}$;

(4) 设 $\begin{cases} x = e^u + u\sin v, \\ y = e^u - u\cos v, \end{cases}$ 求 $\frac{\partial u}{\partial x}, \frac{\partial u}{\partial y}, \frac{\partial v}{\partial x}, \frac{\partial v}{\partial y}$.

§8.6 微分法在几何上的应用

一、空间曲线的切线与法平面

设空间曲线 Γ 由参数方程 $x=\varphi(t), y=\psi(t), z=\omega(t)(\alpha\leqslant t\leqslant \beta)$ 给出,其中三个函数都可导且导数不全为零.

在曲线 Γ 上取对应于参数 $t=t_0$ 的一点 $M(x_0,y_0,z_0)$ 以及对应于 $t=t_0+\Delta t$ 的一点 $M'(x_0+\Delta x, y_0+\Delta y, z_0+\Delta z)$,则割线 MM' 的方向向量为 $(\Delta x, \Delta y, \Delta z)$,其方程是

$$\frac{x-x_0}{\Delta x}=\frac{y-y_0}{\Delta y}=\frac{z-z_0}{\Delta z}. \qquad ①$$

图 1

当点 M' 沿着曲线 Γ 趋于点 M 时,即 $\Delta t\to 0$ 时,割线 MM' 的极限位置 MT 就是曲线 Γ 在点 M 处的**切线**(图1).这种极限过程利用①式描述就是:用 Δt 除①式的各个分母,得

$$\frac{x-x_0}{\frac{\Delta x}{\Delta t}}=\frac{y-y_0}{\frac{\Delta y}{\Delta t}}=\frac{z-z_0}{\frac{\Delta z}{\Delta t}},$$

沿曲线 Γ 令 $M'\to M$,这时 $\Delta t\to 0$,通过对上式取极限,即得曲线在点 M 处的**切线方程**为

$$\frac{x-x_0}{\varphi'(t_0)}=\frac{y-y_0}{\psi'(t_0)}=\frac{z-z_0}{\omega'(t_0)}. \qquad ②$$

由假定这里 $\varphi'(t_0),\psi'(t_0),\omega'(t_0)$ 不全为零,如果个别为零,则上式中相应的分子也取为零.切线的方向向量称为曲线的**切向量**.切线②的方向向量可取为

$$\boldsymbol{T}=(\varphi'(t_0),\psi'(t_0),\omega'(t_0)),$$

所以 $\boldsymbol{T}$ 就是曲线 Γ 在点 M 处的一个切向量.

通过点 M 并且与切线垂直的平面称为曲线 Γ 在点 M 处的**法平面**.此法平面过点 $M(x_0,y_0,z_0)$ 且以 $\boldsymbol{T}=(\varphi'(t_0),\psi'(t_0),\omega'(t_0))$ 为法向量,因此**法平面方程**为

$$\varphi'(t_0)(x-x_0)+\psi'(t_0)(y-y_0)+\omega'(t_0)(z-z_0)=0. \qquad ③$$

例 1 求曲线 $x=t, y=\mathrm{e}^t, z=\sin t$ 在点 $(0,1,0)$ 处的切线方程及法平面方程.

解 因为 $x'_t=1, y'_t=\mathrm{e}^t, z'_t=\cos t$,又点 $(0,1,0)$ 所对应的参数为 $t=0$,所以该点处的切向量为

$$\boldsymbol{T}=(1,1,1).$$

于是,曲线在点 $(0,1,0)$ 处的切线方程为

$$\frac{x-0}{1}=\frac{y-1}{1}=\frac{z-0}{1}, \quad 即 \quad x=y-1=z,$$

法平面方程为
$$(x-0)+(y-1)+(z-0)=0, \quad 即 \quad x+y+z=1.$$

如果空间曲线 Γ 的方程为 $\begin{cases} y=\varphi(x), \\ z=\psi(x), \end{cases}$ 则只要取 x 为参数,方程就可以表示为参数方程的形式:
$$\begin{cases} x=x, \\ y=\varphi(x), \\ z=\psi(x). \end{cases}$$

当 $\varphi(x),\psi(x)$ 都在点 $x=x_0$ 可导时,根据上面的讨论可知 $\boldsymbol{T}=(1,\varphi'(x_0),\psi'(x_0))$ 为曲线在点 $M(x_0,y_0,z_0)$ 处的切向量,因此该点处的**切线方程**为
$$\frac{x-x_0}{1}=\frac{y-y_0}{\varphi'(x_0)}=\frac{z-z_0}{\psi'(x_0)}, \qquad ④$$

法平面方程为
$$(x-x_0)+\varphi'(x_0)(y-y_0)+\psi'(x_0)(z-z_0)=0. \qquad ⑤$$

如果空间曲线 Γ 由方程组
$$\begin{cases} F(x,y,z)=0, \\ G(x,y,z)=0 \end{cases} \qquad ⑥$$

给出,设 $M(x_0,y_0,z_0)$ 是曲线 Γ 上的一点,又设 F,G 对各个变量具有连续偏导数,且
$$\left.\frac{\partial(F,G)}{\partial(y,z)}\right|_{(x_0,y_0,z_0)}\neq 0,$$

则方程组⑥在点 $M(x_0,y_0,z_0)$ 的某一邻域内确定了一组具有连续导数的函数 $y=\varphi(x),z=\psi(x)$. 显然,向量 $(1,\varphi'(x_0),\psi'(x_0))$ 即为曲线 Γ 在点 M 处的一个切向量,因此要求曲线 Γ 在点 M 处的切线方程和法平面方程,只要求出 $\varphi'(x_0),\psi'(x_0)$,然后代入④,⑤两式即得. 为此,先求 $\varphi'(x)$ 和 $\psi'(x)$. 把 $y=\varphi(x),z=\psi(x)$ 代入方程组⑥,得
$$\begin{cases} F(x,\varphi(x),\psi(x))\equiv 0, \\ G(x,\varphi(x),\psi(x))\equiv 0, \end{cases}$$

上两式两边分别对 x 求导数,得
$$\begin{cases} F_x+F_y\dfrac{\mathrm{d}y}{\mathrm{d}x}+F_z\dfrac{\mathrm{d}z}{\mathrm{d}x}=0, \\ G_x+G_y\dfrac{\mathrm{d}y}{\mathrm{d}x}+G_z\dfrac{\mathrm{d}z}{\mathrm{d}x}=0. \end{cases}$$

这是关于 $\dfrac{\mathrm{d}y}{\mathrm{d}x},\dfrac{\mathrm{d}z}{\mathrm{d}x}$ 的线性方程组. 由假设可知,在点 M 的某个邻域内,其系数行列式
$$J=\begin{vmatrix} F_y & F_z \\ G_y & G_z \end{vmatrix}=\frac{\partial(F,G)}{\partial(y,z)}\neq 0,$$

故可解得

$$\frac{\mathrm{d}y}{\mathrm{d}x} = \varphi'(x) = \frac{\begin{vmatrix} F_z & F_x \\ G_z & G_x \end{vmatrix}}{\begin{vmatrix} F_y & F_z \\ G_y & G_z \end{vmatrix}}, \quad \frac{\mathrm{d}z}{\mathrm{d}x} = \psi'(x) = \frac{\begin{vmatrix} F_x & F_y \\ G_x & G_y \end{vmatrix}}{\begin{vmatrix} F_y & F_z \\ G_y & G_z \end{vmatrix}}.$$

于是

$$\varphi'(x_0) = \frac{\begin{vmatrix} F_z & F_x \\ G_z & G_x \end{vmatrix}_M}{\begin{vmatrix} F_y & F_z \\ G_y & G_z \end{vmatrix}_M}, \quad \psi'(x_0) = \frac{\begin{vmatrix} F_x & F_y \\ G_x & G_y \end{vmatrix}_M}{\begin{vmatrix} F_y & F_z \\ G_y & G_z \end{vmatrix}_M},$$

这里分子、分母中带下标 M 的行列式表示行列式在点 $M(x_0,y_0,z_0)$ 的值.

可见，$\varphi'(x_0)$ 与 $\psi'(x_0)$ 的形式比较复杂. 为了得到形式简单、便于记忆的切向量，可以把切向量 $(1,\varphi'(x_0),\psi'(x_0))$ 写成

$$\left(1, \frac{\mathrm{d}y}{\mathrm{d}x}, \frac{\mathrm{d}z}{\mathrm{d}x}\right)_M.$$

同理，切向量还可以表示为

$$\left(\frac{\mathrm{d}x}{\mathrm{d}y}, 1, \frac{\mathrm{d}z}{\mathrm{d}y}\right)_M \quad \text{或} \quad \left(\frac{\mathrm{d}x}{\mathrm{d}z}, \frac{\mathrm{d}y}{\mathrm{d}z}, 1\right)_M.$$

总之，切向量的分量可视为 $\mathrm{d}x, \mathrm{d}y, \mathrm{d}z$ 之间的比.

例 2 求曲线 $x^2+y^2+z^2=14, x+y+z=0$ 在点 $(1,2,-3)$ 处的切线方程及法平面方程.

解 将所给曲线方程的两边对 x 求导数并移项，得

$$\begin{cases} y\dfrac{\mathrm{d}y}{\mathrm{d}x} + z\dfrac{\mathrm{d}z}{\mathrm{d}x} = -x, \\ \dfrac{\mathrm{d}y}{\mathrm{d}x} + \dfrac{\mathrm{d}z}{\mathrm{d}x} = -1. \end{cases}$$

当 $\begin{vmatrix} y & z \\ 1 & 1 \end{vmatrix} = y-z \neq 0$ 时，解得

$$\frac{\mathrm{d}y}{\mathrm{d}x} = \frac{\begin{vmatrix} -x & z \\ -1 & 1 \end{vmatrix}}{\begin{vmatrix} y & z \\ 1 & 1 \end{vmatrix}} = \frac{z-x}{y-z}, \quad \frac{\mathrm{d}z}{\mathrm{d}x} = \frac{\begin{vmatrix} y & -x \\ 1 & -1 \end{vmatrix}}{\begin{vmatrix} y & z \\ 1 & 1 \end{vmatrix}} = \frac{x-y}{y-z},$$

于是

$$\left.\frac{\mathrm{d}y}{\mathrm{d}x}\right|_{(1,2,-3)} = -\frac{4}{5}, \quad \left.\frac{\mathrm{d}z}{\mathrm{d}x}\right|_{(1,2,-3)} = -\frac{1}{5},$$

从而所给曲线在点 $(1,2,-3)$ 处的切向量为

$$\boldsymbol{T} = \left(1, -\frac{4}{5}, -\frac{1}{5}\right).$$

故所求的切线方程为

$$\frac{x-1}{1} = \frac{y-2}{-\frac{4}{5}} = \frac{z+3}{-\frac{1}{5}}, \quad 即 \quad \frac{x-1}{5} = \frac{y-2}{-4} = \frac{z+3}{-1},$$

法平面方程为

$$(x-1) - \frac{4}{5}(y-2) - \frac{1}{5}(z+3) = 0, \quad 即 \quad 5x - 4y - z = 0.$$

二、曲面的切平面与法线

设曲面 Σ 由方程

$$F(x,y,z) = 0 \qquad \qquad ⑦$$

给出,$M(x_0,y_0,z_0)$ 是曲面 Σ 上的一点,函数 $F(x,y,z)$ 的偏导数在该点连续且不同时为零. 在曲面 Σ 上,通过点 M 任意引一条曲线 Γ,假定曲线 Γ 的参数方程为

$$x = \varphi(t), \quad y = \psi(t), \quad z = \omega(t), \qquad \qquad ⑧$$

$t = t_0$ 对应于点 $M(x_0,y_0,z_0)$ 且 $\varphi'(t_0), \psi'(t_0), \omega'(t_0)$ 不全为零,则曲线 Γ 在点 M 处的切线方程为

$$\frac{x - x_0}{\varphi'(t_0)} = \frac{y - y_0}{\psi'(t_0)} = \frac{z - z_0}{\omega'(t_0)}.$$

因为曲线 Γ 在曲面 Σ 上,所以有恒等式 $F(\varphi(t), \psi(t), \omega(t)) \equiv 0$. 此式两边对 t 求导数,得

$$\frac{\mathrm{d}}{\mathrm{d}t} F(\varphi(t), \psi(t), \omega(t)) \bigg|_{t=t_0} = 0,$$

即有

$$F_x(x_0,y_0,z_0)\varphi'(t_0) + F_y(x_0,y_0,z_0)\psi'(t_0) + F_z(x_0,y_0,z_0)\omega'(t_0) = 0. \qquad ⑨$$

记向量

$$\boldsymbol{n} = (F_x(x_0,y_0,z_0), F_y(x_0,y_0,z_0), F_z(x_0,y_0,z_0)),$$

则⑨式说明曲线 Γ 在点 M 处的切向量 $\boldsymbol{T} = (\varphi'(t_0), \psi'(t_0), \omega'(t_0))$ 与向量 $\boldsymbol{n}$ 垂直. 由于曲线 Γ 是曲面 Σ 上通过点 M 的任意一条曲线,所以曲面 Σ 上通过点 M 的一切曲线在点 M 处的切线都与同一个向量 $\boldsymbol{n}$ 垂直,从而这些切线都在同一个平面 Π 上. 称这个平面为曲面 Σ 在点 M 处的**切平面**(图 2). 显然 $\boldsymbol{n}$ 为切平面的法向量,故切平面方程是

$$F_x(x_0,y_0,z_0)(x - x_0) + F_y(x_0,y_0,z_0)(y - y_0) + F_z(x_0,y_0,z_0)(z - z_0) = 0. \qquad ⑩$$

通过点 $M(x_0, y_0, z_0)$ 且垂直于切平面⑩的直线称为曲面 Σ 在该点处的**法线**. 曲面 Σ 在点 M 处的**法线方程**是

$$\frac{x-x_0}{F_x(x_0,y_0,z_0)} = \frac{y-y_0}{F_y(x_0,y_0,z_0)} = \frac{z-z_0}{F_z(x_0,y_0,z_0)}. \qquad ⑪$$

垂直于切平面的向量(即切平面的法线向量)称为**曲面的法向量**. 例如，向量

$$\boldsymbol{n} = (F_x(x_0,y_0,z_0), F_y(x_0,y_0,z_0), F_z(x_0,y_0,z_0))$$

就是曲面 Σ 在点 M 处的一个法向量(图2).

图 2

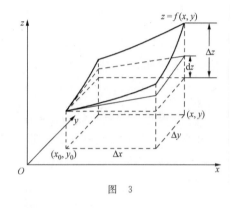

图 3

下面考虑曲面方程为

$$z = f(x,y) \qquad ⑫$$

时相应的切平面方程与法线方程.

令 $F(x,y,z) = f(x,y) - z$,则方程⑫变为 $F(x,y,z) = 0$,且有

$$F_x(x,y,z) = f_x(x,y), \quad F_y(x,y,z) = f_y(x,y), \quad F_z(x,y,z) = -1.$$

于是，当函数 $f(x,y)$ 的两个偏导数 $f_x(x,y), f_y(x,y)$ 在点 (x_0, y_0) 连续时,曲面⑫在点 $M(x_0, y_0, z_0)$ 处的法向量为

$$\boldsymbol{n} = (f_x(x_0, y_0), f_y(x_0, y_0), -1),$$

从而切平面方程为

$$f_x(x_0, y_0)(x-x_0) + f_y(x_0, y_0)(y-y_0) - (z-z_0) = 0,$$

即

$$z - z_0 = f_x(x_0, y_0)(x-x_0) + f_y(x_0, y_0)(y-y_0), \qquad ⑬$$

而法线方程为

$$\frac{x-x_0}{f_x(x_0,y_0)} = \frac{y-y_0}{f_y(x_0,y_0)} = \frac{z-z_0}{-1}.$$

这里顺便指出,方程⑬的右端恰好是函数 $z = f(x,y)$ 在点 (x_0, y_0) 的全微分 $\mathrm{d}z$,而左端是切平面上点的竖坐标的增量. 因此,函数 $z = f(x,y)$ 在点 (x_0, y_0) 的全微分,在几何上

表示曲面 $z=f(x,y)$ 在点 (x_0,y_0,z_0) 处的切平面上点的竖坐标的增量(图3).从近似计算的角度看,函数 $z=f(x,y)$ 在点 (x,y) 的函数值与在点 (x_0,y_0) 的函数值之差 $\Delta z=f(x,y)-f(x_0,y_0)$ 可用 $\mathrm{d}z$ 来近似代替.这也是"以直代曲"的一种体现.

另外,如果用 α,β,γ 表示曲面法向量的方向角,并假定法向量的方向是向上的,即使得它与 z 轴正向所成的角 γ 是锐角,则应取法向量为 $\boldsymbol{n}=(-f_x(x_0,y_0),-f_y(x_0,y_0),1)$,其方向余弦为

$$\cos\alpha=\frac{-f_x}{\sqrt{1+f_x^2+f_y^2}},\quad \cos\beta=\frac{-f_y}{\sqrt{1+f_x^2+f_y^2}},\quad \cos\gamma=\frac{1}{\sqrt{1+f_x^2+f_y^2}},$$

其中 f_x,f_y 分别为 $f_x(x_0,y_0)$ 与 $f_y(x_0,y_0)$ 的简写.

例3 求曲面 $x^2+2y^2+z^2=4$ 在点 $(1,-1,1)$ 处的切平面方程及法线方程.

解 这里 $F(x,y,z)=x^2+2y^2+z^2-4$,所以曲面在点 $(1,-1,1)$ 处的法向量为

$$\boldsymbol{n}=(F_x,F_y,F_z)\big|_{(1,-1,1)}=(2x,4y,2z)\big|_{(1,-1,1)}=(2,-4,2).$$

故曲面在点 $(1,-1,1)$ 处的切平面方程为

$$2(x-1)-4(y+1)+2(z-1)=0,\quad 即\quad x-2y+z-4=0,$$

法线方程为

$$\frac{x-1}{1}=\frac{y+1}{-2}=\frac{z-1}{1}.$$

习 题 8.6

1. 求曲线 $x=a\sin^2 t, y=b\sin t\cos t, z=c\cos^2 t$ 在点 $t=\frac{\pi}{4}$ 处的切线方程及法平面方程.

2. 求曲线 $x=\frac{t}{1+t}, y=\frac{1+t}{t}, z=t^2$ 在点 $\left(\frac{1}{2},2,1\right)$ 处的切线方程及法平面方程.

3. 证明:对任意常数 ρ,φ,球面 $x^2+y^2+z^2=\rho^2$ 与锥面 $x^2+y^2=\tan^2\varphi\cdot z^2$ 正交(交点处的法线相互垂直).

4. 求曲线 $\begin{cases} x^2+z^2=10, \\ y^2+z^2=10 \end{cases}$ 在点 $(1,1,3)$ 处的切线方程及法平面方程.

5. 求曲线 $x=t, y=t^2, z=t^3$ 上的点,使该点的切线平行于平面 $x+2y+z=4$.

6. 求曲面 $z=\arctan\frac{y}{x}$ 在点 $\left(1,1,\frac{\pi}{4}\right)$ 处的切平面方程及法线方程.

7. 求曲面 $ax^2+by^2+cz^2=1$ 上点 (x_0,y_0,z_0) 处的切平面方程及法线方程.

8. 求曲面 $x^2+2y^2+3z^2=21$ 的平行于平面 $x+4y+6z=0$ 的各切平面方程.

9. 证明:曲面 $xyz=a^3(a>0)$ 的切平面与坐标平面围成体积一定的四面体.

10. 试证：曲面 $\sqrt{x}+\sqrt{y}+\sqrt{z}=\sqrt{a}$ $(a>0)$ 上任何点处的切平面在各坐标轴上的截距之和等于 a.

§8.7 方向导数与梯度

一、方向导数

函数 $z=f(x,y)$ 在点 P 的偏导数反映了该函数在点 P 沿平行于坐标轴方向的变化率. 在许多实际问题中, 也需要讨论函数 $z=f(x,y)$ 在点 P 沿某一方向的变化率问题. 这就是本节将要讨论的方向导数.

设函数 $z=f(x,y)$ 在点 $P(x,y)$ 的某一邻域 $U(P)$ 内有定义. 从点 P 引射线 l, 并设 $P'(x+\Delta x, y+\Delta y)$ 为 l 上的另一点且 $P' \in U(P)$. 考虑函数的增量 $f(x+\Delta x, y+\Delta y) - f(x,y)$ 与 P, P' 两点间的距离 $\rho = \sqrt{(\Delta x)^2+(\Delta y)^2}$ 的比值. 当 P' 沿着 l 趋于 P 时, 如果这个比值的极限存在, 则称这个极限值为函数 $f(x,y)$ 在点 P 沿方向 l 的**方向导数**, 记作

$$\left.\frac{\partial f}{\partial l}\right|_P \quad \text{或} \quad f_l(P).$$

如果用 $\boldsymbol{e}_l = (\cos\alpha, \cos\beta)$ 表示 l 所在方向上的单位向量, 即 α, β 为 l 的方向角 (图1), 则

$$\left.\frac{\partial f}{\partial l}\right|_P = \lim_{\rho \to 0} \frac{f(x+\rho\cos\alpha, y+\rho\cos\beta) - f(x,y)}{\rho}. \qquad ①$$

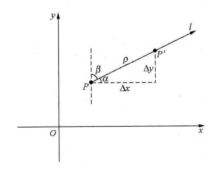

图 1

当函数 $f(x,y)$ 在点 $P(x,y)$ 的偏导数 f_x, f_y 存在时, 注意到两偏导数可表示为

$$f_x = \lim_{\rho \to 0} \frac{f(x+\rho, y) - f(x,y)}{\rho}, \quad f_y = \lim_{\rho \to 0} \frac{f(x, y+\rho) - f(x,y)}{\rho}.$$

由方向导数的定义可知, 函数 $f(x,y)$ 在点 $P(x,y)$ 沿 x 轴正向 $\boldsymbol{e}_1 = (1,0)$ 和 y 轴正向 $\boldsymbol{e}_2 = (0,1)$ 的方向导数存在, 且其值依次为 f_x, f_y; 同时, 函数 $f(x,y)$ 在点 $P(x,y)$ 沿 x 轴负向 $-\boldsymbol{e}_1 = (-1,0)$ 和 y 轴负向 $-\boldsymbol{e}_2 = (0,-1)$ 的方向导数也存在, 且其值依次为 $-f_x, -f_y$.

关于方向导数的存在性及计算,有下面的定理.

定理 如果函数 $z=f(x,y)$ 在点 $P(x,y)$ 可微,那么函数在该点沿任一方向 l 的方向导数都存在,且有

$$\frac{\partial f}{\partial l}=\frac{\partial f}{\partial x}\cos\alpha+\frac{\partial f}{\partial y}\cos\beta, \qquad ②$$

其中 α,β 为方向 l 的方向角.

证 因为函数 $z=f(x,y)$ 在点 $P(x,y)$ 可微,所以函数的增量可以表达为

$$f(x+\Delta x,y+\Delta y)-f(x,y)=\frac{\partial f}{\partial x}\Delta x+\frac{\partial f}{\partial y}\Delta y+o(\rho). \qquad ③$$

对于任一方向 l,设其方向角为 α,β,则 $\Delta x=\rho\cos\alpha,\Delta y=\rho\cos\beta$. 于是

$$\lim_{\rho\to 0}\frac{f(x+\rho\cos\alpha,y+\rho\cos\beta)-f(x,y)}{\rho}$$
$$=\lim_{\rho\to 0}\left(\frac{\partial f}{\partial x}\cos\alpha+\frac{\partial f}{\partial y}\cos\beta\right)=\frac{\partial f}{\partial x}\cos\alpha+\frac{\partial f}{\partial y}\cos\beta.$$

这就证明了沿任一方向 l 的方向导数存在且其值为

$$\frac{\partial f}{\partial l}=\frac{\partial f}{\partial x}\cos\alpha+\frac{\partial f}{\partial y}\cos\beta,$$

这里 α,β 为方向 l 的方向角.

类似可以定义三元函数 $u=f(x,y,z)$ 在空间一点 $P(x,y,z)$ 沿方向 l 的方向导数为

$$\left.\frac{\partial f}{\partial l}\right|_P=\lim_{\rho\to 0}\frac{f(x+\rho\cos\alpha,y+\rho\cos\beta,z+\rho\cos\gamma)-f(x,y,z)}{\rho}, \qquad ④$$

这里 α,β,γ 为方向 l 的方向角.

同样可以证明,如果函数 $u=f(x,y,z)$ 在所考虑的点 P 可微,那么函数在该点沿着任意方向 l 的方向导数为

$$\left.\frac{\partial f}{\partial l}\right|_P=\frac{\partial f}{\partial x}\cos\alpha+\frac{\partial f}{\partial y}\cos\beta+\frac{\partial f}{\partial z}\cos\gamma. \qquad ⑤$$

例 1 求函数 $z=\mathrm{e}^y\sin x$ 在点 $P(x_1,y_1)$ 沿从点 $P(x_1,y_1)$ 到点 $Q(x_2,y_2)$ 方向的方向导数.

解 这里方向 l 即向量 $\overrightarrow{PQ}=(x_2-x_1,y_2-y_1)$ 的方向,将其单位化即得

$$(\cos\alpha,\cos\beta)=\frac{1}{\sqrt{(x_2-x_1)^2+(y_2-y_1)^2}}(x_2-x_1,y_2-y_1).$$

因为 $\frac{\partial z}{\partial x}=\mathrm{e}^y\cos x,\frac{\partial z}{\partial y}=\mathrm{e}^y\sin x$,所以 $\left.\frac{\partial z}{\partial x}\right|_{(x_1,y_1)}=\mathrm{e}^{y_1}\cos x_1,\left.\frac{\partial z}{\partial y}\right|_{(x_1,y_1)}=\mathrm{e}^{y_1}\sin x_1$. 故所求的方向导数为

$$\left.\frac{\partial z}{\partial l}\right|_{(x_1,y_1)}=\frac{\partial z}{\partial x}\cos\alpha+\frac{\partial z}{\partial y}\cos\beta$$

$$= \frac{e^{y_1}}{\sqrt{(x_2-x_1)^2+(y_2-y_1)^2}}[(x_2-x_1)\cos x_1+(y_2-y_1)\sin x_1].$$

例 2 设由原点到点 (x,y) 的向径为 $\boldsymbol{r}$,x 轴到 $\boldsymbol{r}$ 的转角为 θ①,x 轴到射线 l 的转角为 φ,求 $\dfrac{\partial r}{\partial l}$,其中 $r=|\boldsymbol{r}|=\sqrt{x^2+y^2}$ ($r\neq 0$).

解 因为

$$\frac{\partial r}{\partial x}=\frac{x}{\sqrt{x^2+y^2}}=\frac{x}{r}=\cos\theta,\quad \frac{\partial r}{\partial y}=\frac{y}{\sqrt{x^2+y^2}}=\frac{y}{r}=\sin\theta,$$

所以
$$\frac{\partial r}{\partial l}=\cos\theta\cos\varphi+\sin\theta\sin\varphi=\cos(\theta-\varphi).$$

注 由例 2 可知,当 $\varphi=\theta$ 时,$\dfrac{\partial r}{\partial l}=1$,即 r 沿向径方向的方向导数为 1;而当 $\varphi=\theta\pm\dfrac{\pi}{2}$ 时,$\dfrac{\partial r}{\partial l}=0$,即 r 沿与向径垂直方向的方向导数为零(图 2).

例 3 求函数 $f(x,y,z)=x+y^2+z^3$ 在点 $P(1,1,1)$ 沿方向 $l:(2,-2,1)$ 的方向导数.

解 通过计算可得 $f_x(1,1,1)=1, f_y(1,1,1)=2, f_z(1,1,1)=3$. 将方向 $l:(2,-2,1)$ 单位化得

$$(\cos\alpha,\cos\beta,\cos\gamma)=\left(\frac{2}{3},-\frac{2}{3},\frac{1}{3}\right).$$

由公式⑤即得所求的方向导数

$$\left.\frac{\partial f}{\partial l}\right|_{(1,1,1)}=1\cdot\frac{2}{3}+2\left(-\frac{2}{3}\right)+3\cdot\frac{1}{3}=\frac{1}{3}.$$

图 2

二、梯度

如果二元函数 $z=f(x,y)$ 在平面区域 D 内具有连续偏导数,则对任意点 $P(x,y)\in D$,可得到一个向量

$$\frac{\partial f}{\partial x}\boldsymbol{i}+\frac{\partial f}{\partial y}\boldsymbol{j}.$$

称这个向量为函数 $z=f(x,y)$ 在点 $P(x,y)$ 的**梯度**,记作 **grad**$f(x,y)$,即

$$\mathbf{grad}f(x,y)=\frac{\partial f}{\partial x}\boldsymbol{i}+\frac{\partial f}{\partial y}\boldsymbol{j}.$$

设 $\boldsymbol{e}=\cos\alpha\boldsymbol{i}+\cos\beta\boldsymbol{j}$ 是与方向 l 同方向的单位向量,则由方向导数的计算公式②可知

---

① 规定逆时针方向旋转生成的角为正角,而顺时针方向旋转生成的角为负角.

$$\frac{\partial f}{\partial l} = \frac{\partial f}{\partial x}\cos\alpha + \frac{\partial f}{\partial y}\cos\beta = \left(\frac{\partial f}{\partial x}, \frac{\partial f}{\partial y}\right) \cdot (\cos\alpha, \cos\beta)$$
$$= \mathbf{grad} f(x,y) \cdot \mathbf{e} = |\mathbf{grad} f(x,y)| \cos\theta,$$

这里 θ 表示向量 $\mathbf{grad} f(x,y)$ 与 $\mathbf{e}$ 的夹角. 当方向 l 与梯度的方向一致时, 有 $\cos\theta = 1$, 从而 $\frac{\partial f}{\partial l}$ 有最大值. 所以, 方向导数沿梯度方向取到最大值, 沿其相反方向取得最小值, 沿其垂直方向取值为零. 也就是说, 梯度的方向是函数 $f(x,y)$ 在这点增长最快的方向. 因此, 可以得到如下结论:

结论 函数 $f(x,y)$ 在某点的梯度 $\mathbf{grad} f(x,y)$ 是这样一个向量, 它的方向与取得最大方向导数的方向一致, 而它的模为在该点方向导数的最大值, 即

$$|\mathbf{grad} f(x,y)| = \sqrt{\left(\frac{\partial f}{\partial x}\right)^2 + \left(\frac{\partial f}{\partial y}\right)^2}.$$

一般说来, 二元函数 $z = f(x,y)$ 在几何上表示一个曲面, 此曲面被平面 $z = c$ (c 是常数)所截得的曲线 L 的方程为

$$\begin{cases} z = f(x,y), \\ z = c. \end{cases}$$

曲线 L 在 Oxy 平面上的投影是一条平面曲线 L^*, 它在 Oxy 平面直角坐标系中的方程为

$$f(x,y) = c.$$

对于曲线 L^* 上的一切点, 函数 $z = f(x,y)$ 的函数值都是 c, 所以称平面曲线 L^* 为函数 $z = f(x,y)$ 的**等高线**(图 3).

由于等高线 $f(x,y) = c$ 上任一点 $P(x,y)$ 处的法线的斜率为

$$-\frac{1}{\frac{\mathrm{d}y}{\mathrm{d}x}} = -\frac{1}{-\frac{f_x}{f_y}} = \frac{f_y}{f_x},$$

所以梯度

$$f_x \mathbf{i} + f_y \mathbf{j}$$

为等高线上点 P 处的法向量. 由此可得到梯度与等高线的如下关系: 函数 $z = f(x,y)$ 在点 $P(x,y)$ 的梯度方向与过点 P 的等高线在这点处的法线的一个方向相同, 该方向从数值较低的等高线指向数值较高的等高线, 而梯度的模等于函数 $f(x,y)$ 在这个法线方向的方向导数. 这个法线方向就是方向导数取得最大值的方向(图 3).

上面介绍的梯度概念可以类似地推广到三元函数. 设函数 $u = f(x,y,z)$ 在空间区域 G 内具有连续偏导数, 则对于每一点 $P(x,y,z) \in G$, 都可定出一个向量

$$\frac{\partial f}{\partial x}\mathbf{i} + \frac{\partial f}{\partial y}\mathbf{j} + \frac{\partial f}{\partial z}\mathbf{k}.$$

§8.7 方向导数与梯度

图 3

称这向量为函数 $u=f(x,y,z)$ 在点 $P(x,y,z)$ 的**梯度**，记作 $\mathbf{grad} f(x,y,z)$，即

$$\mathbf{grad} f(x,y,z) = \frac{\partial f}{\partial x}\bm{i} + \frac{\partial f}{\partial y}\bm{j} + \frac{\partial f}{\partial z}\bm{k}.$$

同样可以证明，三元函数的梯度也是这样一个向量，它的方向与取得最大方向导数的方向一致，而它的模为方向导数的最大值.

类似于二元函数的等高线，引进曲面

$$f(x,y,z) = c$$

为函数 $u=f(x,y,z)$ 的**等量面**.

同样易知，函数 $u=f(x,y,z)$ 在点 $P(x,y,z)$ 的梯度方向与过点 P 的等量面 $f(x,y,z)=c$ 在这点处的法线的一个方向相同，且此方向从数值较低的等量面指向数值较高的等量面，而梯度的模等于函数 $f(x,y,z)$ 在这个法线方向的方向导数.

例 4 求函数 $z=\ln(x^2+y^2)$ 的梯度.

解 因为 $\dfrac{\partial z}{\partial x}=\dfrac{2x}{x^2+y^2}, \dfrac{\partial z}{\partial y}=\dfrac{2y}{x^2+y^2}$，所以函数 $z=\ln(x^2+y^2)$ 的梯度为

$$\mathbf{grad}\ln(x^2+y^2) = \frac{2x}{x^2+y^2}\bm{i} + \frac{2y}{x^2+y^2}\bm{j}.$$

例 5 设函数 $f(x,y,z)=x^2+2y^2+3z^2$，求 $\mathbf{grad} f(1,-1,2)$.

解 因为 $\dfrac{\partial f}{\partial x}=2x, \dfrac{\partial f}{\partial y}=4y, \dfrac{\partial f}{\partial z}=6z$，所以

$$\begin{aligned}
\mathbf{grad} f(1,-1,2) &= \frac{\partial f}{\partial x}\bigg|_{(1,-1,2)}\bm{i} + \frac{\partial f}{\partial y}\bigg|_{(1,-1,2)}\bm{j} + \frac{\partial f}{\partial z}\bigg|_{(1,-1,2)}\bm{k} \\
&= 2x\big|_{(1,-1,2)}\bm{i} + 4y\big|_{(1,-1,2)}\bm{j} + 6z\big|_{(1,-1,2)}\bm{k} \\
&= 2\bm{i} - 4\bm{j} + 12\bm{k}.
\end{aligned}$$

习　题　8.7

1. 求函数 $u = xy^2 + \sin x$ 在点 $(0,1)$ 沿方向 l 的方向导数,其中 l 的方向角为 $60°,30°$.

2. 求函数 $z = \ln(x^2 + 2y)$ 在点 $(1,1)$ 沿抛物线 $y^2 = x$ 在该点偏向 x 轴正向的切线方向的方向导数.

3. 求函数 $f(x,y,z) = xy + yz + zx$ 在点 $(1,1,2)$ 沿方向 l 的方向导数,其中 l 的方向角分别为 $60°,45°,60°$.

4. 求函数 $u = x^2 yz^3$ 在点 $(1,1,1)$ 沿从点 $(1,1,1)$ 到点 $(1,3,2)$ 的方向的方向导数.

5. 求函数 $u = x^2 + xy + yz^2$ 在曲线 $x = t, y = t^2, z = t^3$ 上点 $(1,1,1)$ 沿此曲线在该点的切线正方向(对应于 t 增大的方向)的方向导数.

6. 求函数 $u = x + y + z$ 在椭球面 $x^2 + 2y^2 + 3z^2 = 1$ 上点 (x_0, y_0, z_0) 沿此椭球面在该点的外法线方向的方向导数.

§8.8　多元函数的极值及其求法

一、多元函数的极值及最大值、最小值

多元函数的最大(小)值与极大(小)值有密切联系,对它们的讨论是多元函数微分学在实际问题中的重要应用.下面以二元函数为例来讨论多元函数的极值问题.

定义　设函数 $z = f(x,y)$ 在点 $P_0(x_0, y_0)$ 的某一邻域 $U(P_0)$ 内连续. 如果对于去心邻域 $\mathring{U}(P_0)$ 内的任一点 (x,y),都满足不等式

$$f(x,y) < f(x_0, y_0) \quad (\text{或 } f(x,y) > f(x_0, y_0)),$$

则称函数 $z = f(x,y)$ 在点 $P_0(x_0, y_0)$ 取得**极大值**(或**极小值**) $f(x_0, y_0)$,并称 $P_0(x_0, y_0)$ 为一个**极大值点**(或**极小值点**). 极大值和极小值统称为**极值**,极大值点和极小值点统称为**极值点**.

从上述定义直接可以看出,极值点一定是函数定义域的内点.

例 1　函数 $z = x^2 + 4y^2 + 1$ 在点 $(0,0)$ 取得极小值,因为对于点 $(0,0)$ 的任一去心邻域内的点,函数值都大于 1,而在点 $(0,0)$ 的函数值为 1.

例 2　函数 $z = -\sqrt{x^2 + y^2 + 2}$ 在点 $(0,0)$ 取得极大值,因为在点 $(0,0)$ 的函数值为 $-\sqrt{2}$,而对于点 $(0,0)$ 的任一去心邻域内的点,函数值都小于 $-\sqrt{2}$.

例 3　函数 $z = xy$ 在点 $(0,0)$ 取不到极值,即既不取得极大值也不取得极小值,因为在点 $(0,0)$ 的函数值为零,而在点 $(0,0)$ 的任一邻域内,总有使函数值为正的第一、第三象限的点,也总有使函数值为负的第二、第四象限的点.

§8.8 多元函数的极值及其求法

上面关于二元函数的极值概念,可推广到多元函数. 设 n 元函数 $u=f(P)$ 在点 P_0 的某一邻域 $U(P_0)$ 内连续. 如果对于去心邻域 $\mathring{U}(P_0)$ 内的任何点,都满足不等式

$$f(P) < f(P_0) \quad (\text{或 } f(P) > f(P_0)),$$

则称函数 $f(P)$ 在点 P_0 取得极大值(或极小值) $f(P_0)$.

定理 1(极值的必要条件) 设函数 $z=f(x,y)$ 在点 $P_0(x_0,y_0)$ 具有偏导数,且在点 $P_0(x_0,y_0)$ 取得极值,则它在该点的两偏导数必然为零,即

$$f_x(x_0,y_0)=0, \quad f_y(x_0,y_0)=0.$$

证 不妨设 $z=f(x,y)$ 在点 $P_0(x_0,y_0)$ 取得极小值. 依极小值的定义,在该点的某去心邻域 $\mathring{U}(P_0)$ 内,有不等式

$$f(x,y) > f(x_0,y_0).$$

特别地,在该去心邻域内的子集 $\{(x,y) \mid y=y_0, (x,y) \in U(P_0)\} \cap \mathring{U}(P_0)$ 上,也应适合不等式

$$f(x,y) > f(x_0,y_0).$$

这表明,一元函数 $F(x)=f(x,y_0)$ 在点 $x=x_0$ 取得极小值. 因此,根据一元函数极值存在的必要条件,必有

$$F'(x_0) = f_x(x_0,y_0) = 0.$$

同理,有 $f_y(x_0,y_0)=0$.

注 由定理 1 易知,若函数 $z=f(x,y)$ 在点 (x_0,y_0) 取得极值,且曲面 $z=f(x,y)$ 在点 (x_0,y_0,z_0) 处有切平面,则切平面

$$z-z_0 = f_x(x_0,y_0)(x-x_0) + f_y(x_0,y_0)(y-y_0)$$

就是平行于 Oxy 平面的平面 $z-z_0=0$,即 $z=z_0$. 这也就是定理 1 的几何意义.

类似地可证明,如果三元函数 $u=f(x,y,z)$ 在点 (x_0,y_0,z_0) 具有偏导数,则它在该点取得极值的必要条件为

$$f_x(x_0,y_0,z_0)=0, \quad f_y(x_0,y_0,z_0)=0, \quad f_z(x_0,y_0,z_0)=0.$$

使 $f_x(x,y)=0, f_y(x,y)=0$ 同时成立的点 (x,y),称为函数 $z=f(x,y)$ 的**驻点**. 由定理 1 可知,函数具有偏导数的极值点必定是驻点. 但是,函数的驻点不一定是极值点,如例 3 中,点 $(0,0)$ 是函数 $z=xy$ 的驻点,但不是该函数的极值点.

怎样进一步判定一个驻点是否是极值点呢? 若是极值点,如何判别是极大值点,还是极小值点? 请看下面的定理.

定理 2(极值的充分条件) 设函数 $z=f(x,y)$ 在点 (x_0,y_0) 的某一邻域内连续且具有一阶及二阶连续偏导数,又 $f_x(x_0,y_0)=0, f_y(x_0,y_0)=0$,并记

$$f_{xx}(x_0,y_0)=A, \quad f_{xy}(x_0,y_0)=B, \quad f_{yy}(x_0,y_0)=C,$$

则 $f(x,y)$ 在点 (x_0,y_0) 是否取得极值的条件如下：

(1) 当 $AC-B^2>0$ 时，$f(x,y)$ 取得极值，且当 $A<0$ 时取得极大值，当 $A>0$ 时取得极小值；

(2) 当 $AC-B^2<0$ 时，$f(x,y)$ 不取得极值；

(3) 当 $AC-B^2=0$ 时，$f(x,y)$ 可能取得极值，也可能不取得极值，还需进一步讨论.

定理 2 的证明从略.

利用定理 1 和定理 2，我们把具有二阶连续偏导数的函数 $z=f(x,y)$ 的极值求法归纳如下：

第一步，解方程组

$$f_x(x,y)=0,\quad f_y(x,y)=0,$$

求出函数 $f(x,y)$ 的全部驻点.

第二步，对于每一个驻点 (x_0,y_0)，求出二阶偏导数的值 A,B 和 C.

第三步，定出 $AC-B^2$ 的符号，按定理 2 的结论判定 (x_0,y_0) 是否是极值点，是极大值点还是极小值点.

例 4　求函数 $z=x^2-xy+y^2-2x+y$ 的极值.

解　解方程组

$$\begin{cases}\dfrac{\partial z}{\partial x}=2x-y-2=0,\\ \dfrac{\partial z}{\partial y}=-x+2y+1=0,\end{cases}$$

得驻点 $(1,0)$. 在驻点处的二阶偏导数为

$$A=\dfrac{\partial^2 z}{\partial x^2}\bigg|_{(1,0)}=2,\quad B=\dfrac{\partial^2 z}{\partial x\partial y}\bigg|_{(1,0)}=-1,\quad C=\dfrac{\partial^2 z}{\partial y^2}\bigg|_{(1,0)}=2,$$

从而有

$$AC-B^2=3>0,$$

所以该函数在点 $(1,0)$ 取得极值. 又因 $A=2>0$，故 $z(1,0)=-1$ 是极小值.

例 5　求函数 $f(x,y)=x^3-y^3+3x^2+3y^2-9x$ 的极值.

解　解方程组

$$\begin{cases}f_x(x,y)=3x^2+6x-9=0,\\ f_y(x,y)=-3y^2+6y=0,\end{cases}$$

求得驻点为 $(1,0),(1,2),(-3,0),(-3,2)$.

函数 $f(x,y)$ 的二阶偏导数为

$$f_{xx}(x,y)=6x+6,\quad f_{xy}(x,y)=0,\quad f_{yy}(x,y)=-6y+6.$$

在点 $(1,0)$ 处，$AC-B^2=12 \cdot 6>0$，又 $A>0$，所以该函数在点 $(1,0)$ 取得极小值
$$f(1,0)=-5;$$
在点 $(1,2)$ 处，$AC-B^2=12 \cdot (-6)<0$，所以 $(1,2)$ 不是极值点；

在点 $(-3,0)$ 处，$AC-B^2=-12 \cdot 6<0$，所以 $(-3,0)$ 不是极值点；

在点 $(-3,2)$ 处，$AC-B^2=-12 \cdot (-6)>0$，又 $A<0$，所以该函数在点 $(-3,2)$ 取得极大值
$$f(-3,2)=31.$$

另外，偏导数不存在的点也可能是函数的极值点. 例如，函数 $z=\sqrt{x^2+y^2}$ 在点 $(0,0)$ 的偏导数不存在，但点 $(0,0)$ 却是该函数的极小值点. 因此，在考虑函数的极值问题时，除了考虑函数的驻点外，还要考虑偏导数不存在的点.

如果函数 $f(x,y)$ 在有界闭区域 D 上连续，则 $f(x,y)$ 在 D 上必定能取得最大值和最小值. 显然，若函数 $f(x,y)$ 的最值在区域 D 的内部一点取得，则该点必为极值点. 所以，函数的最值要从极值点和边界点中去找. 因此，求函数的最值的一般方法是：将函数 $f(x,y)$ 在 D 内部的所有驻点的函数值及在 D 的边界上的最值相互比较，最大的就是最大值，最小的就是最小值. 其中，求函数 $f(x,y)$ 在 D 的边界上的最值，可以用后面介绍的求条件极值的方法去求，不过这往往比较复杂. 在实际问题中，如果根据问题的性质，知道函数 $f(x,y)$ 的最大值（或最小值）一定在 D 的内部取得，而函数 $f(x,y)$ 在 D 内只有一个驻点，那么可以肯定该驻点的函数值就是函数 $f(x,y)$ 在 D 上的最大值（或最小值）.

例 6 某厂要做一个体积为 1 的有盖长方体水箱. 已知盖与其他面的造价比为 $1:2$，问：当长、宽、高各取怎样的尺寸时，才能使成本最低？

解 设水箱的长为 x，宽为 y，则其高应为 $\dfrac{1}{xy}$. 再设盖的单位造价为 1，则水箱的成本为
$$A=3xy+y \cdot \frac{4}{xy}+x \cdot \frac{4}{xy}, \quad \text{即} \quad A=3xy+\frac{4}{x}+\frac{4}{y} \quad (x>0, y>0).$$
可见，成本 A 是 x 和 y 的二元函数. 像这样的函数习惯上称为**目标函数**. 下面求使这一目标函数取得最小值的点 (x,y).

令 $A_x=3y-\dfrac{4}{x^2}=0, A_y=3x-\dfrac{4}{y^2}=0$，解这个方程组，得唯一驻点
$$x=\sqrt[3]{\frac{4}{3}}, \quad y=\sqrt[3]{\frac{4}{3}}.$$

根据题意可知，水箱所用成本的最小值一定存在，并在开区域 $D: x>0, y>0$ 内取得. 又函数 A 在 D 内只有唯一的驻点 $\left(\sqrt[3]{\dfrac{4}{3}}, \sqrt[3]{\dfrac{4}{3}}\right)$，因此可断定当 $x=\sqrt[3]{\dfrac{4}{3}}, y=\sqrt[3]{\dfrac{4}{3}}$ 时，A 取得最

小值. 也就是说,当水箱的长为 $\sqrt[3]{\dfrac{4}{3}}$,宽为 $\sqrt[3]{\dfrac{4}{3}}$,高为 $\dfrac{1}{\sqrt[3]{\dfrac{4}{3}}\sqrt[3]{\dfrac{4}{3}}}=\dfrac{1}{2}\sqrt[3]{\dfrac{9}{2}}$ 时,水箱的成本最低.

例 7 证明:在半径为 R 的圆的所有外切三角形中,等边三角形的面积最小.

图 1

证 设 $\triangle ABC$ 为圆的任一外切三角形,三切点与圆心连线交角分别为 α,β,γ,其中 $\gamma=2\pi-(\alpha+\beta)$(图 1). 易知 $\triangle ABC$ 的面积为

$$S=R^2\left(\tan\dfrac{\alpha}{2}+\tan\dfrac{\beta}{2}+\tan\dfrac{\gamma}{2}\right)$$
$$=R^2\left(\tan\dfrac{\alpha}{2}+\tan\dfrac{\beta}{2}-\tan\dfrac{\alpha+\beta}{2}\right),$$

即面积 S 是 α,β 的二元函数,其定义域为 $D:0<\alpha,\beta<\pi$.

令

$$\begin{cases}S_\alpha=\dfrac{1}{2}R^2\left(\sec^2\dfrac{\alpha}{2}-\sec^2\dfrac{\alpha+\beta}{2}\right)=0,\\ S_\beta=\dfrac{1}{2}R^2\left(\sec^2\dfrac{\beta}{2}-\sec^2\dfrac{\alpha+\beta}{2}\right)=0,\end{cases}$$

解得 $\alpha=\beta=\dfrac{2}{3}\pi$ 为定义域 D 内唯一一组解. 由几何意义知圆的外切三角形中面积最小的一定存在,故 $\left(\dfrac{2}{3}\pi,\dfrac{2}{3}\pi\right)$ 一定是最小值点. 又当 $\alpha=\beta=\dfrac{2}{3}\pi$ 时,$\triangle ABC$ 为等边三角形,从而结论成立.

注 实际上,通过计算可得当 $\alpha=\beta=\dfrac{2}{3}\pi$ 时,$S_{\alpha\alpha}=4\sqrt{3}R^2=S_{\beta\beta}$,$S_{\alpha\beta}=2\sqrt{3}R^2$,进而利用定理 2 也可确定 $\left(\dfrac{2}{3}\pi,\dfrac{2}{3}\pi\right)$ 为极小值点而得出结论.

二、条件极值

上面所讨论的极值问题,极值点的搜索范围是目标函数的整个定义域,即对自变量除了定义域的限制外,别无其他限制条件,通常称这样的极值问题为**无条件极值问题**. 但在实际问题中,经常会遇到对函数的自变量有附加条件的极值问题. 例如,求表面积为 1 而体积为最大的长方体的体积问题. 设长方体的长、宽、高分别为 x,y,z,则体积 $V=xyz$. 又因要求表面积为 1,所以自变量 x,y,z 还必须满足附加条件 $2(xy+yz+xz)=1$. 像这种对自变量有附加条件的极值问题,称为**条件极值问题**. 对于条件极值问题,有时可以化为无条件极值问题加以解决. 如上述问题可由条件 $2(xy+yz+xz)=1$ 将 z 表示成 x,y 的函数:

§8.8 多元函数的极值及其求法

$$z = \frac{1-2xy}{2(x+y)}.$$

再把它代入 $V=xyz$ 中,于是问题就化为求函数

$$V = \frac{xy(1-2xy)}{2(x+y)}$$

的无条件极值. 另外,例 6 也是属于把条件极值问题化为无条件极值问题的例子. 但有时这样做并不方便,比如 z 解不出来时. 为此,有必要另寻直接求解条件极值问题的方法. 下面介绍的拉格朗日乘数法就是专为求解条件极值问题而引进的.

先讨论函数

$$z = f(x,y) \qquad ①$$

在条件

$$\varphi(x,y) = 0 \qquad ②$$

下取得极值的必要条件,再介绍求条件极值的方法.

如果函数 $z=f(x,y)$ 在点 (x_0,y_0) 取得所求的条件极值,那么首先有

$$\varphi(x_0,y_0) = 0. \qquad ③$$

假定 $f(x,y)$ 与 $\varphi(x,y)$ 在 (x_0,y_0) 的某一邻域内均具有连续的一阶偏导数,且 $\varphi_y(x_0,y_0) \neq 0$. 由隐函数存在定理可知,方程②确定一个具有连续导数的函数 $y=\psi(x)$. 将其代入①式,得到只含一个自变量 x 的函数

$$z = f(x,\psi(x)),$$

于是函数 $z=f(x,y)$ 在点 (x_0,y_0) 取得所求的极值,也就相当于函数 $z=f(x,\psi(x))$ 在点 $x=x_0$ 取得极值. 根据一元可导函数取得极值的必要条件,有

$$\frac{\mathrm{d}z}{\mathrm{d}x}\bigg|_{x=x_0} = f_x(x_0,y_0) + f_y(x_0,y_0)\frac{\mathrm{d}y}{\mathrm{d}x}\bigg|_{x=x_0} = 0. \qquad ④$$

而由②式用隐函数求导公式,有

$$\frac{\mathrm{d}y}{\mathrm{d}x}\bigg|_{x=x_0} = -\frac{\varphi_x(x_0,y_0)}{\varphi_y(x_0,y_0)}.$$

把上式代入④式,得

$$f_x(x_0,y_0) - f_y(x_0,y_0)\frac{\varphi_x(x_0,y_0)}{\varphi_y(x_0,y_0)} = 0. \qquad ⑤$$

③,⑤两式就是函数 $z=f(x,y)$ 在条件②下,在点 (x_0,y_0) 取得极值的必要条件.

设 $\dfrac{f_y(x_0,y_0)}{\varphi_y(x_0,y_0)} = -\lambda$,上述必要条件就变为

$$\begin{cases} f_x(x_0,y_0) + \lambda\varphi_x(x_0,y_0) = 0, \\ f_y(x_0,y_0) + \lambda\varphi_y(x_0,y_0) = 0, \\ \varphi(x_0,y_0) = 0. \end{cases} \qquad ⑥$$

容易看出,方程组⑥的前两式的左端恰好是函数
$$F(x,y) = f(x,y) + \lambda\varphi(x,y)$$
的两个偏导数在点(x_0, y_0)的值,其中λ是一个待定常数.

由上面的讨论,可以得到如下求解条件极值问题的方法:

拉格朗日乘数法 要求函数$z = f(x,y)$在条件$\varphi(x,y) = 0$下的可能极值点,可以先构造辅助函数(称为**拉格朗日函数**)
$$F(x,y,\lambda) = f(x,y) + \lambda\varphi(x,y),$$
再由方程组
$$\begin{cases} F_x = f_x(x,y) + \lambda\varphi_x(x,y) = 0, \\ F_y = f_y(x,y) + \lambda\varphi_y(x,y) = 0, \\ \varphi(x,y) = 0 \end{cases} \qquad ⑦$$
解出x, y及λ,则其中的x, y就是函数$f(x,y)$在条件下$\varphi(x,y) = 0$的可能极值点的坐标,即$F(x,y,\lambda) = f(x,y) + \lambda\varphi(x,y)$的驻点$(x,y)$就是可能的极值点.

上述的拉格朗日乘数法可以推广到自变量多于两个而约束条件多于一个的情形.例如,要求函数
$$u = f(x,y,z,t)$$
在条件
$$\varphi(x,y,z,t) = 0, \quad \psi(x,y,z,t) = 0 \qquad ⑧$$
下的极值,可以先构造拉格朗日函数
$$F(x,y,z,t,\lambda_1,\lambda_2) = f(x,y,z,t) + \lambda_1\varphi(x,y,z,t) + \lambda_2\psi(x,y,z,t),$$
求其偏导数,并令之为零,得到方程组
$$\begin{cases} F_x(x,y,z,t,\lambda_1,\lambda_2) = 0, \\ F_y(x,y,z,t,\lambda_1,\lambda_2) = 0, \\ F_z(x,y,z,t,\lambda_1,\lambda_2) = 0, \\ F_t(x,y,z,t,\lambda_1,\lambda_2) = 0, \\ \varphi(x,y,z,t) = 0, \\ \psi(x,y,z,t) = 0, \end{cases}$$
再解之,这样得出的(x,y,z,t)就是函数$f(x,y,z,t)$在条件⑧下的可能极值点.

由拉格朗日乘数法得出的驻点只是可能的极值点,至于如何确定所求得的点是否为极值点,在实际问题中往往可根据问题本身的实际意义来判定.

例8 求表面积为1而体积最大的长方体的体积.

解 设长方体的长、宽、高分别为x, y, z,则问题就是在条件

$$\psi(x,y,z) = 2xy + 2yz + 2xz - 1 = 0 \qquad ⑨$$

下，求函数

$$V = xyz \quad (x>0, y>0, z>0)$$

的最大值.

构造拉格朗日函数

$$F(x,y,z,\lambda) = xyz + \lambda(2xy + 2yz + 2xz - 1),$$

再对其求偏导数，并令之为零，得到方程组

$$\begin{cases} yz + 2\lambda(y+z) = 0, \\ xz + 2\lambda(x+z) = 0, \\ xy + 2\lambda(y+x) = 0, \\ 2xy + 2yz + 2zx - 1 = 0. \end{cases} \qquad ⑩$$

因为 x,y,z 都不等于零，所以由方程组⑩可得

$$\frac{x}{y} = \frac{x+z}{y+z}, \quad \frac{y}{z} = \frac{x+y}{x+z},$$

进而解得 $x=y=z$. 将此代入方程组⑩中的最后一式，可得

$$x = y = z = \frac{\sqrt{6}}{6}.$$

这是唯一可能的极值点. 因为由问题本身可知最大值一定存在，所以最大值就在这个可能的极值点处取得. 也就是说，表面积为 1 的长方体中，以棱长为 $\frac{\sqrt{6}}{6}$ 的正方体的体积最大，最大体积为 $V = \frac{\sqrt{6}}{36}$.

例 9 抛物面 $z = x^2 + y^2$ 被平面 $x+y+z=1$ 截得一椭圆，求此椭圆到坐标原点的最长距离和最短距离(图 2).

解 这个问题实质上就是求函数 $f(x,y,z) = x^2 + y^2 + z^2$ 在条件 $x^2 + y^2 - z = 0$ 及 $x+y+z-1=0$ 下的最大值和最小值.

应用拉格朗日乘数法，构造拉格朗日函数

$$F(x,y,z,\lambda,\mu) = x^2 + y^2 + z^2 + \lambda(x^2+y^2-z) + \mu(x+y+z-1).$$

对 F 求偏导数，并令它们为零，则有

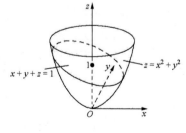

图 2

$$\begin{cases} F_x = 2x + 2x\lambda + \mu = 0, \\ F_y = 2y + 2y\lambda + \mu = 0, \\ F_z = 2z - \lambda + \mu = 0, \\ F_\lambda = x^2 + y^2 - z = 0, \\ F_\mu = x + y + z - 1 = 0. \end{cases}$$

解之得

$$\begin{cases} x = \dfrac{-1+\sqrt{3}}{2}, \\ y = \dfrac{-1+\sqrt{3}}{2}, \\ z = 2-\sqrt{3} \end{cases} \quad \text{和} \quad \begin{cases} x = \dfrac{-1-\sqrt{3}}{2}, \\ y = \dfrac{-1-\sqrt{3}}{2}, \\ z = 2+\sqrt{3}. \end{cases}$$

由实际意义知最大值和最小值一定存在，故 $\sqrt{f\left(\dfrac{-1+\sqrt{3}}{2}, \dfrac{-1+\sqrt{3}}{2}, 2-\sqrt{3}\right)} = \sqrt{9-5\sqrt{3}}$ 和 $\sqrt{f\left(\dfrac{-1-\sqrt{3}}{2}, \dfrac{-1-\sqrt{3}}{2}, 2+\sqrt{3}\right)} = \sqrt{9+5\sqrt{3}}$ 就是最短距离和最长距离。

习 题 8.8

1. 求函数 $f(x,y) = e^x(x^2 + y^2 + xy)$ 的极值。
2. 求函数 $z = xy$ 在条件 $x + y = 1$ 下的极值。
3. 求函数 $f(x,y,z) = xyz$ 在条件 $x^2 + y^2 + z^2 = 1$ 和 $x + y + z = 0$ 下的极值。
4. 利用条件极值推导三维空间中点到平面的距离公式。
5. 从斜边之长为 l 的一切直角三角形中求有最大周长的直角三角形。
6. 要造一个表面积等于定数 k，横截面为半圆形的无盖半圆柱形容器，应如何选择尺寸方可使它的容积最大？
7. 已知三角形周长为 $2p$，求出这样的三角形，当它绕自己的一边旋转所形成立体的体积为最大。
8. 求内接于半径为 a 的球且有最大体积的长方体。

*§8.9 最小二乘法

在实际问题中，是如何把两个相互关联的量表示为函数关系的呢？往往有两种方法：一是从理论上推导；二是从试验(经验)中获得，即根据两变量的一组试验数据来确定两变量间的近似函数关系。通常将从试验中得到的函数关系称为两变量之间的**经验公式**。最小二乘法就是从一组试验数据得到经验公式的一种基本方法.下面用具体的例子来介绍这一方法.

例 1 为了得到刀具的磨损与时间的函数关系,每隔一小时测量一次刀具厚度,得到如下一组试验数据:

i	0	1	2	3	4	5
时间 t_i/h	0	1	2	3	4	5
刀具厚度 y_i/mm	27	26.8	26.5	26.3	26.1	25.7

试根据上述数据建立刀具厚度 y 和时间 t 之间的经验公式 $y=f(t)$.

解 以时间 t 为横坐标,刀具厚度为纵坐标,描出所给的 6 对数据的点(图 1),所构成的图称为**散点图**.

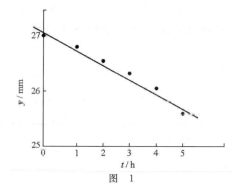

图 1

可直观看出这些点大致在一条直线上,故推测 y 和 t 之间大致成线性关系,即经验公式中的 $f(t)$ 应为一次函数.于是,设经验公式为 $y=at+b$.

下面要从给出的观测数据确定常数 a,b. 在最理想的情况下,希望 a,b 满足方程组
$$y_i = at_i + b \quad (i=0,1,\cdots,5).$$
但由于观测误差的存在,这是不可能的.那么该如何确定 a,b 呢?一个合理的方法就是取 a,b,使
$$M = \sum_{i=0}^{5} [y_i - (at_i+b)]^2$$
达到最小值.这种利用误差的平方和 M 最小来确定常数 a,b 的方法称为**最小二乘法**.

为了求目标函数 M 的最小值点,将 M 分别对 a,b 求偏导数,并令之为零,得到方程组
$$\begin{cases} M_a = -2\sum_{i=0}^{5}[y_i-(at_i+b)]t_i = 0, \\ M_b = -2\sum_{i=0}^{5}[y_i-(at_i+b)] = 0, \end{cases}$$

再整理得到关于 a,b 的二元一次方程组

$$\begin{cases} a\sum_{i=0}^{5} t_i^2 + b\sum_{i=0}^{5} t_i = \sum_{i=0}^{5} t_i y_i, \\ a\sum_{i=0}^{5} t_i + 6b = \sum_{i=0}^{5} y_i. \end{cases}$$

解之得 $a=-0.2514, b=27.0286$,故所求的经验公式为

$$y=-0.2514t+27.0286. \qquad ①$$

这时,误差平方和 M 的最小值是 $M_{\min}=0.0137$. 通常称 $\sqrt{M_{\min}/(6-1)}=\sqrt{M_{\min}/5}=0.0524$ 为**均方误差**,它表示了经验公式与实际数据之间的平均误差,从而反映了近似程度的好坏. 所以,①式就是在现有数据信息和均方误差最小意义下用一次函数反映上述实际问题的最好结果.

例 2 炼钢厂出钢时所用的盛钢水的钢包,由于钢液及炉渣对包衬耐火材料的侵蚀,使其容积不断增大. 经过试验,得到钢包容积 y(以钢包盛满钢水的质量来表示)与相应的使用次数 x 的数据如下:

i	1	2	3	4	5	6	7
x_i/次	2	3	4	5	7	8	10
y_i/kg	106.42	108.20	109.54	109.54	110.00	109.93	110.49
i	8	9	10	11	12	13	
x_i/次	11	14	15	16	18	19	
y_i/kg	110.59	110.60	110.90	110.76	111.00	111.20	

试根据数据建立 y 与 x 之间的经验公式 $y=f(x)$.

解 作散点图,如图 2 所示. 由散点图直观看,数据点大致在一对数曲线上,故推测 y 与 x 的关系近似于 $y=a+b\ln x$.

图 2

下面确定 a,b 的值. 若直接把目标函数设为
$$M = \sum_{i=1}^{12} [y_i - (a + b\ln x_i)]^2,$$
则 M 的最小值点不好求. 所以,我们对经验公式作如下线性化处理:令 $u=y, v=\ln x$,则
$$u = a + bv.$$
将原数据 (x_i, y_i) 作相应代换得新数据 (v_i, u_i),然后按例 1 的方法,计算出 $a=106.02, b=1.85$,故可得经验公式
$$y = 106.02 + 1.85\ln x.$$

总练习题八

1. 判断下列函数的极限是否存在,如存在,计算其极限值;如不存在,给出证明:

(1) $\lim\limits_{(x,y)\to(0,0)} \dfrac{xy}{\sqrt{x^2+y^2}}$;

(2) $\lim\limits_{(x,y)\to(0,0)} \dfrac{xy}{x+y}$;

(3) $\lim\limits_{(x,y)\to(0,0)} (x+y)\sin\dfrac{2}{x^2+3y^2}$;

(4) $\lim\limits_{(x,y)\to(0,0)} \dfrac{x-y^2}{x}$.

2. 求下列二元函数的极限:

(1) $\lim\limits_{\substack{x\to+\infty \\ y\to+\infty}} \left(\dfrac{xy}{x^2+y^2}\right)^x$;

(2) $\lim\limits_{\substack{x\to 0 \\ y\to 0}} (x^2+y^2)^{xy}$;

(3) $\lim\limits_{\substack{x\to 0 \\ y\to 0}} \dfrac{x^2 y}{x^2+y^2}$;

(4) $\lim\limits_{\substack{x\to\infty \\ y\to\infty}} \dfrac{x+y}{x^2-xy+y^2}$.

3. 函数 $f(x,y) = \begin{cases} \dfrac{x^2 y}{x^4+y^2}, & x^4+y^2 \neq 0, \\ 0, & x^4+y^2 = 0 \end{cases}$ 在点 $(0,0)$ 是否连续? 是否可导? 是否可微?

4. 求曲线 $\begin{cases} z = \sqrt{1+x^2+y^2}, \\ x = 1 \end{cases}$ 在点 $(1,1,\sqrt{3})$ 处的切线与 y 轴正向所成的角.

5. 设函数 $f(x,y) = \begin{cases} xy\dfrac{x^2-y^2}{x^2+y^2}, & x^2+y^2 \neq 0, \\ 0, & x^2+y^2 = 0, \end{cases}$ 证明:$f_{xy}(0,0) \neq f_{yx}(0,0)$.

6. 求下列函数的偏导数,其中 f 具有二阶连续偏导数:

(1) $z = f(e^x \sin y, x^2+y^2)$,求 $\dfrac{\partial^2 z}{\partial x \partial y}$;

(2) $z = \dfrac{1}{x} f(xy) + y\varphi(x+y)$,求 $\dfrac{\partial^2 z}{\partial x \partial y}$.

7. 设函数 $z = f(\sin x, \cos y, e^{x+y})$,其中 f 具有二阶连续偏导数,求 $\dfrac{\partial^2 z}{\partial x^2}, \dfrac{\partial^2 z}{\partial x \partial y}, \dfrac{\partial^2 z}{\partial y^2}$.

8. 设函数 $z=z(x,y)$ 由方程 $F(x-y,y-z,z-x)=0$ 确定，求 $\dfrac{\partial z}{\partial x},\dfrac{\partial z}{\partial y}$.

9. 设三个实数 x,y,z 满足 $y+\mathrm{e}^x+|z|=3$，且 $y>0$，证明：$y\mathrm{e}^x|z|\leqslant 1$.

10. 证明：函数 $z=(1+\mathrm{e}^y)\cos x-y\mathrm{e}^y$ 有无穷多个极大值点而无极小值点.

11. 求曲面 $\Sigma: z=\arctan\dfrac{x}{y}$ 在点 $M\left(1,1,\dfrac{\pi}{4}\right)$ 处的切平面方程和法线方程.

12. 证明：曲面 $z=xf\left(\dfrac{y}{x}\right)$ 上任意点 $M(x_0,y_0,z_0)$ 处的切平面都通过原点.

13. 确定 b，使曲线 $\tau: x=t, y=-t^2, z=\dfrac{1}{12}t^3$ 的切线与平面 $\Pi: x+by+z=4$ 垂直.

14. 计算函数 $f(x,y)=1-(x^2+2y^2)$ 在点 $P\left(\dfrac{1}{\sqrt{2}},\dfrac{1}{2}\right)$ 沿曲线 $x^2+2y^2=1$ 在该点的内法线方向的方向导数.

15. 已知椭球面 $\dfrac{x^2}{a^2}+\dfrac{y^2}{b^2}+\dfrac{z^2}{c^2}=1\,(a,b,c>0)$，试在第一卦限内求该曲面的一个切平面，使得切平面与三个坐标平面所围成的四面体的体积最小，并求四面体的最小体积.

16. 求平面 $Ax+By+Cz=0$ 和椭圆柱面 $\dfrac{x^2}{a^2}+\dfrac{y^2}{b^2}=1\,(a,b>0)$ 相交所成椭圆的面积.

17. 设连续函数 $z=f(x,y)$ 满足 $\lim\limits_{\substack{x\to 0\\ y\to 0}}\dfrac{f(x,y)-2x+y-1}{\sqrt{x^2+y^2}}=0$，求 $\mathrm{d}z\big|_{(0,0)}$.

18. 设函数 $f(u)$ 具有二阶连续导数，$z=f(\mathrm{e}^x\cos y)$ 满足
$$\dfrac{\partial^2 z}{\partial x^2}+\dfrac{\partial^2 z}{\partial y^2}=(4z+\mathrm{e}^x\cos y)\mathrm{e}^{2x},$$
且 $f(0)=0, f'(0)=0$，求 $f(u)$.

19. 已知函数 $f(x,y)$ 满足
$$\dfrac{\partial f}{\partial y}=2(y+1),\quad 且\quad f(y,y)=(y+1)^2-(2-y)\ln y,$$
求曲线 $f(x,y)=0$ 所围成的图形绕直线 $y=-1$ 旋转一周所成旋转体的体积.

20. 已知函数 $f(x,y)$ 满足
$$f_{xy}(x,y)=2(y+1)\mathrm{e}^x,\quad f_x(x,0)=(x+1)\mathrm{e}^x,\quad f(0,y)=y^2+2y,$$
求 $f(x,y)$ 的极值.

第九章 重积分

> 多元函数积分学与一元函数积分学相对应,主要包括:重积分、曲线积分、曲面积分.它将积分范围由一维区间推广到二维平面区域及三维空间区域,分别得到二重积分和三重积分;再推广到平面内的曲线及空间中的曲面,分别得到曲线积分和曲面积分.本章主要介绍二重积分和三重积分的概念、计算方法及其应用.

§9.1 二重积分的概念与性质

一、二重积分的概念

(一) 引例:曲顶柱体的体积

如图 1 所示,设一立体以 Oxy 平面上的有界闭区域 D 为底,侧面是母线平行于 z 轴的柱面,顶为曲面 $z=f(x,y)$(假定函数 $f(x,y)$ 连续且 $f(x,y)\geqslant 0$).通常称这种立体为**曲顶柱体**.试求该曲顶柱体的体积.

分析 平顶柱体的体积公式是

体积 = 底面积 × 高.

因为曲顶柱体的高是处处变化的,而平顶柱体的高是常值,所以不能用平顶柱体的体积公式来求曲顶柱体的体积.但类似于曲边梯形面积的讨论,可以运用元素法的思想来解决问题.

图 1

第一步,分割.先用网格将底面区域 D 分成 n 个小闭区域 $\Delta\sigma_1$, $\Delta\sigma_2$,…,$\Delta\sigma_n$,这里符号 $\Delta\sigma_i(i=1,2,\cdots,n)$ 同时表示第 i 个小闭区域的面积.再以这些小闭区域的边界为准线作母线平行于 z 轴的柱面,这样就将曲顶柱体分成 n 个小曲顶柱体.

第二步,近似,求和.在 $\Delta\sigma_i(i=1,2,\cdots,n)$ 中任取 $(\xi_i,\eta_i)\in\Delta\sigma_i$,将 $\Delta\sigma_i$ 对应的小曲顶柱体近似看作以 $\Delta\sigma_i$ 为底,$f(\xi_i,\eta_i)$ 为高的小平顶柱顶

图 2

(图 2),则小曲顶柱体的体积为 $\Delta v_i \approx f(\xi_i, \eta_i)\Delta\sigma_i$. 于是,所求的曲顶柱体体积为

$$V \approx \sum_{i=1}^{n} f(\xi_i, \eta_i)\Delta\sigma_i.$$

第三步,取极限. 分割越细密,$\sum_{i=1}^{n} f(\xi_i, \eta_i)\Delta\sigma_i$ 就越接近 V. 记 $\Delta\sigma_i(i=1,2,\cdots,n)$ 中的最大直径[①]为 λ. 若 λ 很小,则各个小闭区域都很小,从而表明分割很细密. 所以,如果分割"无限细密",即 $\lambda \to 0$,上述和式的极限存在,则将此极限值定义为所求的曲顶柱体体积,即

$$V = \lim_{\lambda \to 0} \sum_{i=1}^{n} f(\xi_i, \eta_i)\Delta\sigma_i.$$

其实,许多实际问题在解决时所使用的数学思想方法与引例所使用的是一样的,且其结果在形式上也与引例的一样,是一个和式的极限. 因此引入二重积分的概念.

(二) 二重积分的定义

定义 设 $f(x,y)$ 为有界闭区域 D 上的有界函数,将闭区域 D 任意分成 n 个小闭区域 $\Delta\sigma_i(i=1,2,\cdots,n)$,$\Delta\sigma_i$ 既表示第 i 个小闭区域本身又表示它的面积. 在每个 $\Delta\sigma_i$ 上任取点 (ξ_i, η_i). 当 $\Delta\sigma_i(i=1,2,\cdots,n)$ 中的最大直径 λ 趋于零时,若 $\sum_{i=1}^{n} f(\xi_i, \eta_i)\Delta\sigma_i$ 的极限存在,则称此极限值为函数 $f(x,y)$ 在区域 D 上的**二重积分**,记作 $\iint\limits_{D} f(x,y)\mathrm{d}\sigma$,即

$$\iint\limits_{D} f(x,y)\mathrm{d}\sigma = \lim_{\lambda \to 0} \sum_{i=1}^{n} f(\xi_i, \eta_i)\Delta\sigma_i,$$

其中称 $f(x,y)$ 为**被积函数**,$f(x,y)\mathrm{d}\sigma$ 为**积分表达式**,$\mathrm{d}\sigma$ 为**面积元素**,x,y 为积分变量,D 为积分区域,$\sum_{i=1}^{n} f(\xi_i, \eta_i)\Delta\sigma_i$ 为**积分和**. 这时也称函数 $f(x,y)$ 在 D 上可积.

图 3

在上述定义中,区域 D 的划分是任意的. 但在函数可积的情况下,在直角坐标系中,常常用平行于坐标轴的直线网来分割区域(图 3). 此时,小闭区域 $\Delta\sigma_i$ 为矩形区域(除包含边界点的一些小闭区域外),设其边长分别为 $\Delta x_i, \Delta y_i$,则小闭区域 $\Delta\sigma_i$ 的面积为 $\Delta\sigma_i = \Delta x_i \Delta y_i$. 因此,在直坐标系下常常将面积元素 $\mathrm{d}\sigma$ 记为 $\mathrm{d}x\mathrm{d}y$,而二重积分记为

[①] 一个闭区域的直径是指区域上任意两点间距离的最大值.

$$\iint\limits_{D} f(x,y) \mathrm{d}x \mathrm{d}y.$$

类似于定积分的存在性,有界闭区域上的连续函数在该区域上的二重积分必存在. 以下如不特殊说明,假定所讨论的二重积分都存在.

由引例知,当 $f(x,y)$ 在区域 D 上连续且 $f(x,y) \geqslant 0$ 时,二重积分 $\iint\limits_{D} f(x,y) \mathrm{d}\sigma$ 在几何上表示以 D 为底,曲面 $z = f(x,y)$ 为顶的曲顶柱体的体积.

二、二重积分的性质

二重积分的性质及其证明与定积分的类似,这里只作陈述不作证明.

性质 1(线性性) 设 α, β 为两常数,则

$$\iint\limits_{D} [\alpha f(x,y) + \beta g(x,y)] \mathrm{d}\sigma = \alpha \iint\limits_{D} f(x,y) \mathrm{d}\sigma + \beta \iint\limits_{D} g(x,y) \mathrm{d}\sigma.$$

性质 2(区域可加性) 若区域 D 由 n 个除边界外不重合的有界闭区域 $D_i (i=1,2,\cdots,n)$ 组成,则

$$\iint\limits_{D} f(x,y) \mathrm{d}\sigma = \sum_{i=1}^{n} \iint\limits_{D_i} f(x,y) \mathrm{d}\sigma.$$

性质 3 若在区域 D 上,$f(x,y) \equiv 1$,记 A 为 D 的面积,则 $A = \iint\limits_{D} 1 \mathrm{d}\sigma = \iint\limits_{D} \mathrm{d}\sigma$.

性质 4(单调性) 若在区域 D 上恒有 $f(x,y) \leqslant g(x,y)$,则

$$\iint\limits_{D} f(x,y) \mathrm{d}\sigma \leqslant \iint\limits_{D} g(x,y) \mathrm{d}\sigma.$$

特别地,由 $-|f(x,y)| \leqslant f(x,y) \leqslant |f(x,y)|$ 有

$$\left| \iint\limits_{D} f(x,y) \mathrm{d}\sigma \right| \leqslant \iint\limits_{D} |f(x,y)| \mathrm{d}\sigma.$$

性质 5(估值不等式) 设 M, m 分别为 $f(x,y)$ 在有界闭区域 D 上的最大、最小值,A 为 D 的面积,则

$$mA \leqslant \iint\limits_{D} f(x,y) \mathrm{d}\sigma \leqslant MA.$$

性质 6(积分中值定理) 设函数 $f(x,y)$ 在有界闭区域 D 上连续,A 为 D 的面积,则在 D 上至少存在一点 (ξ, η),使

$$\iint\limits_{D} f(x,y) \mathrm{d}\sigma = f(\xi, \eta) A.$$

例 1 比较二重积分 $\iint\limits_{D} (x+y)^2 \mathrm{d}\sigma$ 与 $\iint\limits_{D} (x+y)^3 \mathrm{d}\sigma$ 的大小,其中 $D: (x-2)^2 + (y-1)^2 \leqslant 2$.

解 如图 4 所示，积分区域 D 与 x 轴交于两点 $(1,0),(3,0)$，与直线 $x+y=1$ 相切且位于直线上方，故在 D 上有 $x+y\geqslant 1$，从而在 D 上有 $(x+y)^2\leqslant(x+y)^3$. 由二重积分的单调性有

$$\iint\limits_D (x+y)^2 \mathrm{d}\sigma \leqslant \iint\limits_D (x+y)^3 \mathrm{d}\sigma.$$

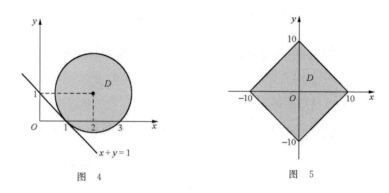

图 4　　　　　　　图 5

例 2 估计 $I=\iint\limits_D \dfrac{\mathrm{d}x\mathrm{d}y}{100+\cos^2 x+\cos^2 y}$ 的值，其中 D：$|x|+|y|\leqslant 10$.

解 积分区域 D 如图 5 所示，易知 D 的面积为 $A=(10\sqrt{2})^2=200$，又在 D 上有

$$\frac{1}{102} \leqslant \frac{1}{100+\cos^2 x+\cos^2 y} \leqslant \frac{1}{100},$$

故由估值不等式得

$$\frac{200}{102} \leqslant I \leqslant \frac{200}{100}, \quad \text{即} \quad 1.96 \leqslant I \leqslant 2.$$

习　题　9.1

1. 试利用二重积分的几何意义比较下列积分值的大小关系：

$$I_1 = \iint\limits_{D_1} |xy|\, \mathrm{d}x\mathrm{d}y, \quad \text{其中} \quad D_1: x^2+y^2 \leqslant 1;$$

$$I_2 = \iint\limits_{D_2} |xy|\, \mathrm{d}x\mathrm{d}y, \quad \text{其中} \quad D_2: |x|+|y| \leqslant 1;$$

$$I_3 = \iint\limits_{D_3} |xy|\, \mathrm{d}x\mathrm{d}y, \quad \text{其中} \quad D_3: -1 \leqslant x,y \leqslant 1.$$

2. 判断二重积分 $\iint\limits_{D} \ln(x^2+y^2)\mathrm{d}x\mathrm{d}y$ 的符号,其中 D:$0<r\leqslant|x|+|y|\leqslant 1$.

3. 比较下列各组二重积分的大小:

(1) $\iint\limits_{D} \ln(x+y)\mathrm{d}\sigma$ 与 $\iint\limits_{D} [\ln(x+y)]^2\mathrm{d}\sigma$,其中 D 是以 $(1,0),(1,1),(2,0)$ 为顶点的三角形闭区域;

(2) $\iint\limits_{D} (x+y)^2\mathrm{d}\sigma$ 与 $\iint\limits_{D} (x+y)^3\mathrm{d}\sigma$,其中 D 是由 x 轴,y 轴与直线 $x+y=1$ 所围成的闭区域;

(3) $I_1=\iint\limits_{D} \cos\sqrt{x^2+y^2}\mathrm{d}\sigma, I_2=\iint\limits_{D} \cos(x^2+y^2)\mathrm{d}\sigma, I_3=\iint\limits_{D} \cos(x^2+y^2)^2\mathrm{d}\sigma$,其中 D:$x^2+y^2\leqslant 1$.

4. 不作计算,估计 $I=\iint\limits_{D} \dfrac{\mathrm{d}\sigma}{\sqrt{x^2+y^2+2xy+16}}$ 的值,其中 D:$0\leqslant x\leqslant 1, 0\leqslant y\leqslant 2$.

5. 不作计算,估计 $I=\iint\limits_{D} \mathrm{e}^{(x^2+y^2)}\mathrm{d}\sigma$ 的值,其中 D:$\dfrac{x^2}{a^2}+\dfrac{y^2}{b^2}\leqslant 1\ (0<b<a)$.

§9.2 二重积分的计算

对于一般的被积函数和积分区域,用定义来计算二重积分是比较复杂甚至不可行的,因此本节将讨论比较方便、可行的计算方法. 其指导思想是化二重积分为两个依次进行的定积分,称之为**二次积分**或**累次积分**.

一、在直角坐标系下计算二重积分

(一) 先对 y,后对 x 的二次积分

设二重积分 $\iint\limits_{D} f(x,y)\mathrm{d}\sigma$ 的积分区域 D 可以表示为

$$a\leqslant x\leqslant b,\quad \varphi_1(x)\leqslant y\leqslant \varphi_2(x)$$

的形式,其中 $\varphi_1(x),\varphi_2(x)$ 在区间 $[a,b]$ 上连续,这时称区域 D 为 **X 型区域**(图 1). X 型区域 D 的特点是:D 在 x 轴上的投影区间为 $[a,b]$;过区间 (a,b) 内任一点作垂直于 x 轴的直线,它与 D 的边界最多有两个交点.

为说明方便起见,设函数 $f(x,y)$ 连续且 $f(x,y)\geqslant 0$. 由二重积分的几何意义知,$\iint\limits_{D} f(x,y)\mathrm{d}\sigma$ 的值是以 D 为底,曲面 $z=f(x,y)$ 为顶的曲顶柱体的体积 V(图 2(a)). 下面采用定积分的方

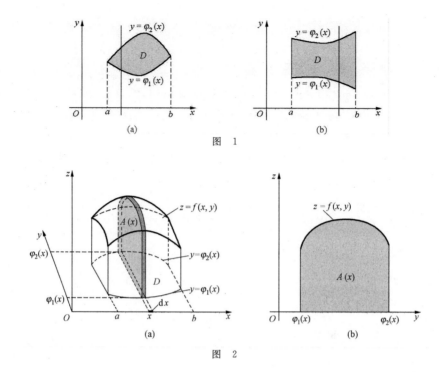

图 1

图 2

法来计算此曲顶柱体的体积.

过 $[a,b]$ 上任一点 x 作平行于 Oyz 平面的平面,它截曲顶柱体所得截面(图 2(b))的面积为

$$A(x) = \int_{\varphi_1(x)}^{\varphi_2(x)} f(x,y) \mathrm{d}y.$$

代入平行截面面积为已知的立体体积公式

$$V = \int_a^b A(x) \mathrm{d}x,$$

即可得曲顶柱体的体积

$$V = \int_a^b \left[\int_{\varphi_1(x)}^{\varphi_2(x)} f(x,y) \mathrm{d}y \right] \mathrm{d}x.$$

于是有

$$\iint_D f(x,y) \mathrm{d}\sigma = \int_a^b \left[\int_{\varphi_1(x)}^{\varphi_2(x)} f(x,y) \mathrm{d}y \right] \mathrm{d}x. \qquad ①$$

常常将①式写成

$$\iint_D f(x,y) \mathrm{d}\sigma = \int_a^b \mathrm{d}x \int_{\varphi_1(x)}^{\varphi_2(x)} f(x,y) \mathrm{d}y. \qquad ②$$

由①式知,②式应先算后面的积分,其中将 x 看作常数,积分上限 $\varphi_2(x)$ 和下限 $\varphi_1(x)$ 对于积

分变量 y 来说也是常数;再算前面的积分,这时积分变量为 x,积分上、下限分别是常数 a,b. ②式称为**先对 y,后对 x 的二次(累次)积分**.

虽然假定 $f(x,y) \geqslant 0$,但实际上二重积分公式②的使用不受此条件限制,即只要积分区域 D 为 X 型区域,二重积分 $\iint\limits_D f(x,y)\mathrm{d}x\mathrm{d}y$ 的计算均可利用公式①或②化为两个定积分依次进行. 这时积分上、下限的确定也是关键的一步:先进行的积分其积分限由区域 D 的上边界 $y=\varphi_2(x)$ 和下边界 $y=\varphi_1(x)$ 确定,并根据 $\varphi_1(x) \leqslant \varphi_2(x)$,取 $\varphi_1(x)$ 为下限,$\varphi_2(x)$ 为上限;而后进行的积分其积分限由 D 在 x 轴上的投影区间 $[a,b]$ 确定,且同样根据 $a \leqslant b$,取 a 为下限,b 为上限. 归纳上述讨论可得,积分上、下限是按"由小到大"的原则来确定的,其中小的为下限,大的为上限.

(二) 先对 x,后对 y 的二次积分

类似地,若二重积分 $\iint\limits_D f(x,y)\mathrm{d}\sigma$ 的积分区域 D 可以表示为

$$c \leqslant y \leqslant d, \quad \psi_1(y) \leqslant x \leqslant \psi_2(y)$$

的形式(图 3(a),(b)),其中 $\psi_1(y),\psi_2(y)$ 在区间 $[c,d]$ 上连续,则称区域 D 为 **Y 型区域**. Y 型区域 D 的特点是:D 在 y 轴上的投影区间为 $[c,d]$,过区间 (c,d) 内任一点作垂直于 y 轴的直线,它与 D 的边界最多有两个交点.

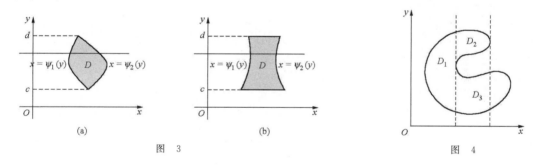

图 3

图 4

同理,当积分区域为 Y 型区域时,二重积分 $\iint\limits_D f(x,y)\mathrm{d}x\mathrm{d}y$ 可化为如下先对 x,后对 y 的二次积分进行计算:

$$\iint\limits_D f(x,y)\mathrm{d}\sigma = \int_c^d \left[\int_{\psi_1(y)}^{\psi_2(y)} f(x,y)\mathrm{d}x \right] \mathrm{d}y = \int_c^d \mathrm{d}y \int_{\psi_1(y)}^{\psi_2(y)} f(x,y)\mathrm{d}x. \qquad ③$$

同样,③式最右端应先算后面的积分,再算前面的积分,且积分的上、下限也是按"由小到大"的原则来确定的.

如果积分区域既非 X 型区域又非 Y 型区域,那么总可以将它分割成有限个 X 型区域或 Y 型区域(图 4). 在这些小区域上可用公式②或③化二重积分为二次积分,再由二重积分的

区域可加性，原积分区域上的二重积分就等于所有小区域上的二重积分之和.

如果积分区域 D 既是 X 型区域又是 Y 型区域(图 5(a),(b))，则

$$\iint_D f(x,y)\mathrm{d}\sigma = \int_a^b \mathrm{d}x \int_{\varphi_1(x)}^{\varphi_2(x)} f(x,y)\mathrm{d}y$$

$$= \int_c^d \mathrm{d}y \int_{\psi_1(y)}^{\psi_2(y)} f(x,y)\mathrm{d}x.$$

这说明，这种类型区域上的二次积分可以交换积分次序.

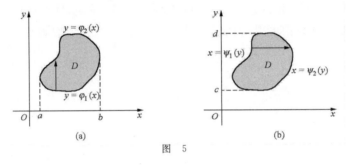

图 5

例 1 求二重积分 $\iint_D \dfrac{\sin x}{x} \mathrm{d}x\mathrm{d}y$，其中 D：$0 \leqslant x \leqslant 1, 0 \leqslant y \leqslant x$.

解 显然 D 是 X 型区域(图 6(a))，故

$$\iint_D \frac{\sin x}{x} \mathrm{d}x\mathrm{d}y = \int_0^1 \mathrm{d}x \int_0^x \frac{\sin x}{x} \mathrm{d}y = \int_0^1 \frac{\sin x}{x} \cdot y \Big|_0^x \mathrm{d}x = \int_0^1 \frac{\sin x}{x} \cdot x \mathrm{d}x$$

$$= \int_0^1 \sin x \mathrm{d}x = (-\cos x)\Big|_0^1 = 1 - \cos 1.$$

 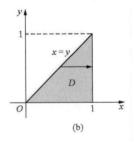

图 6

注 其实例 1 中的 D 也可看成 Y 型区域(图 6(b))，这时 D：$0 \leqslant y \leqslant 1, y \leqslant x \leqslant 1$，于是

$$\iint_D \frac{\sin x}{x} \mathrm{d}x\mathrm{d}y = \int_0^1 \mathrm{d}y \int_y^1 \frac{\sin x}{x} \mathrm{d}x.$$

但由于 $\dfrac{\sin x}{x}$ 的原函数不能由初等函数表示，所以后面的定积分是无法计算的. 这说明，积分

区域既为 X 型又为 Y 型时，不同的积分次序计算难度可能不同．为了计算方便，有时需交换积分顺序．

例 2 计算二重积分 $\iint\limits_{D} xy\,d\sigma$，其中 D 是由抛物线 $y=x^2$ 及直线 $y=x$ 所围成的闭区域．

解法 1 如图 7(a)所示，将 D 看成 X 型区域，它可表示为 $0 \leqslant x \leqslant 1, x^2 \leqslant y \leqslant x$，则

$$\iint\limits_{D} xy\,d\sigma = \int_0^1 dx \int_{x^2}^{x} xy\,dy = \int_0^1 x\left(\frac{1}{2}y^2\right)\bigg|_{x^2}^{x} dx = \frac{1}{2}\int_0^1 (x^3 - x^5)\,dx$$

$$= \frac{1}{2}\left(\frac{x^4}{4} - \frac{x^6}{6}\right)\bigg|_0^1 = \frac{1}{24}.$$

 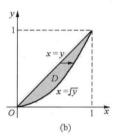

图 7

解法 2 如图 7(b)所示，将 D 看成 Y 型区域，它可表示为 $0 \leqslant y \leqslant 1, y \leqslant x \leqslant \sqrt{y}$，则

$$\iint\limits_{D} xy\,d\sigma = \int_0^1 dy \int_{y}^{\sqrt{y}} xy\,dx = \int_0^1 y\left(\frac{1}{2}x^2\right)\bigg|_{y}^{\sqrt{y}} dy = \frac{1}{2}\int_0^1 y(y - y^2)\,dy$$

$$= \frac{1}{2}\left(\frac{y^3}{3} - \frac{y^4}{4}\right)\bigg|_0^1 = \frac{1}{24}.$$

注 例 2 说明，有时不同积分次序的二次积分计算的难度相当．结合例 1 的情况，化二重积分为二次积分的次序要因题而异，具体分析．

例 3 化二重积分 $\iint\limits_{D} f(x,y)\,d\sigma$ 为二次积分，其中 D 是由曲线 $y = x^{2/3}$，x 轴和半圆周 $(x-2)^2 + (y-1)^2 = 1(x \leqslant 2)$ 所围成的闭区域．

解 如图 8 所示，区域 D 为 Y 型区域，且

$$D: 0 \leqslant y \leqslant 1, \quad y^{3/2} \leqslant x \leqslant 2 - \sqrt{2y - y^2},$$

所以

$$\iint\limits_{D} f(x,y)\,d\sigma = \int_0^1 dy \int_{y^{3/2}}^{2-\sqrt{2y-y^2}} f(x,y)\,dx.$$

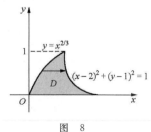

图 8

例 4 交换下面积分的积分顺序：

$$I = \int_0^2 dx \int_0^{\frac{x^2}{2}} f(x,y) dy + \int_2^{2\sqrt{2}} dx \int_0^{\sqrt{8-x^2}} f(x,y) dy.$$

解 如图 9 所示，I 中第一项和第二项的积分区域分别为

$$D_1: \begin{cases} 0 \leqslant x \leqslant 2, \\ 0 \leqslant y \leqslant \frac{1}{2}x^2, \end{cases} \quad D_2: \begin{cases} 2 \leqslant x \leqslant 2\sqrt{2}, \\ 0 \leqslant y \leqslant \sqrt{8-x^2}. \end{cases}$$

可将 $D = D_1 \cup D_2$ 视为 Y 型区域：

$$D: 0 \leqslant y \leqslant 2, \sqrt{2y} \leqslant x \leqslant \sqrt{8-y^2}.$$

于是

$$I = \iint_D f(x,y) dx dy = \int_0^2 dy \int_{\sqrt{2y}}^{\sqrt{8-y^2}} f(x,y) dx.$$

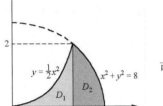

图 9

例 5 证明：

$$\iint_D f(x)g(y) dx dy = \int_a^b f(x) dx \cdot \int_c^d g(y) dy,$$

其中 D 为矩形区域 $a \leqslant x \leqslant b, c \leqslant y \leqslant d$.

证

$$\iint_D f(x)g(y) dx dy = \int_a^b dx \int_c^d f(x)g(y) dy = \int_a^b \left[f(x) \int_c^d g(y) dy \right] dx$$

$$= \int_c^d g(y) dy \cdot \int_a^b f(x) dx = \int_a^b f(x) dx \cdot \int_c^d g(y) dy.$$

注 当被积函数可以分离变量且积分区域为矩形区域时，二重积分可以变成两个定积分的乘积.

二、在极坐标系下计算二重积分

若积分区域 D 与圆域有关或者被积函数为 $f(x^2+y^2), f\left(\dfrac{y}{x}\right)$ 等形式，用极坐标表示它们更为简便，因此有时极坐标有助于简化二重积分的计算. 为此，考虑在极坐标系下计算二重积分. 只要找到极坐标系下二重积分与直角坐标系下二重积分的关系，就可以在极坐标系下讨论二重积分 $\iint_D f(x,y) d\sigma$ 的计算.

首先，找出两坐标系下面积元素的关系. 如图 10 所示，在极坐标系下，设积分区域 D 被网格（由一族同心圆"$\rho =$ 常值"与一族过极点的射线"$\theta =$ 常值"组成）分割成若干个小区域，任取

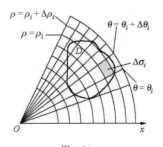

图 10

一个 $\Delta\sigma_i$(其中 ρ 介于 ρ_i 与 $\rho_i+\Delta\rho_i$ 之间,θ 介于 θ_i 与 $\theta_i+\Delta\theta_i$ 之间),则

$$\Delta\sigma_i = \frac{1}{2}(\rho_i+\Delta\rho_i)^2\Delta\theta_i - \frac{1}{2}\rho_i^2\Delta\theta_i = \frac{1}{2}(2\rho_i+\Delta\rho_i)\Delta\rho_i\Delta\theta_i$$

$$= \frac{\rho_i+(\rho_i+\Delta\rho_i)}{2}\Delta\rho_i\Delta\theta_i = \bar{\rho}_i\Delta\rho_i\Delta\theta_i,$$

其中 $\bar{\rho}_i$ 为 ρ_i 与 $\rho_i+\Delta\rho_i$ 的平均值. 由此, 当 $\Delta\rho_i,\Delta\theta_i$ 充分小时, 极坐标系下的面积元素为

$$d\sigma = \rho d\rho d\theta.$$

其次, 直角坐标与极坐标有如下变换关系:

$$\begin{cases} x = \rho\cos\theta, \\ y = \rho\sin\theta. \end{cases}$$

最后, 两坐标系下积分区域 D 形状不变. 因此有

$$\iint\limits_D f(x,y)d\sigma = \iint\limits_D f(\rho\cos\theta,\rho\sin\theta)\rho d\rho d\theta. \qquad ④$$

下面讨论极坐标下的二重积分的计算. 在极坐标下的二重积分同样要化为二次积分来计算, 通常化为先对 ρ, 后对 θ 的二次积分. 设积分区域 D 在极坐标下可以表示为

$$D: \alpha \leqslant \theta \leqslant \beta, \varphi_1(\theta) \leqslant \rho \leqslant \varphi_2(\theta),$$

其中 $\varphi_1(\theta),\varphi_2(\theta)$ 在区间 $[\alpha,\beta]$ 上连续, D 的形状如图 11(a), (b) 和 (c) 所示, 则可以证明有

$$\iint\limits_D f(\rho\cos\theta,\rho\sin\theta)\rho d\rho d\theta = \int_\alpha^\beta d\theta \int_{\varphi_1(\theta)}^{\varphi_2(\theta)} f(\rho\cos\theta,\rho\sin\theta)\rho d\rho.$$

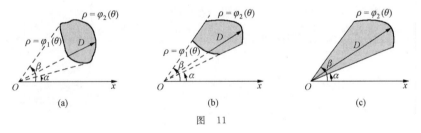

图 11

特别地, 当积分区域 D 如图 12 所示时, D 可表示为

$$D: 0 \leqslant \theta \leqslant 2\pi, 0 \leqslant \rho \leqslant \varphi(\theta),$$

于是

$$\iint\limits_D f(\rho\cos\theta,\rho\sin\theta)\rho d\rho d\theta = \int_0^{2\pi} d\theta \int_0^{\varphi(\theta)} f(\rho\cos\theta,\rho\sin\theta)\rho d\rho.$$

例 6 写出二重积分 $\iint\limits_D f(x,y)dxdy$ 在极坐标下的二次积分, 其中

$$D: 1-x \leqslant y \leqslant \sqrt{1-x^2}, 0 \leqslant x \leqslant 1.$$

图 12

图 13

解 画出积分区域 D,如图 13 所示.

将 $x=\rho\cos\theta, y=\rho\sin\theta$ 代入直角坐标方程,得极坐标下圆 $x^2+y^2=1$ 的方程为 $\rho=1$,直线 $x+y=1$ 的方程为 $\rho=\dfrac{1}{\sin\theta+\cos\theta}$,所以 D 可表示为

$$D: 0\leqslant\theta\leqslant\dfrac{\pi}{2},\ \dfrac{1}{\sin\theta+\cos\theta}\leqslant\rho\leqslant 1,$$

进而得

$$\iint\limits_{D}f(x,y)\mathrm{d}x\mathrm{d}y=\int_{0}^{\frac{\pi}{2}}\mathrm{d}\theta\int_{\frac{1}{\sin\theta+\cos\theta}}^{1}f(\rho\cos\theta,\rho\sin\theta)\rho\mathrm{d}\rho.$$

例 7 将二重积分 $\iint\limits_{D}f(x,y)\mathrm{d}x\mathrm{d}y$ 化成二次积分,其中 $D: x^2+y^2\leqslant 2x$.

解 因 D 与圆形域有关,故考虑化为极坐标下的二次积分.如图 14 所示,由 $x=\rho\cos\theta, y=\rho\sin\theta$ 得极坐标下 D 可表示为 $D: -\dfrac{\pi}{2}\leqslant\theta\leqslant\dfrac{\pi}{2},\ 0\leqslant\rho\leqslant 2\cos\theta$,所以

$$\iint\limits_{D}f(x,y)\mathrm{d}x\mathrm{d}y=\int_{-\frac{\pi}{2}}^{\frac{\pi}{2}}\mathrm{d}\theta\int_{0}^{2\cos\theta}f(\rho\cos\theta,\rho\sin\theta)\rho\mathrm{d}\rho.$$

例 8 计算二重积分 $\iint\limits_{D}\mathrm{e}^{-x^2-y^2}\mathrm{d}x\mathrm{d}y$,其中 D 是由圆心在原点,半径为 a 的圆周所围成的闭区域.

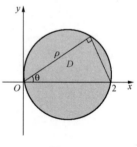

图 14

解 极坐标下有 $D: 0\leqslant\theta\leqslant 2\pi, 0\leqslant\rho\leqslant a$,故

$$\iint\limits_{D}\mathrm{e}^{-x^2-y^2}\mathrm{d}x\mathrm{d}y=\int_{0}^{2\pi}\mathrm{d}\theta\int_{0}^{a}\mathrm{e}^{-\rho^2}\rho\mathrm{d}\rho=\pi(1-\mathrm{e}^{-a^2}).$$

注 此题若用直角坐标来计算,由于 e^{-x^2} 的原函数不能由初等函数表示而无法求出.可见,化为极坐标下的二次积分在某些情况下确实是必要的.

若积分区域 D 为整个平面,这时二重积分为广义积分,积分区域既可看成圆形域又可看成方形域.如图 15 所示,记方形域为 D_2,大圆形域为 D_3,小圆形域为 D_1,则有

$$\iint\limits_{D_1} e^{-x^2-y^2}\,dxdy \leqslant \iint\limits_{D_2} e^{-x^2-y^2}\,dxdy \leqslant \iint\limits_{D_3} e^{-x^2-y^2}\,dxdy,$$

即
$$\pi(1-e^{-R^2}) \leqslant \int_{-R}^{R} e^{-x^2}\,dx \cdot \int_{-R}^{R} e^{-y^2}\,dy \leqslant \pi(1-e^{-2R^2}).$$

当 $R \to +\infty$ 时,根据定积分的值与积分变量的符号无关,可得
$$\int_{-\infty}^{+\infty} e^{-x^2}\,dx = \sqrt{\pi}.$$

此结果十分重要,在概率统计课中经常用到.

图 15

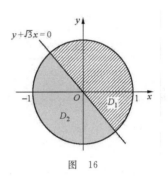
图 16

例 9 计算二重积分 $I = \iint\limits_{D} |y+\sqrt{3}x|\,dxdy$,其中 $D: x^2+y^2 \leqslant 1$.

解 如图 16 所示,直线 $y+\sqrt{3}x=0$ 把圆 $x^2+y^2 \leqslant 1$ 分成两部分:
$$D_1: -\frac{\pi}{3} \leqslant \theta \leqslant \frac{2\pi}{3},\ 0 \leqslant \rho \leqslant 1;\quad D_2: \frac{2\pi}{3} \leqslant \theta \leqslant \frac{5\pi}{3},\ 0 \leqslant \rho \leqslant 1.$$

所以
$$I = \iint\limits_{D_1} (y+\sqrt{3}x)\,dxdy - \iint\limits_{D_2} (y+\sqrt{3}x)\,dxdy$$
$$= \int_{-\frac{\pi}{3}}^{\frac{2\pi}{3}} (\sin\theta+\sqrt{3}\cos\theta)\,d\theta \int_0^1 \rho^2\,d\rho - \int_{\frac{2\pi}{3}}^{\frac{5\pi}{3}} (\sin\theta+\sqrt{3}\cos\theta)\,d\theta \int_0^1 \rho^2\,d\rho$$
$$= \frac{1}{3}\left[(\sqrt{3}\sin\theta-\cos\theta)\Big|_{-\frac{\pi}{3}}^{\frac{2\pi}{3}} - (\sqrt{3}\sin\theta-\cos\theta)\Big|_{\frac{2\pi}{3}}^{\frac{5\pi}{3}}\right] = \frac{8}{3}.$$

习 题 9.2

1. 在直角坐标系下将 $\iint\limits_{D} f(x,y)\,d\sigma$ 化为二次积分,其中

(1) $D: 1 \leqslant x^2+y^2 \leqslant 4$;

(2) D 是由抛物线 $y^2 = x$ 及直线 $y = x - 2$ 所围成的闭区域.

2. 在直角坐标系下,将二重积分 $\iint_D f(x,y) d\sigma$ 化为两种不同积分次序的二次积分,其中

(1) D 是由 x 轴及半圆周 $x^2 + y^2 = r^2 (y \geq 0)$ 所围成的闭区域;

(2) D 是由直线 $y = x, x = 2$ 及双曲线 $y = \dfrac{1}{x}$ $(x > 0)$ 所围成的闭区域.

3. 画出下列二次积分的积分区域,并交换积分次序:

(1) $\int_0^1 dx \int_0^{1-x} f(x,y) dy$;

(2) $\int_0^{2a} dx \int_{\sqrt{2ax-x^2}}^{\sqrt{2ax}} f(x,y) dy \ (a > 0)$;

(3) $\int_0^1 dx \int_0^{\sqrt{2x-x^2}} f(x,y) dy + \int_1^2 dx \int_0^{2-x} f(x,y) dy$;

(4) $\int_{e^{-2}}^1 dy \int_{-\ln y}^2 f(x,y) dx + \int_1^{1+\sqrt{2}} dy \int_{(y-1)^2}^2 f(x,y) dx$;

(5) $\int_0^1 dy \int_{\sqrt{y}}^{\sqrt{2-y}} f(x,y) dx$.

4. 在极坐标系下将 $\iint_D f(x,y) d\sigma$ 化为二次积分,其中

(1) $D: 1 \leq x^2 + y^2 \leq 4$;　　(2) $D: 0 \leq x \leq 2, x \leq y \leq \sqrt{3} x$;

(3) $D: 0 \leq x \leq 1, 0 \leq y \leq x^2$;　　(4) $D: x^2 + y^2 \leq 2y$.

5. 选择恰当的坐标系计算下列二重积分:

(1) $\iint_D (3x + 2y) d\sigma$,其中 D 是由两坐标轴及直线 $x + y = 2$ 所围成的闭区域;

(2) $\iint_D \ln(1 + x^2 + y^2) d\sigma$,其中 D 是由圆周 $x^2 + y^2 = 1$ 及坐标轴所围成的在第一象限内的闭区域;

(3) $\iint_D (x^2 + y^2) dx dy$,其中 D 是由圆周 $x^2 + y^2 = 2y, x^2 + y^2 = 4y$ 及直线 $x - \sqrt{3} y = 0$, $y - \sqrt{3} x = 0$ 所围成的闭区域;

(4) $\iint_D (x^2 + y) dx dy$,其中 D 是由抛物线 $y = x^2$ 和 $x = y^2$ 所围成的闭区域;

(5) $\iint_D x^2 e^{-y^2} dx dy$,其中 D 是以 $(0,0), (1,1), (0,1)$ 为顶点的三角形闭区域;

(6) $\iint\limits_{D}(x+y)\mathrm{d}x\mathrm{d}y$,其中 D：$x^2+y^2 \leqslant x+y$；

(7) $\iint\limits_{D}y\mathrm{d}x\mathrm{d}y$,其中 D 是由直线 $x=-1, y=0, y=2$ 与曲线 $x=-\sqrt{2y-y^2}$ 所围成的闭区域；

(8) $\iint\limits_{D}(x^2+y^2)^{-\frac{1}{2}}\mathrm{d}x\mathrm{d}y$,其中 D 是由抛物线 $y=x^2$ 与直线 $y=x$ 所围成的闭区域；

(9) $\iint\limits_{D}\sqrt{|y-x^2|}\mathrm{d}x\mathrm{d}y$,$D$：$-1 \leqslant x \leqslant 1, 0 \leqslant y \leqslant 2$；

(10) $\iint\limits_{D}|x^2+y^2-2|\mathrm{d}\sigma$,$D$：$x^2+y^2 \leqslant 3$；

(11) $\iint\limits_{D}x[1+yf(x^2+y^2)]\mathrm{d}x\mathrm{d}y$,其中 D 是由曲线 $y=x^3$ 与直线 $y=1, x=-1$ 所围成的闭区域，f 是连续函数；

(12) $\iint\limits_{D}(\sqrt{x^2+y^2}+y)\mathrm{d}x\mathrm{d}y$,其中 D 是由圆周 $x^2+y^2=4$ 和 $(x+1)^2+y^2=1$ 所围成的闭区域．

6. 求曲面 $z=x^2+2y^2$ 与 $z=6-2x^2-y^2$ 所围成的立体体积．

7. 计算以 Oxy 平面上圆周 $x^2+y^2=ax$ 所围成的闭区域为底，而以曲面 $z=x^2+y^2$ 为顶的曲顶柱体的体积．

§9.3 三重积分的概念与计算

一、三重积分的概念

现将二重积分的概念加以推广，得到空间中三重积分的概念．

定义 设 $f(x,y,z)$ 为空间有界闭区域 Ω 上的有界函数，将闭区域 Ω 任意分成 n 个小闭区域 $\Delta v_i (i=1,2,\cdots,n)$，$\Delta v_i$ 既表示第 i 个小区域本身又表示它的体积．在每个 Δv_i 上任取一点 (ξ_i, η_i, ζ_i)．当 $\Delta v_i (i=1,2,\cdots,n)$ 中的最大直径 λ 趋于零时，若 $\sum\limits_{i=1}^{n} f(\xi_i, \eta_i, \zeta_i)\Delta v_i$ 的极限存在，则称此极限值为函数 $f(x,y,z)$ 在区域 Ω 上的**三重积分**，记作 $\iiint\limits_{\Omega} f(x,y,z)\mathrm{d}v$，即

$$\iiint\limits_{\Omega} f(x,y,z)\mathrm{d}v = \lim_{\lambda \to 0} \sum_{i=1}^{n} f(\xi_i, \eta_i, \zeta_i)\Delta v_i,$$

其中称 $f(x,y,z)$ 为**被积函数**，$f(x,y,z)\mathrm{d}v$ 为**积分表达式**，$\mathrm{d}v$ 为**体积元素**，x,y,z 为积分变

量,Ω 为积分区域,$\sum_{i=1}^{n} f(\xi_i, \eta_i, \zeta_i)\Delta v_i$ 为**积分和**. 这时也称函数 $f(x,y,z)$ 在区域 Ω 上**可积**.

在上述定义中,闭区域 Ω 的划分是任意的. 但在函数可积的情况下,与二重积分类似,在直角坐标系中常常用平行于三个坐标平面的平面来分割区域,此时体积元素为 $dv=dxdydz$,所以三重积分常常记作

$$\iiint_{\Omega} f(x,y,z)dxdydz.$$

类似于定积分与二重积分的存在性,空间有界闭区域上的连续函数在该区域上的三重积分必存在. 以下如不特殊说明,假定讨论的三重积分都存在.

三重积分一般情况的几何意义出现在四维空间,这里不作探讨. 在特殊情况下,例如当在 Ω 上 $f(x,y,z)\equiv 1$ 时,$\iiint_{\Omega} f(x,y,z)dv = \iiint_{\Omega} dv$ 为立体 Ω 的体积.

三重积分的性质与二重积分的性质相对应,结论类似,如线性性、单调性、区域可加性等,这里不再重复.

类似于二重积分的计算,三重积分的计算在一般情况下需化为三次积分来进行.

二、三重积分的计算

(一) 直角坐标系下三重积分的计算

下面介绍两种化三重积分为三次积分的方法,其中仅限于叙述,不作严格证明.

第一种方法是化三重积分为先定积分后二重积分,叫作**投影法**,也叫**"先一后二"法**. 具体如下:

图 1

设三重积分 $\iiint_{\Omega} f(x,y,z)dxdydz$ 的积分区域 Ω 可表示如下:

$$\Omega: z_1(x,y) \leqslant z \leqslant z_2(x,y), \quad (x,y) \in D_{xy},$$

其中 D_{xy} 为 Ω 在 Oxy 平面上的投影区域,它是 Oxy 平面上的有界闭区域,$z_1(x,y)$ 和 $z_2(x,y)$ 都在 D_{xy} 上连续. 这时 Ω 的特点是:过区域 D_{xy} 内任一点 (x,y),作平行于 z 轴的直线,则直线与 Ω 的边界最多有两个交点. 这样的 Ω 其边界可分为三部分:一部分是以 D_{xy} 的边界为准线,母线平行于 z 轴的柱面,另外两部分则是上、下边界面(图1).

在计算三重积分 $\iiint_{\Omega} f(x,y,z)dxdydz$ 时,先将 x,y 看作定值,则 $f(x,y,z)$ 为 z 的函数.

定积分 $\int_{z_1(x,y)}^{z_2(x,y)} f(x,y,z)\mathrm{d}z$ 的结果用 x,y 表示，可看作以 x,y 为自变量的函数，记为 $F(x,y)$. 然后，在 D_{xy} 上对 $F(x,y)$ 作二重积分：

$$\iint\limits_{D_{xy}} F(x,y)\mathrm{d}x\mathrm{d}y = \iint\limits_{D_{xy}}\left[\int_{z_1(x,y)}^{z_2(x,y)} f(x,y,z)\mathrm{d}z\right]\mathrm{d}x\mathrm{d}y.$$

上式就是要找的先定积分后二重积分的投影法计算公式，即

$$\iiint\limits_{\Omega} f(x,y,z)\mathrm{d}v = \iint\limits_{D_{xy}}\left[\int_{z_1(x,y)}^{z_2(x,y)} f(x,y,z)\mathrm{d}z\right]\mathrm{d}\sigma,$$

常常记为

$$\iiint\limits_{\Omega} f(x,y,z)\mathrm{d}v = \iint\limits_{D_{xy}} \mathrm{d}x\mathrm{d}y \int_{z_1(x,y)}^{z_2(x,y)} f(x,y,z)\mathrm{d}z. \qquad ①$$

若区域 D_{xy} 为 X 型区域，即 $D_{xy}: a\leqslant x\leqslant b, y_1(x)\leqslant y\leqslant y_2(x)$，则公式①可进一步化为**先对 z，再对 y，后对 x 的三次积分**：

$$\iiint\limits_{\Omega} f(x,y,z)\mathrm{d}v = \int_a^b \mathrm{d}x \int_{y_1(x)}^{y_2(x)} \mathrm{d}y \int_{z_1(x,y)}^{z_2(x,y)} f(x,y,z)\mathrm{d}z;$$

若区域 D_{xy} 为 Y 型区域，即 $D_{xy}: c\leqslant y\leqslant d, x_1(y)\leqslant x\leqslant x_2(y)$，则公式①可化为**先对 z，再对 x，后对 y 的三次积分**：

$$\iiint\limits_{\Omega} f(x,y,z)\mathrm{d}v = \int_c^d \mathrm{d}y \int_{x_1(y)}^{x_2(y)} \mathrm{d}x \int_{z_1(x,y)}^{z_2(x,y)} f(x,y,z)\mathrm{d}z.$$

若区域 D_{xy} 可在极坐标系下表示为

$$D_{xy}: \alpha\leqslant\theta\leqslant\beta, \varphi_1(\theta)\leqslant\rho\leqslant\varphi_2(\theta),$$

则由 §9.2 中的公式④，可将公式①化为**先对 z，再对 ρ，后对 θ 的三次积分**：

$$\iiint\limits_{\Omega} f(x,y,z)\mathrm{d}v = \iint\limits_{D_{xy}} \rho\mathrm{d}\rho\mathrm{d}\theta \int_{z_1'(\rho,\theta)}^{z_2'(\rho,\theta)} f(\rho\cos\theta,\rho\sin\theta,z)\mathrm{d}z$$

$$= \int_\alpha^\beta \mathrm{d}\theta \int_{\varphi_1(\theta)}^{\varphi_2(\theta)} \rho\mathrm{d}\rho \int_{z_1'(\rho,\theta)}^{z_2'(\rho,\theta)} f(\rho\cos\theta,\rho\sin\theta,z)\mathrm{d}z,$$

其中 $z_1'(\rho,\theta)=z_1(\rho\cos\theta,\rho\sin\theta), z_2'(\rho,\theta)=z_2(\rho\cos\theta,\rho\sin\theta)$.

可见，与二次积分类似，三次积分是依次进行的三个定积分，且积分上、下限仍然按"由小到大"的原则确定.

如果有界闭区域 Ω 被平行于 x 轴（或 y 轴）的直线穿过时，直线与 Ω 边界的交点不多于两个，则三重积分也可化为其他相应的"先一后二"的积分，进而化为三次积分.

对于空间区域 Ω,若平行于坐标轴的直线穿过 Ω 时,直线与 Ω 的边界至多有两个交点,则称其为**简单区域**.而复杂的有界空间区域总可分割成有限个简单区域,进而可以由积分区域可加性解决其上的积分问题.

例1 化 $I = \iiint\limits_{\Omega} f(x,y,z) \mathrm{d}x\mathrm{d}y\mathrm{d}z$ 为三次积分,其中 Ω 是由曲面 $z=xy$ 与平面 $x+y-1=0$, $z=0$ 所围成的空间闭区域.

分析 如图2所示,区域 Ω 在 Oxy 平面的投影区域为三角形区域 D_{xy},过 D_{xy} 内任一点且平行于 z 轴的直线与 Ω 边界的交点不多于两个,故可以用投影法.

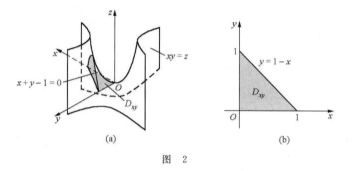

图 2

解 如图2(a)所示,Ω 的上边界面为 $z=xy$,下边界面为 $z=0$,它在 Oxy 平面上的投影区域为 $D_{xy}: 0 \leqslant x \leqslant 1, 0 \leqslant y \leqslant 1-x$(图2(b)),于是

$$\Omega: 0 \leqslant z \leqslant xy,\ 0 \leqslant x \leqslant 1,\ 0 \leqslant y \leqslant 1-x,$$

所以

$$I = \iint\limits_{D_{xy}} \mathrm{d}x\mathrm{d}y \int_0^{xy} f(x,y,z)\mathrm{d}z = \int_0^1 \mathrm{d}x \int_0^{1-x} \mathrm{d}y \int_0^{xy} f(x,y,z)\mathrm{d}z.$$

例2 计算 $I = \iiint\limits_{\Omega} \dfrac{1}{x^2+y^2+1} \mathrm{d}x\mathrm{d}y\mathrm{d}z$,其中 Ω 是由锥面 $x^2+y^2 = z^2$ 与平面 $z=1$ 所围成的空间闭区域.

解 如图3所示,区域 Ω 的上边界面为 $z=1$,下边界面为 $z=\sqrt{x^2+y^2}$,它在 Oxy 平面上的投影区域为 $D_{xy}: x^2+y^2 \leqslant 1$,所以

$$I = \iint\limits_{D_{xy}} \mathrm{d}x\mathrm{d}y \int_{\sqrt{x^2+y^2}}^1 \frac{1}{x^2+y^2+1}\mathrm{d}z = \iint\limits_{D_{xy}} \frac{1-\sqrt{x^2+y^2}}{x^2+y^2+1}\mathrm{d}x\mathrm{d}y$$

$$\xrightarrow{\text{极坐标}} \int_0^{2\pi} \mathrm{d}\theta \int_0^1 \frac{\rho-\rho^2}{1+\rho^2}\mathrm{d}\rho = \pi\left(\ln 2 - 2 + \frac{\pi}{2}\right).$$

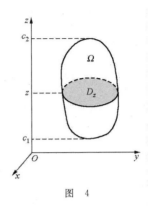

图 3　　　　　　　　　图 4

第二种方法是化三重积分为先二重积分后定积分，叫作**截面法**，或**"先二后一"法**. 具体如下：

设空间区域 Ω：$c_1 \leqslant z \leqslant c_2$，$(x,y) \in D_z$，其中 D_z 是过点 $(0,0,z)$ 且平行于 Oxy 平面的平面截 Ω 所得的平面闭区域(图 4)，则

$$\iiint_\Omega f(x,y,z)\mathrm{d}v = \int_{c_1}^{c_2}\mathrm{d}z\iint_{D_z} f(x,y,z)\mathrm{d}x\mathrm{d}y. \qquad ②$$

同样，若 D_z 为直角坐标系下的 X 型区域或 Y 型区域，则公式②中的二重积分可化为二次积分，进而三重积分就化成三次积分. 另外，若 D_z 用极坐标表示，则公式②变为

$$\iiint_\Omega f(x,y,z)\mathrm{d}v = \int_{c_1}^{c_2}\mathrm{d}z\iint_{D_z} f(\rho\cos\theta, \rho\sin\theta, z)\rho\mathrm{d}\rho\mathrm{d}\theta,$$

进一步可化为三次积分.

对于平行于其他坐标平面作积分区域截面的情况，同理可得相应"先二后一"的积分.

例 3　计算三重积分 $\iiint_\Omega z\mathrm{d}x\mathrm{d}y\mathrm{d}z$，其中 Ω 是由三个坐标平面与平面 $x+y+z=1$ 所围成的空间闭区域.

解　如图 5(a)所示，用过点 $(0,0,z)$ 且平行于 Oxy 平面的平面截区域 Ω 得截面 D_z，它在 Oxy 平面上的投影是由 x 轴，y 轴和直线 $x+y=1-z$ 所围成的等腰直角三角形区域 (图 5(b))，又区域 Ω 中点的竖坐标变化范围是 $0 \leqslant z \leqslant 1$，所以

$$\iiint_\Omega z\mathrm{d}x\mathrm{d}y\mathrm{d}z = \int_0^1 z\mathrm{d}z\iint_{D_z}\mathrm{d}x\mathrm{d}y.$$

而 $\iint_{D_z}\mathrm{d}x\mathrm{d}y = \dfrac{1}{2}(1-z)^2$，故

$$\iiint_\Omega z\mathrm{d}x\mathrm{d}y\mathrm{d}z = \int_0^1 z \cdot \frac{1}{2}(1-z)^2\mathrm{d}z = \frac{1}{24}.$$

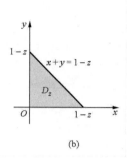

图 5

注 此题亦可用投影法来计算.

例 4 计算三重积分 $\iiint\limits_{\Omega} z\,\mathrm{d}x\mathrm{d}y\mathrm{d}z$,其中 Ω 是上半椭球体 $\dfrac{x^2}{a^2}+\dfrac{y^2}{b^2}+\dfrac{z^2}{c^2}\leqslant 1(z\geqslant 0)$.

解 用过点 $(0,0,z)$ 且平行于 Oxy 平面的平面截区域 Ω 得截面 D_z: $\dfrac{x^2}{a^2}+\dfrac{y^2}{b^2}\leqslant 1-\dfrac{z^2}{c^2}$,又区域 Ω 中点的竖坐标变化范围是 $0\leqslant z\leqslant c$,所以

$$\iiint\limits_{\Omega} z\,\mathrm{d}x\mathrm{d}y\mathrm{d}z = \int_0^c z\,\mathrm{d}z \iint\limits_{D_z} \mathrm{d}x\mathrm{d}y.$$

而

$$\iint\limits_{D_z} \mathrm{d}x\mathrm{d}y = S_{D_z} = \pi\sqrt{a^2\left(1-\dfrac{z^2}{c^2}\right)}\sqrt{b^2\left(1-\dfrac{z^2}{c^2}\right)} = \pi ab\left(1-\dfrac{z^2}{c^2}\right)$$

(S_{D_z} 为平面区域 D_z 的面积),故

$$\iiint\limits_{\Omega} z\,\mathrm{d}x\mathrm{d}y\mathrm{d}z = \int_0^c \pi ab\left(1-\dfrac{z^2}{c^2}\right)z\,\mathrm{d}z = \dfrac{1}{4}\pi abc^2.$$

(二) 柱面坐标下三重积分的计算

先介绍柱面坐标的概念. 给定空间的一点 $P(x,y,z)$,它在 Oxy 平面上的投影点为 $Q(x,y,0)$. 设点 Q 在 Oxy 平面上的极坐标表示为 (ρ,θ),则空间中的点 P 就可以用有序数组 (ρ,θ,z) 来表示(图 6). 称 ρ,θ,z 为点 P 的**柱面坐标**. 显然,点 P 的柱面坐标与直角坐标的变换关系为

$$\begin{cases} x = \rho\cos\theta, & 0 \leqslant \rho < +\infty, \\ y = \rho\sin\theta, & 0 \leqslant \theta \leqslant 2\pi, \\ z = z, & -\infty < z < +\infty. \end{cases} \qquad ③$$

与极坐标一样,在柱面坐标下,某些曲面可以表示得非常简单. 例如,圆柱面 $x^2+y^2=\rho_c^2$ 在柱面坐标下表示为 $\rho=\rho_c$ (ρ_c 为正常数). 这也正是我们引入柱面坐标的主要意义.

图 6

§9.3 三重积分的概念与计算

下面讨论利用柱面坐标来计算三重积分.

用柱面坐标来计算三重积分,其实就是投影法中将三重积分化为

$$\iint\limits_{D_{xy}} \mathrm{d}x\mathrm{d}y = \int_{z_1(x,y)}^{z_2(x,y)} f(x,y,z)\mathrm{d}z = \iint\limits_{D_{xy}} g(x,y)\mathrm{d}x\mathrm{d}y \qquad ④$$

后,再用极坐标来计算二重积分,故体积元素为

$$\mathrm{d}v = \rho\mathrm{d}\rho\mathrm{d}\theta\mathrm{d}z.$$

所以,若函数 $f(x,y,z)$ 在 Ω 上可积,则有公式

$$\iiint\limits_{\Omega} f(x,y,z)\mathrm{d}x\mathrm{d}y\mathrm{d}z = \iiint\limits_{\Omega} f(\rho\cos\theta,\rho\sin\theta,z)\rho\mathrm{d}\rho\mathrm{d}\theta\mathrm{d}z. \qquad ⑤$$

如果积分区域 Ω 可表示为

$$\Omega: \alpha \leqslant \theta \leqslant \beta, \rho_1(\theta) \leqslant \rho \leqslant \rho_2(\theta), z_1(\rho,\theta) \leqslant z \leqslant z_2(\rho,\theta),$$

那么进一步可将上述公式化为三次积分:

$$\iiint\limits_{\Omega} f(x,y,z)\mathrm{d}x\mathrm{d}y\mathrm{d}z = \int_{\alpha}^{\beta}\mathrm{d}\theta\int_{\rho_1(\theta)}^{\rho_2(\theta)}\mathrm{d}\rho\int_{z_1(\rho,\theta)}^{z_2(\rho,\theta)} f(\rho\cos\theta,\rho\sin\theta,z)\rho\mathrm{d}z. \qquad ⑥$$

例 5 计算三重积分 $I = \iiint\limits_{\Omega}(x^2+y^2)\mathrm{d}x\mathrm{d}y\mathrm{d}z$,其中 Ω 是由圆柱面 $x^2+y^2=a^2$ 与平面 $z=0, z=h(h>0)$ 所围成的空间闭区域.

解 在柱面坐标下,Ω 的上、下边界面分别为 $z=h$ 和 $z=0$.

如图 7 所示,Ω 在 Oxy 平面上的投影区域为 $D: 0\leqslant\rho\leqslant a, 0\leqslant\theta\leqslant 2\pi$. 在柱面坐标下,有

$$\Omega: 0\leqslant\rho\leqslant a, 0\leqslant\theta < 2\pi, 0\leqslant z\leqslant h,$$

则

$$\iiint\limits_{\Omega}(x^2+y^2)\mathrm{d}x\mathrm{d}y\mathrm{d}z = \iiint\limits_{\Omega}\rho^2\cdot\rho\mathrm{d}\rho\mathrm{d}\theta\mathrm{d}z = \int_0^{2\pi}\mathrm{d}\theta\int_0^a\rho^3\mathrm{d}\rho\int_0^h\mathrm{d}z$$

$$= \int_0^{2\pi}\mathrm{d}\theta\cdot\int_0^a\rho^3\mathrm{d}\rho\cdot\int_0^h\mathrm{d}z = \frac{1}{2}\pi ha^4.$$

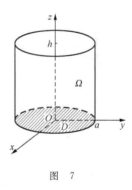

图 7

(三) 球面坐标下三重积分的计算

还可以引进空间点的球面坐标,并利用它来简化三重积分的计算.

设 $M(x,y,z)$ 为空间中一点,r 为点 M 到原点 O 的距离,φ 为 z 轴正半轴与射线 OM 的夹角,θ 为 x 轴正半轴与射线 OM 在 Oxy 平面上的投影 OP 的夹角(图 8),则点 M 可用有序数组 (r,φ,θ) 来表示. 称 r,φ,θ 为点 M 的**球面坐标**. 同一点的直角坐标与球面坐标有如下变换关系:

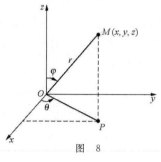

图 8

$$\begin{cases} x = r\sin\varphi\cos\theta, & 0 \leqslant r < +\infty, \\ y = r\sin\varphi\sin\theta, & 0 \leqslant \theta \leqslant 2\pi, \\ z = r\cos\varphi, & 0 \leqslant \varphi \leqslant \pi. \end{cases} \quad ⑦$$

同样,某些曲面方程在球面坐标下具有较简单的形式,这有利于三重积分的计算.例如,$r=r_0$(r_0 为常数)表示以原点为球心,r_0 为半径的球面;$\varphi=\varphi_0$(φ_0 为常数)表示以原点为顶点,z 轴为中心轴,φ_0 为半顶角的圆锥面;$\theta=\theta_0$(θ_0 为常数)表示过 z 轴且与 x 轴正半轴的夹角为 θ_0 的半平面.

在球面坐标下,体积微元 $\mathrm{d}v$ 的几何表示见图 9,可看出

$$\mathrm{d}v = r^2\sin\varphi \mathrm{d}r\mathrm{d}\varphi\mathrm{d}\theta,$$

于是若函数 $f(x,y,z)$ 在 Ω 上可积,可得

$$\iiint\limits_{\Omega} f(x,y,z)\mathrm{d}x\mathrm{d}y\mathrm{d}z = \iiint\limits_{\Omega'} f(r\sin\varphi\cos\theta, r\sin\varphi\sin\theta, r\cos\varphi)r^2\sin\varphi\mathrm{d}r\,\mathrm{d}\varphi\mathrm{d}\theta. \quad ⑧$$

图 9

若球面坐标下空间区域 Ω 可表示为

$$\Omega: \alpha_1 \leqslant \theta \leqslant \alpha_2, \beta_1(\theta) \leqslant \varphi \leqslant \beta_2(\theta), r_1(\theta,\varphi) \leqslant r \leqslant r_2(\theta,\varphi),$$

则有

$$\iiint\limits_{\Omega} f(x,y,z)\mathrm{d}x\mathrm{d}y\mathrm{d}z = \int_{\alpha_1}^{\alpha_2}\mathrm{d}\theta\int_{\beta_1(\theta)}^{\beta_2(\theta)}\mathrm{d}\varphi\int_{r_1(\varphi,\theta)}^{r_2(\varphi,\theta)} f(r\sin\varphi\cos\theta, r\sin\varphi\sin\theta, r\cos\varphi)r^2\sin\varphi\mathrm{d}r. \quad ⑨$$

特别地,若积分区域 Ω 是以原点为球心,a 为半径的球体,即

$$\Omega: 0 \leqslant \theta \leqslant 2\pi, 0 \leqslant \varphi \leqslant \pi, 0 \leqslant r \leqslant a,$$

且在 Ω 上 $f(x,y,z)\equiv 1$,则代入⑨式得

$$V_\Omega = \iiint\limits_{\Omega}\mathrm{d}x\mathrm{d}y\mathrm{d}z = \int_0^{2\pi}\mathrm{d}\theta\int_0^{\pi}\mathrm{d}\varphi\int_0^a r^2\sin\varphi\mathrm{d}r = \frac{4}{3}\pi a^3.$$

这正是球的体积公式.

例 6 如图 10 所示,空间区域 Ω 由球面与锥面围成,其中球面的球心在 $(0,0,a)$,半径为 a,锥面的半顶角为 α,求 Ω 的体积.

解 Ω 的上边界面为球面,其方程为 $x^2+y^2+(z-a)^2=a^2$,它在球面坐标下的方程为 $r=2a\cos\varphi$,Ω 的下边界面是锥面,其球面坐标方程为 $\varphi=\alpha$,所以区域 Ω 在球面坐标下可表示为

$$\Omega: 0 \leqslant \theta \leqslant 2\pi,\ 0 \leqslant \varphi \leqslant \alpha,\ 0 \leqslant r \leqslant 2a\cos\varphi.$$

于是,由公式⑨得 Ω 的体积为

$$V = \iiint\limits_{\Omega} \mathrm{d}x\mathrm{d}y\mathrm{d}z = \int_0^{2\pi} \mathrm{d}\theta \int_0^{\alpha} \mathrm{d}\varphi \int_0^{2a\cos\varphi} r^2 \sin\varphi \mathrm{d}r$$

$$= \frac{2\pi}{3} \int_0^{\alpha} \sin\varphi \cdot r^3 \Big|_0^{2a\cos\varphi} \mathrm{d}\varphi = \frac{4\pi}{3} a^3 (1 - \cos^4 \alpha).$$

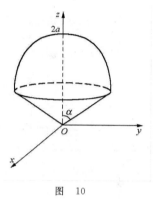

图 10

注 在积分区域 Ω 是与球域有关的区域,或者被积函数中有 $x^2+y^2+z^2$ 等形式的情况下,用球面坐标计算三重积分通常比较简便.

习 题 9.3

1. 将三重积分 $\iiint\limits_{\Omega} f(x,y,z)\mathrm{d}v$ 化为三次积分,其中

(1) Ω 是由球面 $x^2+y^2+z^2=a^2$ 和 $x^2+y^2+(z-a)^2=a^2$ 所围球体的公共部分;

(2) Ω 是由曲面 $x^2+y^2=z^2$ 与平面 $z=1$ 所围成的空间闭区域;

(3) Ω 是由曲面 $x^2+y^2=R^2$ 与平面 $z=0, z=H(H>0)$ 所围成的空间闭区域.

2. 证明:若 $f(x,y,z)=f_1(x)f_2(y)f_3(z)$,区域 $\Omega: a \leqslant x \leqslant b, c \leqslant y \leqslant d, h \leqslant z \leqslant g$,则

$$\iiint\limits_{\Omega} f(x,y,z)\mathrm{d}x\mathrm{d}y\mathrm{d}z = \int_a^b f_1(x)\mathrm{d}x \cdot \int_c^d f_2(y)\mathrm{d}y \cdot \int_h^g f_3(z)\mathrm{d}z.$$

3. 分别用截面法和投影法计算三重积分 $I = \iiint\limits_{\Omega} z^2 \mathrm{d}x\mathrm{d}y\mathrm{d}z$,其中 Ω 为由三个坐标平面与平面 $x+y+z=1, x+y+z=2$ 所围成的空间闭区域.

4. 计算三重积分 $I = \iiint\limits_{\Omega} y\mathrm{d}v$,其中 Ω 是以 Oxy 平面上由曲线 $y=x^2$ 与直线 $y=0, x=1$ 围成的平面区域为底,平面 $z=x+2y$ 为顶的曲顶柱体.

5. 用截面法和投影法分别计算三重积分 $I = \iiint\limits_{\Omega} z\mathrm{d}v$,其中 Ω 是由曲面 $z=4x^2+4y^2$ 与平面 $z=4$ 所围成的空间闭区域.

6. 分别用截面法和投影法计算三重积分 $I = \iiint\limits_{\Omega} \sin z \, dv$,其中 Ω 是由曲面 $z = \sqrt{x^2+y^2}$ 与平面 $z = \pi$ 所围成的空间闭区域.

7. 分别用截面法和投影法计算三重积分 $I = \iiint\limits_{\Omega} z \, dx dy dz$,其中 Ω 是球面 $x^2+y^2+z^2 = 4$ 与抛物面 $x^2+y^2 = 3z$ 所围成的凸闭区域.

8. 将下列三次积分的积分区域表示成球面坐标或柱面坐标的形式:

(1) $\int_0^1 dy \int_0^{\sqrt{1-y^2}} dx \int_{x^2+y^2}^{\sqrt{x^2+y^2}} f(x,y,z) dz$;

(2) $\int_0^3 dy \int_0^{\sqrt{9-y^2}} dx \int_{\sqrt{x^2+y^2}}^{\sqrt{18-x^2-y^2}} f(x,y,z) dz$.

9. 计算三重积分 $I = \iiint\limits_{\Omega} x e^{(x^2+y^2+z^2)^2} dv$,其中 Ω 是第一卦限中夹在球面 $x^2+y^2+z^2 = 1$ 与 $x^2+y^2+z^2 = 4$ 之间的空间闭区域.

10. 计算三重积分 $I = \iiint\limits_{\Omega} (x^2+y^2+z^2) dv$,其中 Ω 是由曲面 $z = \sqrt{R^2-x^2-y^2}$ 与 $z = \sqrt{x^2+y^2}$ 所围成的空间闭区域.

11. 计算三重积分 $I = \iiint\limits_{\Omega} z \, dx dy dz$,其中 Ω 是球面 $x^2+y^2+z^2 = 2z$ 所围成的球体.

12. 利用对称性计算三重积分 $I = \iiint\limits_{\Omega} \frac{xyz}{1+x^2+y^2+z^2} dv$,其中 $\Omega: x \geqslant 0, z \geqslant 0, x^2+y^2+z^2 \leqslant 1$.

13. 利用对称性计算三重积分 $I = \iiint\limits_{\Omega} \frac{z \ln(x^2+y^2+z^2+1)}{x^2+y^2+z^2+1} dx dy dz$,其中 $\Omega: x^2+y^2+z^2 \leqslant 1$.

§9.4 重积分的应用

本节将利用重积分解决一些实际的问题,其中所用的思想方法是积分学中的元素法.

一、立体的体积

设有空间有界闭区域 Ω,均匀分割后,任意取小闭区域 Δv,它对应的体积元素为 dv,则 Ω 的体积为

$$V = \iiint\limits_{\Omega} dv.$$

例 1 设 Ω 是椭球体 $\dfrac{x^2}{a^2}+\dfrac{y^2}{b^2}+\dfrac{z^2}{c^2}\leqslant 1$ $(a,b,c>0)$,求 Ω 的体积.

解 因为 Ω 可表示为 $\Omega:-c\leqslant z\leqslant c,(x,y)\in D_z$,其中 $D_z:\dfrac{x^2}{a^2}+\dfrac{y^2}{b^2}\leqslant 1-\dfrac{z^2}{c^2}$,所以 Ω 的体积为

$$V=\iiint\limits_{\Omega}\mathrm{d}v=\int_{-c}^{c}\mathrm{d}z\iint\limits_{D_z}\mathrm{d}x\mathrm{d}y,$$

而

$$\iint\limits_{D_z}\mathrm{d}x\mathrm{d}y=S_{D_z}=\pi\sqrt{a^2\left(1-\dfrac{z^2}{c^2}\right)}\sqrt{b^2\left(1-\dfrac{z^2}{c^2}\right)}=\pi ab\left(1-\dfrac{z^2}{c^2}\right),$$

故

$$V=\int_{-c}^{c}\pi ab\left(1-\dfrac{z^2}{c^2}\right)\mathrm{d}z=\dfrac{4}{3}\pi abc.$$

注 此例的椭球体有一般性,所以结论可作为公式.

当然,由二重积分几何意义知,二重积分也可用来求空间立体的体积,但由于其积分表达式不如三重积分简单,计算方法不如三重积分灵活,因而多用三重积分来求立体的体积.

二、空间曲面的面积

问题:设 $\Sigma:z=f(x,y)$ 为空间可求面积的曲面,Σ 在 Oxy 平面的投影区域为 D_{xy},函数 $z=f(x,y)$ 在 D_{xy} 上具有连续偏导数(称为**光滑曲面**),求空间曲面 Σ 的面积 S.

如图 1 所示,由元素法思想,任取 D_{xy} 上的小区域 $\mathrm{d}\sigma$.在 $\mathrm{d}\sigma$ 上任取点 $P(x,y)$,则 $P(x,y)$ 在空间曲面 Σ 上对应点 $M(x,y,f(x,y))$.过点 $M(x,y,f(x,y))$ 作切平面 Π.以 $\mathrm{d}\sigma$ 的边界为准线,作母线平行于 z 轴的小柱面,截曲面 Σ 为 ΔS,截切平面 Π 为 $\mathrm{d}S$(这里 $\mathrm{d}\sigma,\Delta S,\mathrm{d}S$ 同时表示相应的面的面积).

图 1

图 2

当 $d\sigma$ 很小时,$\Delta S \approx dS$,从而可用 dS 近似代替 ΔS. 曲面 Σ 上过点 M 的向上法向量 $\boldsymbol{n}$ 与 z 轴的交角设为方向角 γ,则切平面 Π 与 Oxy 平面的交角等于 γ(图 2). 又 $d\sigma$ 为 dS 在 Oxy 平面的投影区域,则其面积关系为

$$d\sigma = dS \cdot \cos\gamma.$$

由第八章§8.6 的讨论知,当法向量 $\boldsymbol{n}$ 与 z 轴的夹角 γ 是锐角时,$\boldsymbol{n}$ 可表示为 $(-z_x, -z_y, 1)$,所以 $\boldsymbol{n}$ 对 z 轴的方向余弦为

$$\cos\gamma = \frac{1}{\sqrt{1+z_x^2+z_y^2}}.$$

因此,曲面 Σ 上的面积元素为

$$dS = \sqrt{1+z_x^2+z_y^2}\, d\sigma = \sqrt{1+z_x^2+z_y^2}\, dxdy, \qquad ①$$

从而曲面 Σ 的面积为

$$S = \iint_{D_{xy}} \sqrt{1+z_x^2+z_y^2}\, dxdy. \qquad ②$$

同理,若曲面 Σ 的方程为 $x=g(y,z)$,可将 Σ 向 Oyz 平面投影得区域 D_{yz},于是曲面 Σ 的面积为

$$S = \iint_{D_{yz}} \sqrt{1+x_y^2+x_z^2}\, dydz;$$

若曲面 Σ 的方程为 $y=h(z,x)$,可将 Σ 向 Ozx 平面投影得区域 D_{zx},于是曲面 Σ 的面积为

$$S = \iint_{D_{zx}} \sqrt{1+y_z^2+y_x^2}\, dzdx.$$

例 2 求球面 $x^2+y^2+z^2=a^2\,(a>0)$ 被柱面 $x^2+y^2=ax$ 所截得的那部分的面积.

解 设 Σ 为所截得的曲面,S 为 Σ 的面积,Σ_1 为 Σ 在第一卦限的部分曲面(图 3),S_1 为 Σ_1 的面积. 易知 Σ_1 在 Oxy 平面上的投影区域为

$$D_{xy}: x^2+y^2 \leqslant ax \quad (x,y \geqslant 0),$$

即

$$D_{xy}: 0 \leqslant \theta \leqslant \frac{\pi}{2},\ 0 \leqslant \rho \leqslant a\cos\theta.$$

而 Σ_1 的方程为 $z=\sqrt{a^2-x^2-y^2}\ (x,y \geqslant 0)$,于是

$$\sqrt{1+z_x^2+z_y^2} = \frac{a}{\sqrt{a^2-x^2-y^2}}.$$

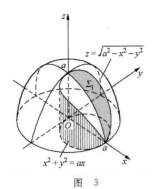

图 3

由 S 的对称性有 $S=4S_1$,再由公式②得

§ 9.4 重积分的应用

$$S = 4\iint_{D_{xy}} \sqrt{1+z_x^2+z_y^2}\,\mathrm{d}x\mathrm{d}y = 4\iint_{D_{xy}} \frac{a}{\sqrt{a^2-x^2-y^2}}\,\mathrm{d}x\mathrm{d}y$$

$$= 4a\int_0^{\frac{\pi}{2}}\mathrm{d}\theta\int_0^{a\cos\theta}\frac{1}{\sqrt{a^2-\rho^2}}\rho\mathrm{d}\rho = 2a^2(\pi-2).$$

三、质心

设在 Oxy 平面上有 n 个离散质点,分别位于 (x_k,y_k),其质量分别为 $m_k(k=1,2,\cdots,n)$. 这 n 个质点构成一个质点系. 由力学知识知道,该质点系的**质心**坐标为

$$\overline{x} = \frac{\sum\limits_{k=1}^{n}x_k m_k}{\sum\limits_{k=1}^{n}m_k}, \quad \overline{y} = \frac{\sum\limits_{k=1}^{n}y_k m_k}{\sum\limits_{k=1}^{n}m_k}.$$

上两式的分子分别叫作该质点系对 y 轴和对 x 轴的**静矩**,分别记为 M_y, M_x;它们的分母 $\sum\limits_{k=1}^{n}m_k$ 为该质点系的总质量. 同理,有三维空间离散质点系的质心公式.

上面给出的是离散质点质心的求法,下面对连续质点的质心进行讨论.

设一薄片在 Oxy 平面上所占的有界闭区域为 D,它的面密度 $\mu(x,y)$ 在 D 上连续,下面来讨论这一平面薄片的质心.

任取 D 上的小区域 $\Delta\sigma$,$\Delta\sigma$ 的面积为 $\mathrm{d}\sigma$. 当 $\Delta\sigma$ 的直径充分小时,用点 $(x,y)\in\Delta\sigma$ 处的密度 $\mu(x,y)$ 近似代替 $\Delta\sigma$ 上变化的密度,则有质量元素

$$\mathrm{d}m = \mu(x,y)\mathrm{d}\sigma$$

和静矩元素

$$\mathrm{d}M_y = x\mu(x,y)\mathrm{d}\sigma, \quad \mathrm{d}M_x = y\mu(x,y)\mathrm{d}\sigma,$$

所以该薄片的质量为

$$M = \iint_D \mathrm{d}m = \iint_D \mu(x,y)\mathrm{d}\sigma,$$

它对 y 轴和对 x 轴的静矩分别为

$$M_y = \iint_D \mathrm{d}M_y = \iint_D x\mu(x,y)\mathrm{d}\sigma, \quad M_x = \iint_D \mathrm{d}M_x = \iint_D y\mu(x,y)\mathrm{d}\sigma.$$

因此,该薄片质心的坐标为

$$\overline{x} = \frac{M_y}{M} = \frac{\iint_D x\mu(x,y)\mathrm{d}\sigma}{\iint_D \mu(x,y)\mathrm{d}\sigma}, \quad \overline{y} = \frac{M_x}{M} = \frac{\iint_D y\mu(x,y)\mathrm{d}\sigma}{\iint_D \mu(x,y)\mathrm{d}\sigma}. \qquad ③$$

特别地，当薄片均匀时，即面密度 $\mu(x,y)$ 为常值 μ 时，其质心的坐标为

$$\bar{x} = \frac{M_y}{M} = \frac{\mu\iint\limits_D x\,d\sigma}{\mu\iint\limits_D d\sigma} = \frac{\iint\limits_D x\,d\sigma}{S_D}, \quad \bar{y} = \frac{M_x}{M} = \frac{\mu\iint\limits_D y\,d\sigma}{\mu\iint\limits_D d\sigma} = \frac{\iint\limits_D y\,d\sigma}{S_D}, \quad ④$$

其中 S_D 为区域 D 的面积. 均匀薄片的质心也叫作**形心**.

设一立体在空间中所占的有界闭区域为 Ω，它的体密度 $\mu(x,y,z)$ 在 Ω 上连续. 类似于平面薄片质心的讨论，有如下立体质心的坐标公式：

$$\bar{x} = \frac{\iiint\limits_\Omega x\mu(x,y,z)\,dv}{\iiint\limits_\Omega \mu(x,y,z)\,dv}, \quad \bar{y} = \frac{\iiint\limits_\Omega y\mu(x,y,z)\,dv}{\iiint\limits_\Omega \mu(x,y,z)\,dv}, \quad \bar{z} = \frac{\iiint\limits_\Omega z\mu(x,y,z)\,dv}{\iiint\limits_\Omega \mu(x,y,z)\,dv}. \quad ⑤$$

特别地，当立体均匀时，即体密度 $\mu(x,y,z)$ 为常值 μ 时，其形心的坐标为

$$\bar{x} = \frac{\mu\iiint\limits_\Omega x\,dv}{\mu\iiint\limits_\Omega dv} = \frac{\iiint\limits_\Omega x\,dv}{V_\Omega}, \quad \bar{y} = \frac{\mu\iiint\limits_\Omega y\,dv}{\mu\iiint\limits_\Omega dv} = \frac{\iiint\limits_\Omega y\,dv}{V_\Omega}, \quad \bar{z} = \frac{\mu\iiint\limits_\Omega z\,dv}{\mu\iiint\limits_\Omega dv} = \frac{\iiint\limits_\Omega z\,dv}{V_\Omega}, \quad ⑥$$

其中 V_Ω 为区域 Ω 的体积.

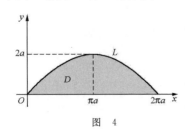

图 4

例 3 设平面薄片在 Oxy 平面上所占的区域为由曲线 $L:\begin{cases}x=a(t-\sin t)\\ y=a(1-\cos t)\end{cases}(0\leqslant t\leqslant 2\pi)$ 与 x 轴围成的平面闭区域 D，它的面密度为 $\mu=1$，求其形心.

解 此题可利用公式④来求. 平面薄片所占的区域 D 如图 4 所示.

先求平面薄片的面积. 因为 $0\leqslant t\leqslant 2\pi$，所以由曲线的参数方程得 $0\leqslant x\leqslant 2\pi a$. 由定积分的几何意义知，区域 D 的面积为

$$S_D = \int_0^{2\pi a} y\,dx = \int_0^{2\pi} a(1-\cos t)\,d[a(t-\sin t)] = \int_0^{2\pi} a^2(1-\cos t)^2\,dt = 3\pi a^2.$$

再求形心坐标. 由于区域 D 关于直线 $x=\pi a$ 对称，所以形心在 $x=\pi a$ 上，即 $\bar{x}=\pi a$. 又由公式④得

$$\bar{y} = \frac{1}{S_D}\iint\limits_D y\,dx\,dy = \frac{1}{S_D}\int_0^{2\pi a}dx\int_0^y y\,dy = \frac{1}{6\pi a^2}\int_0^{2\pi a} y^2\,dx$$

$$= \frac{1}{6\pi a^2}\int_0^{2\pi} a^2(1-\cos t)^2\,d[a(t-\sin t)] = \frac{a}{6\pi}\int_0^{2\pi}(1-\cos t)^3\,dt = \frac{5a}{6}.$$

所以形心为 $\left(\pi a, \dfrac{5a}{6}\right)$.

例 4 求密度均匀的上半椭圆球体的质心.

解 可设上半椭圆球体为 $\Omega: \dfrac{x^2}{a^2}+\dfrac{y^2}{b^2}+\dfrac{z^2}{c^2}\leqslant 1, z\geqslant 0$. 由对称性知 $\bar{x}=0, \bar{y}=0$. 因为密度均匀,故密度是常数. 由公式⑥,例 1 和 §9.3 例 4 的结果知

$$\bar{z}=\dfrac{\iiint\limits_{\Omega} z\,\mathrm{d}v}{V_{\Omega}}=\dfrac{\dfrac{1}{4}\pi abc^2}{\dfrac{2}{3}\pi abc}=\dfrac{3}{8}c.$$

所以质心为 $\left(0,0,\dfrac{3}{8}c\right)$.

四、转动惯量

设在 Oxy 平面上有 n 个离散质点,其质量分别为 $m_k(k=1,2,\cdots,n)$. 根据力学知识,由这 n 个质点构成的质点系对某一坐标轴的转动惯量为 $I=\sum\limits_{k=1}^{n}d_k^2 m_k$,其中 $d_k(k=1,2,\cdots,n)$ 为第 k 个质点到该坐标轴的距离.

下面对离散质点进行推广,讨论连续质点对坐标轴的转动惯量.

设一薄片在 Oxy 平面上所占的区域为 D,它的面密度 $\mu(x,y)$ 在 D 上连续. 我们来考虑它对两坐标轴的转动惯量.

任取 D 上的小区域 $\Delta\sigma$,与质心的讨论同理,质量元素为

$$\mathrm{d}m=\mu(x,y)\mathrm{d}\sigma,$$

对 x 轴和 y 轴的转动惯量元素分别为

$$\mathrm{d}I_x=y^2\mathrm{d}m=y^2\mu(x,y)\mathrm{d}\sigma,\quad \mathrm{d}I_y=x^2\mathrm{d}m=x^2\mu(x,y)\mathrm{d}\sigma,$$

所以该薄片对 x 轴和 y 轴的转动惯量分别为

$$I_x=\iint\limits_{D}\mathrm{d}I_x=\iint\limits_{D}y^2\mu(x,y)\mathrm{d}\sigma,\quad I_y=\iint\limits_{D}\mathrm{d}I_y=\iint\limits_{D}x^2\mu(x,y)\mathrm{d}\sigma. \qquad ⑦$$

设一立体在空间中所占的区域为有界闭区域 Ω,它的体密度 $\mu(x,y,z)$ 在 Ω 上连续. 类似于公式⑦的获得,可得该立体对 x 轴,y 轴,z 轴的转动惯量分别为

$$\begin{aligned}I_x&=\iiint\limits_{\Omega}d_x^2\mu(x,y,z)\mathrm{d}v=\iiint\limits_{\Omega}(y^2+z^2)\mu(x,y,z)\mathrm{d}v,\\ I_y&=\iiint\limits_{\Omega}d_y^2\mu(x,y,z)\mathrm{d}v=\iiint\limits_{\Omega}(z^2+x^2)\mu(x,y,z)\mathrm{d}v,\\ I_z&=\iiint\limits_{\Omega}d_z^2\mu(x,y,z)\mathrm{d}v=\iiint\limits_{\Omega}(x^2+y^2)\mu(x,y,z)\mathrm{d}v,\end{aligned} \qquad ⑧$$

其中 d_x,d_y,d_z 为点 (x,y,z) 分别到 x 轴,y 轴,z 轴的距离.

若讨论物体对某点(或平面)的转动惯量,则只要将公式⑧中点(x,y,z)到坐标轴的距离平方换成到点(或平面)的距离平方即可.

例 5 设有一均匀的直角三角形薄片,其两直角边长分别为a,b,求这一三角形薄片对其中任一直角边的转动惯量.

解 如图 5 建立直角坐标系.设该薄片的面密度为μ(常数),则该薄片对y轴的转动惯量为

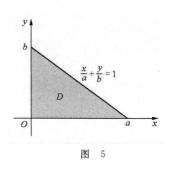

图 5

$$I_y = \mu \iint_D x^2 dxdy = \mu \int_0^b dy \int_0^{a(1-\frac{y}{b})} x^2 dx = \frac{1}{12}a^3 b\mu.$$

同理,该薄片对x轴的转动惯量为

$$I_x = \mu \iint_D y^2 dxdy = \frac{1}{12}ab^3 \mu.$$

五、引力

设有两个质点,两者间距离为r,其质量分别为m_1,m_2,则由万有引力公式知,此两质点间引力的大小为

$$F = G\frac{m_1 m_2}{r^2},$$

其中G为万有引力常量.

现在考虑一薄片对某一质点的引力.设一薄片在Oxy平面上所占的区域为D,它的面密度$\mu(x,y)$在D上连续,求它对点(x_0,y_0,z_0)处单位质点(指单位质量的质点)的引力.

类似于前面求质心、转动惯量的分析,任取D上的小区域$d\sigma$,$M(x,y,0)$是$d\sigma$上任一点,则$d\sigma$对点(x_0,y_0,z_0)处单位质点的引力元素$d\mathbf{F}$的方向近似为$(x-x_0,y-y_0,-z_0)$(图 6),它在x轴,y轴,z轴的投影分别为

图 6

$$dF_x = G\frac{1 \cdot \mu(x,y)d\sigma}{r^2} \cdot \frac{x-x_0}{r},$$

$$dF_y = G\frac{1 \cdot \mu(x,y)d\sigma}{r^2} \cdot \frac{y-y_0}{r},$$

$$dF_z = G\frac{1 \cdot \mu(x,y)d\sigma}{r^2} \cdot \frac{-z_0}{r},$$

其中$r = \sqrt{(x-x_0)^2+(y-y_0)^2+(0-z_0)^2}$是点$(x,y,0)$与$(x_0,y_0,z_0)$间的距离.所以该薄片对点$(x_0,y_0,z_0)$处单位质点的引力在$x$轴,$y$轴,$z$轴的投影分别为

$$F_x = \iint_D G\frac{\mu(x,y)(x-x_0)}{r^3}d\sigma,$$

$$F_y = \iint_D G\frac{\mu(x,y)(y-y_0)}{r^3}d\sigma, \qquad ⑨$$

$$F_z = \iint_D G\frac{\mu(x,y)(-z_0)}{r^3}d\sigma,$$

从而所求的引力为向量 $\boldsymbol{F}=(F_x,F_y,F_z)$.

若一立体在空间中所占的区域为有界闭区域 Ω,其体密度 $\mu(x,y,z)$ 在 Ω 上连续,则它对点 (x_0,y_0,z_0) 处单位质点的引力可由类似于上面的讨论得到. 由上面的分析,只要在公式⑨中将面密度 $\mu(x,y)$ 换为体密度 $\mu(x,y,z)$,面积元素 $d\sigma$ 换为体积元素 dv,F_z 中的方向余弦由 $\dfrac{-z_0}{r}$ 改为 $\dfrac{z-z_0}{r}$,距离 r 中的 $(0-z_0)^2$ 改为 $(z-z_0)^2$,积分换为立体 Ω 上的三重积分,即可得相应引力分量的计算公式.

例 6 设面密度为常数 μ 的圆形薄片在 Oxy 平面上所占的区域为 $D:x^2+y^2\leqslant R^2$,求它对点 $M_0(0,0,a)(a>0)$ 处单位质点的引力.

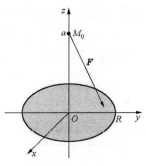

图 7

解 如图 7 所示,由对称性知,所求的引力 $\boldsymbol{F}$ 在 x 轴和 y 轴上的分量均为零.

因为引力元素 $d\boldsymbol{F}$ 在 z 轴的投影为

$$dF_z = -G\frac{\mu d\sigma}{d^2}\cdot\frac{a}{d} = -Ga\mu\frac{d\sigma}{(x^2+y^2+a^2)^{3/2}},$$

这里 $d=\sqrt{(x-0)^2+(y-0)^2+(0-a)^2}$,负号表示引力的方向与 z 轴的正向相反,所以引力 $\boldsymbol{F}$ 在 z 轴上的分量为

$$F_z = -Ga\mu\iint_D\frac{d\sigma}{(x^2+y^2+a^2)^{3/2}} = -Ga\mu\int_0^{2\pi}d\theta\int_0^R\frac{\rho}{(\rho^2+a^2)^{3/2}}d\rho$$

$$= 2\pi Ga\mu\left(\frac{1}{\sqrt{R^2+a^2}}-\frac{1}{a}\right).$$

故所求的引力为 $\boldsymbol{F}=\left(0,0,2\pi Ga\mu\left(\dfrac{1}{\sqrt{R^2+a^2}}-\dfrac{1}{a}\right)\right)$.

习 题 9.4

1. 利用三重积分计算下列立体 Ω 的体积:

(1) 由曲面 $x^2+y^2+z^2=2a^2$ 与 $z=\sqrt{x^2+y^2}$ 所围成的立体 Ω;

(2) 由抛物面 $z=x^2+y^2$ 与 $z=18-x^2-y^2$ 所围成的立体 Ω；

(3) Ω：$4 \leqslant x^2+y^2+z^2 \leqslant 9, z^2 \leqslant x^2+y^2$；

(4) 由柱面 $x=y^2$ 与平面 $z=0$ 及 $x+z=1$ 所围成的立体 Ω.

2. 计算锥面 $z=\sqrt{x^2+y^2}$ 被圆柱面 $x^2+y^2=2x$ 所截得部分的面积.

3. 设两大小相同的圆柱的轴相互直交,圆柱的底半径为 a,求一圆柱面被另一圆柱面所截得部分的面积.

4. 求由曲面 $x^2+y^2=az$ 和 $z=2a-\sqrt{x^2+y^2}(a>0)$ 所围成立体的表面积.

5. 求由上半圆周 $y=\sqrt{a^2-x^2}$ 与 x 轴所围成的半圆形薄片的形心.

6. 设一薄片在 Oxy 平面上所占的区域 D 是由抛物线 $y=x^2$ 与直线 $y=1$ 所围成区域在第一象限的部分,其面密度为 $\mu(x,y)=xy$,求该薄片的质量和质心.

7. 设一薄片在 Oxy 平面上所占的区域 D 由心形线 $\rho=1-\cos\theta$ 围成,其面密度为 $\mu(x,y)=2$,求该薄片的质量和质心.

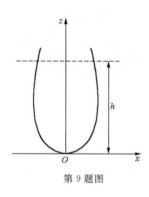

第 9 题图

8. 设一立体为 Ω：$\dfrac{x^2}{a^2}+\dfrac{y^2}{b^2} \leqslant z \leqslant 1$,体密度为 $\mu(x,y,z)=z$,求 Ω 的质量和质心.

9. 一座炼钢炉为旋转体,其侧壁剖面如左图所示,图中曲线的方程为 $9x^2=z(3-z)^2(0 \leqslant z < 3)$.若炉内储有高为 h 的匀质溶液,不计炉体自重,求溶液的质心.

10. 求半径为 R,质量为 M(常数)的均匀圆盘对圆周上某点的转动惯量.

11. 一个质量均匀、半径为 a 的半球体,其密度为 K(常数),求其关于底面上的一条直径的转动惯量.

12. 一面密度为常数 μ 的均匀半圆环形薄片在空间所占的区域为 $D=\{(x,y,0) | R_1 \leqslant \sqrt{x^2+y^2} \leqslant R_2, x \geqslant 0\}$,求该薄片对 z 轴上点 $M_0(0,0,a)(a>0)$ 处单位质点的引力.

总练习题九

1. 设 $a>0$,函数 $f(x)=g(x)=\begin{cases} a, & 0 \leqslant x \leqslant 1, \\ 0, & x>1 \text{ 或 } x<0, \end{cases}$ 而 D 为 Oxy 平面,求二重积分

$$I=\iint_D f(x)g(y-x)\mathrm{d}x\mathrm{d}y.$$

2. 计算下列二重积分：

(1) $\iint_D x\mathrm{e}^{xy}\mathrm{d}x\mathrm{d}y$,其中 D：$0 \leqslant x \leqslant 1, -1 \leqslant y \leqslant 0$；

(2) $\iint\limits_{D} \dfrac{af(x)+bf(y)}{f(x)+f(y)} d\sigma$，其中 f 恒大于零且连续，$D: x^2+y^2 \leqslant R^2$；

(3) $\iint\limits_{D}(|x|+|y|)dxdy$，其中 $D: x^2+y^2 \leqslant 1$；

(4) $\iint\limits_{D} \dfrac{x+y}{x^2+y^2} dxdy$，其中 $D: x^2+y^2 \leqslant 1, x+y \geqslant 1$；

(5) $\iint\limits_{D} e^{\max\{x^2,y^2\}} dxdy$，其中 $D: 0 \leqslant x \leqslant 1, 0 \leqslant y \leqslant 1$.

3. 设函数 $f(x)$ 在区间 $[0,1]$ 上连续，且 $\int_0^1 f(x)dx = A$，求 $I = \int_0^1 dx \int_x^1 f(x)f(y)dy$.

4. 计算 $I = \int_0^1 dx \int_0^{\sqrt{x}} e^{-y^2/2} dy$.

5. 设 $f(x)$ 为连续函数，$F(t) = \int_1^t dy \int_y^t f(x)dx$，求 $F'(2)$.

6. 交换 $I = \int_{-\frac{\pi}{2}}^{\frac{\pi}{2}} d\theta \int_0^{a\cos\theta} f(\rho,\theta) d\rho$ $(a>0)$ 的积分次序.

7. 设函数 $f(x,y)$ 在 $U(0,0)$ 内连续，$D: x^2+y^2 \leqslant t^2$ 在 $U(0,0)$ 内，且
$$F(t) = \iint\limits_{D} f(x,y)dxdy,$$

证明：$\lim\limits_{t \to 0^+} \dfrac{F'(t)}{t} = 2\pi f(0,0)$.

8. 已知均匀矩形薄板（面密度为常数 μ）的长和宽分别为 b 和 h，计算此矩形薄板对于通过其形心且分别与一边平行的两轴的转动惯量.

9. 计算下列三重积分：

(1) $\iiint\limits_{\Omega}(x+y+z)^2 dxdydz$，其中 Ω 是由抛物面 $z = x^2+y^2$ 和球面 $x^2+y^2+z^2=2$ 所围成的空间凸闭区域；

(2) $\iiint\limits_{\Omega}(lx+my+nz)dxdydz$，其中 $\Omega: \dfrac{(x-\bar{x})^2}{a^2} + \dfrac{(y-\bar{y})^2}{b^2} + \dfrac{(z-\bar{z})^2}{c^2} \leqslant 1$，$\Omega$ 的质量均匀分布，$(\bar{x},\bar{y},\bar{z})$ 为 Ω 的重心坐标；

(3) $\iiint\limits_{\Omega} e^{|z|} dv$，其中 $\Omega: x^2+y^2+z^2 \leqslant 1$.

10. 设 $F(t) = \iiint\limits_{x^2+y^2+z^2 \leqslant t^2} f(\sqrt{x^2+y^2+z^2}) dxdydz$，其中 $f(u)$ 可导，且满足 $f(0) = 0$，求极限 $\lim\limits_{t \to 0} \dfrac{F(t)}{t^4}$.

11. 设函数 $f(x)$ 连续且恒大于零,记

$$F(t) = \frac{\iiint\limits_{\Omega(t)} f(x^2+y^2+z^2)\mathrm{d}v}{\iint\limits_{D(t)} f(x^2+y^2)\mathrm{d}\sigma}, \quad G(t) = \frac{\iint\limits_{D(t)} f(x^2+y^2)\mathrm{d}\sigma}{\int_{-t}^{t} f(x^2)\mathrm{d}x},$$

其中 $\Omega(t) = \{(x,y,z)\,|\,x^2+y^2+z^2 \leqslant t^2\}$,$D(t) = \{(x,y)\,|\,x^2+y^2 \leqslant t^2\}$.

(1) 讨论 $F(t)$ 在区间 $(0,+\infty)$ 内的单调性;

(2) 证明:当 $t > 0$ 时,$F(t) > \dfrac{2}{\pi} G(t)$.

12. 设函数 $f(x)$ 在区间 $[0,1]$ 上为正值连续函数,且 $f(x)$ 单调减少,证明:

$$\frac{\int_0^1 x f^2(x)\mathrm{d}x}{\int_0^1 x f(x)\mathrm{d}x} \leqslant \frac{\int_0^1 f^2(x)\mathrm{d}x}{\int_0^1 f(x)\mathrm{d}x}.$$

13. 设函数 $f(x)$ 在区间 $[0,1]$ 上连续,证明:

$$\int_0^1 \mathrm{e}^{f(x)}\mathrm{d}x \cdot \int_0^1 \mathrm{e}^{-f(x)}\mathrm{d}x \geqslant 1.$$

14. 设函数 $f(u)$ 连续,试证:

$$\iint\limits_{|x|+|y|\leqslant 1} f(x+y)\mathrm{d}x\mathrm{d}y = \int_{-1}^1 f(u)\mathrm{d}u.$$

15. 设函数 $f(u)$ 连续,证明:

$$\iint\limits_{D} f(x-y)\mathrm{d}x\mathrm{d}y = \int_{-A}^{A} f(u)(A-|u|)\mathrm{d}u,$$

其中 A 为正常数,$D: |x| \leqslant \dfrac{A}{2}, |y| \leqslant \dfrac{A}{2}$.

16. 设函数 $f(x,y,z)$ 连续,且满足

$$f(x,y,z) = \sqrt{x^2+y^2} + z \iiint\limits_{\Omega} f(x,y,z)\mathrm{d}v,$$

其中 $\Omega: \sqrt{x^2+y^2} \leqslant z \leqslant 1$,求 $f(x,y,z)$ 的表达式.

17. 求抛物面 $z = 1 + x^2 + y^2$ 的一个切平面,使该切平面与抛物面及圆柱面 $(x-1)^2 + y^2 = 1$ 所围成立体的体积最小.

18. 设函数 $f(x)$ 连续,而

$$F(t) = \iiint\limits_{\Omega} [z^2 + f(x^2+y^2)]\mathrm{d}x\mathrm{d}y\mathrm{d}z,$$

其中 $\Omega: 0 \leqslant z \leqslant h, x^2+y^2 \leqslant t^2 (t>0)$,求 $\dfrac{\mathrm{d}F}{\mathrm{d}t}$ 及 $\lim\limits_{t \to 0^+} \dfrac{F(t)}{t^2}$.

19. 设函数 $f(x)$ 在区间 $[a,b]$ 上连续,证明:
$$\left[\int_a^b f(x)\mathrm{d}x\right]^2 \leqslant (b-a)\int_a^b f^2(x)\mathrm{d}x.$$

20. 设函数 $f(x)$ 连续,证明:
$$\int_0^x \mathrm{d}v \int_0^v \mathrm{d}u \int_0^u f(t)\mathrm{d}t = \frac{1}{2}\int_0^x (x-t)^2 f(t)\mathrm{d}t.$$

第十章 曲线积分与曲面积分

> 本章将积分区域推广到有界曲线和曲面,讨论曲线积分和曲面积分.曲线积分分为两类:对弧长和对坐标的曲线积分;同样,曲面积分也分为两类:对面积和对坐标的曲面积分.本章主要介绍这四类积分的概念、计算方法、关系及应用.

§10.1 对弧长的曲线积分

一、对弧长的曲线积分的概念与性质

(一) 引例:曲线构件的质量

设有一个可求长的曲线构件,它在平面直角坐标系中占据曲线弧 L(图1),它的线密度 $f(x,y)$ 为 L 上的连续函数,求该曲线构件的质量.

图 1

由于曲线构件不均匀,求其质量不能用已知公式 $m=\mu s$(密度 μ 为常值,s 为曲线的弧长),故考虑用元素法思想解决此问题.

先将曲线弧 L 任意分为 n 段小弧段 $\Delta s_1, \Delta s_2, \cdots, \Delta s_n$(这些符号同时表示相应的小弧长).在每段小弧段 Δs_i 上任取点 $M_i(\xi_i, \eta_i)$,用 $M_i(\xi_i, \eta_i)$ 处的密度近似代替 Δs_i 上变化的密度,则 Δs_i 的质量近似为 $f(\xi_i, \eta_i)\Delta s_i$. 于是 $\sum_{i=1}^{n} f(\xi_i, \eta_i)\Delta s_i$ 是所求的曲线构件质量的近似值. 当 $\lambda = \max_{1 \leqslant i \leqslant n}\{\Delta s_i\}$ 趋于零时,若 $\sum_{i=1}^{n} f(\xi_i, \eta_i)\Delta s_i$ 的极限存在,则定义所求的曲线构件质量为

$$m = \lim_{\lambda \to 0} \sum_{i=1}^{n} f(\xi_i, \eta_i)\Delta s_i.$$

在许多实际问题中,也会遇到求上式这种和式的极限. 为此,引入如下曲线积分的概念.

(二) 对弧长的曲线积分的定义

定义 设函数 $f(x,y)$ 在 Oxy 平面中的光滑曲线[①]弧 L 上有界. 将 L 任意分成 n 段小弧段 $\Delta s_i (i=1,2,\cdots,n)$, Δs_i 既表示第 i 段小弧段本身又表示它的长度. 在每段 Δs_i 上任取一点 $M_i(\xi_i,\eta_i)$. 当 $\lambda = \max\limits_{1\leqslant i\leqslant n}\{\Delta s_i\}$ 趋于零时,若 $\sum\limits_{i=1}^{n}f(\xi_i,\eta_i)\Delta s_i$ 的极限存在,则称此极限值为函数 $f(x,y)$ 在曲线弧 L 上**对弧长的曲线积分**或**第一类曲线积分**,记作 $\int_L f(x,y)\mathrm{d}s$,即

$$\int_L f(x,y)\mathrm{d}s = \lim_{\lambda\to 0}\sum_{i=1}^{n}f(\xi_i,\eta_i)\Delta s_i,$$

其中称 $\mathrm{d}s$ 为**弧微分**,$f(x,y)$ 为**被积函数**,L 为**积分曲线**. 特别地,当曲线弧 L 封闭时,将曲线积分记为 $\oint_L f(x,y)\mathrm{d}s$.

由上述定义,引例中曲线构件的质量可表示为

$$m = \int_L f(x,y)\mathrm{d}s.$$

类似于重积分的存在性,若 $f(x,y)$ 在光滑曲线弧 L 上连续,则该曲线弧上对弧长的曲线积分必存在. 以下如不特殊说明,总假定所讨论的对弧长的曲线积分存在.

若光滑曲线弧 Γ 出现在三维空间,函数 $f(x,y,z)$ 在 Γ 上有界,则类似地有对弧长的空间曲线积分的定义:

$$\int_\Gamma f(x,y,z)\mathrm{d}s = \lim_{\lambda\to 0}\sum_{i=1}^{n}f(\xi_i,\eta_i,\zeta_i)\Delta s_i.$$

(三) 对弧长的曲线积分的性质

性质 1 $\int_L \mathrm{d}s = l$(其中 l 为曲线弧 L 的弧长).

性质 2(线性性) $\int_L [\alpha f(x,y) \pm \beta g(x,y)]\mathrm{d}s = \alpha\int_L f(x,y)\mathrm{d}s \pm \beta\int_L g(x,y)\mathrm{d}s$,其中 α,β 为常数.

性质 3(可加性) 若曲线弧 L 由 n 段不重合的小曲线弧 $L_i(i=1,2,\cdots,n)$ 组成,则

$$\int_L f(x,y)\mathrm{d}s = \sum_{i=1}^{n}\int_{L_i} f(x,y)\mathrm{d}s.$$

此性质可将第一类曲线积分的定义由光滑曲线推广到分段光滑曲线[②]上.

[①] 若曲线 L 的参数方程中每个函数的一阶导函数连续,且这些导函数不同时为零,则称 L 为光滑曲线.
[②] 分段光滑曲线是指曲线可分成有限段光滑曲线.

性质 4(单调性) 若在曲线弧 L 上,$f(x,y) \leqslant g(x,y)$,则
$$\int_L f(x,y)\mathrm{d}s \leqslant \int_L g(x,y)\mathrm{d}s.$$

特别地,$\left|\int_L f(x,y)\mathrm{d}s\right| \leqslant \int_L |f(x,y)|\mathrm{d}s.$

对于对弧长的曲线积分,积分的其他性质(如估值不等式、积分中值定理等)都相应成立.

二、对弧长的曲线积分的计算

对弧长的曲线积分的计算思路就是将其化为定积分.

设函数 $f(x,y)$ 在光滑曲线弧 L 上连续,L 的参数方程为 $\begin{cases} x = \varphi(t), \\ y = \psi(t) \end{cases} (\alpha \leqslant t \leqslant \beta)$. 下面讨论如何计算对弧长的曲线积分 $\int_L f(x,y)\mathrm{d}s$.

根据对弧长的曲线积分的定义,有
$$\int_L f(x,y)\mathrm{d}s = \lim_{\lambda \to 0} \sum_{i=1}^n f(\xi_i, \eta_i)\Delta s_i.$$

设各分点对应的参数为 $t_i (i = 0, 1, \cdots, n)$,点 (ξ_i, η_i) 对应参数 $\tau_i \in [t_{i-1}, t_i]$,则由弧微分公式 $\mathrm{d}s = \sqrt{(\mathrm{d}x)^2 + (\mathrm{d}y)^2}$ 和积分中值定理有
$$\Delta s_i = \int_{t_{i-1}}^{t_i} \sqrt{[\varphi'(t)]^2 + [\psi'(t)]^2}\,\mathrm{d}t = \sqrt{[\varphi'(\tau_i')]^2 + [\psi'(\tau_i')]^2}\,\Delta t_i, \quad \tau_i' \in [t_{i-1}, t_i].$$

这样有
$$\int_L f(x,y)\mathrm{d}s = \lim_{\lambda \to 0} \sum_{i=1}^n f(\varphi(\tau_i), \psi(\tau_i))\sqrt{[\varphi'(\tau_i')]^2 + [\psi'(\tau_i')]^2}\,\Delta t_i.$$

再由 $\sqrt{[\varphi'(t)]^2 + [\psi'(t)]^2}$ 的连续性知,当 Δt_i 很小时,$\varphi'(\tau_i'), \psi'(\tau_i')$ 可用 $\varphi'(\tau_i), \psi'(\tau_i)$ 近似代替,则
$$\int_L f(x,y)\mathrm{d}s = \lim_{\lambda \to 0} \sum_{i=1}^n f(\varphi(\tau_i), \psi(\tau_i))\sqrt{[\varphi'(\tau_i)]^2 + [\psi'(\tau_i)]^2}\,\Delta t_i.$$

可以证明,当 $\lambda = \max\limits_{1 \leqslant i \leqslant n}\{\Delta s_i\} \to 0$ 时,必有 $\lambda' = \max\limits_{1 \leqslant i \leqslant n}\{\Delta t_i\} \to 0$,因此
$$\int_L f(x,y)\mathrm{d}s = \int_\alpha^\beta f(\varphi(t), \psi(t))\sqrt{[\varphi'(t)]^2 + [\psi'(t)]^2}\,\mathrm{d}t.$$

这样,我们有如下结论:

定理 设函数 $f(x,y)$ 在光滑曲线弧 L 上连续,L 的参数方程为 $\begin{cases} x = \varphi(t), \\ y = \psi(t) \end{cases} (\alpha \leqslant t \leqslant \beta)$,则对弧长的曲线积分 $\int_L f(x,y)\mathrm{d}s$ 存在,且

§ 10.1 对弧长的曲线积分

$$\int_L f(x,y)\mathrm{d}s = \int_\alpha^\beta f(\varphi(t),\psi(t))\sqrt{[\varphi'(t)]^2+[\psi'(t)]^2}\,\mathrm{d}t \quad (\alpha<\beta). \qquad ①$$

由前面分析注意到,因为 $\Delta s_i>0$,所以 $\Delta t_i>0$,进而定理结论中积分限必须满足 $\alpha<\beta$. 积分中 $f(x,y)$ 的自变量 x,y 是相互有关的,它们要满足曲线 L 的方程.

特别地,当曲线弧 L 的方程为 $y=\psi(x), a\leqslant x\leqslant b$ 时,将 x 看作参数方程中的参数,则

$$\mathrm{d}s = \sqrt{(\mathrm{d}x)^2+(\mathrm{d}y)^2} = \sqrt{1+[\psi'(x)]^2}\,\mathrm{d}x.$$

于是公式①变为

$$\int_L f(x,y)\mathrm{d}s = \int_a^b f(x,\psi(x))\sqrt{1+[\psi'(x)]^2}\,\mathrm{d}x. \qquad ②$$

当曲线弧 L 的方程为 $x=\varphi(y), c\leqslant y\leqslant d$ 时,将 y 看作参数方程中的参数,则

$$\mathrm{d}s = \sqrt{(\mathrm{d}x)^2+(\mathrm{d}y)^2} = \sqrt{[\varphi'(y)]^2+1}\,\mathrm{d}y,$$

进而公式①变为

$$\int_L f(x,y)\mathrm{d}s = \int_c^d f(\varphi(y),y)\sqrt{1+[\varphi'(y)]^2}\,\mathrm{d}y. \qquad ③$$

当曲线弧 L 有极坐标方程 $\rho=\rho(\theta)(\alpha\leqslant\theta\leqslant\beta)$ 时,由极坐标与直角坐标的变换关系

$$\begin{cases} x = \rho(\theta)\cos\theta, \\ y = \rho(\theta)\sin\theta \end{cases} (\alpha\leqslant\theta\leqslant\beta),$$

将 θ 看作参数,则

$$\mathrm{d}s = \sqrt{(\mathrm{d}x)^2+(\mathrm{d}y)^2} = \sqrt{\rho^2(\theta)+[\rho'(\theta)]^2}\,\mathrm{d}\theta.$$

这时公式①变为

$$\int_L f(x,y)\mathrm{d}s = \int_\alpha^\beta f(\rho(\theta)\cos\theta,\rho(\theta)\sin\theta)\sqrt{\rho^2(\theta)+[\rho'(\theta)]^2}\,\mathrm{d}\theta. \qquad ④$$

公式①可推广到空间曲线弧

$$\Gamma: x=\varphi(t),\ y=\psi(t),\ z=\omega(t)\ (\alpha\leqslant t\leqslant\beta)$$

上,此时有曲线积分计算公式

$$\int_\Gamma f(x,y,z)\mathrm{d}s = \int_\alpha^\beta f(\varphi(t),\psi(t),\omega(t))\sqrt{[\varphi'(t)]^2+[\psi'(t)]^2+[\omega'(t)]^2}\,\mathrm{d}t \quad (\alpha<\beta), \qquad ⑤$$

其中 $\mathrm{d}s = \sqrt{(\mathrm{d}x)^2+(\mathrm{d}y)^2+(\mathrm{d}z)^2}$.

例1 计算对弧长的曲线积分 $\int_L x\mathrm{d}s$,其中 L 是抛物线 $y=x^2$ 上点 $O(0,0)$ 与点 $B(1,1)$ 之间的一段弧.

解 如图2所示,因为 $L: y=x^2(0\leqslant x\leqslant 1)$,将 x 看作参数,所以

$$\int_L x\mathrm{d}s = \int_0^1 x\sqrt{1+(2x)^2}\,\mathrm{d}x = \left[\frac{1}{12}(1+4x^2)^{3/2}\right]\Big|_0^1 = \frac{1}{12}(5\sqrt{5}-1).$$

例2 计算对弧长的曲线积分 $\oint_L \sqrt{x^2+y^2}\,\mathrm{d}s$,其中 $L: x^2+y^2=ax(a>0)$(图3).

图 2

图 3

解 将 $\begin{cases} x = \rho\cos\theta, \\ y = \rho\sin\theta \end{cases}$ 代入 L 的直角坐标方程,得极坐标方程

$$\rho = a\cos\theta, \quad -\frac{\pi}{2} \leqslant \theta \leqslant \frac{\pi}{2}.$$

由公式④得

$$\oint_L \sqrt{x^2 + y^2}\, ds = \int_{-\frac{\pi}{2}}^{\frac{\pi}{2}} \rho \sqrt{(a\cos\theta)^2 + (-a\sin\theta)^2}\, d\theta$$

$$= \int_{-\frac{\pi}{2}}^{\frac{\pi}{2}} a\cos\theta \cdot a\, d\theta = a^2 \sin\theta \Big|_{-\frac{\pi}{2}}^{\frac{\pi}{2}} = 2a^2.$$

例3 计算对弧长的曲线积分 $\int_\Gamma (x^2 + y^2 + z^2)\, ds$,其中

$$\Gamma: x = a\cos t, y = a\sin t, z = kt \quad (0 \leqslant t \leqslant 2\pi).$$

解 由公式⑤得

$$\int_\Gamma (x^2 + y^2 + z^2)\, ds = \int_0^{2\pi} [(a\cos t)^2 + (a\sin t)^2 + (kt)^2] \sqrt{(-a\sin t)^2 + (a\cos t)^2 + k^2}\, dt$$

$$= \sqrt{a^2 + k^2} \int_0^{2\pi} (a^2 + k^2 t^2)\, dt = \sqrt{a^2 + k^2} \left(a^2 t + \frac{k^2}{3} t^3\right) \Big|_0^{2\pi}$$

$$= \frac{2\pi}{3} \sqrt{a^2 + k^2} (3a^2 + 4\pi^2 k^2).$$

图 4

例4 计算对弧长的曲线积分 $\oint_\Gamma x^2\, ds$,其中 Γ 为球面 $x^2 + y^2 + z^2 = a^2$ 被平面 $x + y + z = 0$ 所截得的圆周(图4).

解 由题设知 Γ 的一般方程为

$$\begin{cases} x^2 + y^2 + z^2 = a^2, \\ x + y + z = 0. \end{cases}$$

由 Γ 的对称性知

$$\oint_\Gamma x^2 \mathrm{d}s = \oint_\Gamma y^2 \mathrm{d}s = \oint_\Gamma z^2 \mathrm{d}s,$$

再由性质 1 及 Γ 上的点满足球面方程得

$$\oint_\Gamma x^2 \mathrm{d}s = \frac{1}{3}\oint_\Gamma (x^2+y^2+z^2)\mathrm{d}s = \frac{1}{3}\oint_\Gamma a^2 \mathrm{d}s = \frac{1}{3}a^2 \cdot 2\pi a = \frac{2}{3}\pi a^3.$$

注 此例说明,对弧长的曲线积分中,因为被积函数的自变量满足积分曲线方程,因而可将曲线方程代入被积函数来化简积分.

习 题 10.1

1. 计算下列对弧长的曲线积分:

(1) $\int_L (x+y)\mathrm{d}s$,其中 L 是顶点为 $O(0,0),A(1,0),B(0,1)$ 的三角形边界;

(2) $\int_L y\mathrm{d}s$,其中 L 是抛物线 $y^2=4x$ 上从点 $(1,2)$ 到点 $(1,-2)$ 的一段弧;

(3) $\int_L y\mathrm{d}s$,其中 L 为心形线 $\rho=a(1+\cos\theta)$ 的下半部分;

(4) $\oint_L (2xy+3x^2+4y^2)\mathrm{d}s$,其中 L: $\dfrac{x^2}{4}+\dfrac{y^2}{3}=1$ 是周长为 a 的椭圆;

(5) $\int_\Gamma \dfrac{1}{x^2+y^2+z^2}\mathrm{d}s$,其中 Γ: $x=\mathrm{e}^t\cos t, y=\mathrm{e}^t\sin t, z=\mathrm{e}^t (0\leqslant t\leqslant 2)$;

2. 计算曲线弧 Γ: $x=\sin 2t, y=3t, z=\cos 2t \left(0\leqslant t\leqslant \dfrac{\pi}{4}\right)$ 的弧长.

3. 设可求长的曲线构件在空间中占据曲线弧 Γ,其线密度 $\mu(x,y,z)$ 在 Γ 上连续,求:

(1) 这一曲线构件对三条坐标轴的转动惯量 I_x, I_y, I_z;

(2) 这一曲线构件的质心坐标 $(\bar{x}, \bar{y}, \bar{z})$.

§10.2 对坐标的曲线积分

一、对坐标的曲线积分的概念与性质

(一) 引例:变力沿曲线做功

设一个质点在平面上连续变力(大小、方向都可变)

$$\boldsymbol{F}(x,y) = (P(x,y), Q(x,y))$$

的作用下,沿平面光滑曲线弧 L 从起点 A 移动到终点 B(图 1),求变力 $\boldsymbol{F}$ 所做的功.

已知质点在常力 $\boldsymbol{F}$ 作用下沿直线位移 $\overrightarrow{AB}$ 所做功的公式为

$$W = \boldsymbol{F} \cdot \overrightarrow{AB}.$$

第十章　曲线积分与曲面积分

图 1

现在的问题是：若力 $\boldsymbol{F}$ 的大小、方向随着移动而变化，位移又是沿曲线进行的，怎样求所做的功？现依旧使用"分割、近似、求和、取极限"的元素法思想来解决此问题.

首先，如图 1 所示，在起点 A 与终点 B 之间引入 $n-1$ 个点 $M_1(x_1,y_1),\cdots,M_{n-1}(x_{n-1},y_{n-1})$，将 L 任意分为 n 段有向小弧段①$\overparen{M_{i-1}M_i}$ $(i=1,2,\cdots,n;M_0=A,M_n=B)$.

接着，在每一有向小弧段 $\overparen{M_{i-1}M_i}$ $(i=1,2,\cdots,n)$ 上以有向直线位移 $\overrightarrow{M_{i-1}M_i}$ 代替有向小弧段位移 $\overparen{M_{i-1}M_i}$，其中
$$\overrightarrow{M_{i-1}M_i}=(\Delta x_i,\Delta y_i)\quad (\Delta x_i=x_i-x_{i-1},\Delta y_i=y_i-y_{i-1});$$
任取 $(\xi_i,\eta_i)\in\overparen{M_{i-1}M_i}$，以常力 $\boldsymbol{F}(\xi_i,\eta_i)=(P(\xi_i,\eta_i),Q(\xi_i,\eta_i))$ 代替 $\overparen{M_{i-1}M_i}$ 上变化的力，则在 $\overparen{M_{i-1}M_i}$ 上所做的功 ΔW_i 可近似取为 $\boldsymbol{F}(\xi_i,\eta_i)\cdot\overrightarrow{M_{i-1}M_i}$，即
$$\Delta W_i\approx\boldsymbol{F}(\xi_i,\eta_i)\cdot\overrightarrow{M_{i-1}M_i}=(P(\xi_i,\eta_i),Q(\xi_i,\eta_i))\cdot(\Delta x_i,\Delta y_i)$$
$$=P(\xi_i,\eta_i)\Delta x_i+Q(\xi_i,\eta_i)\Delta y_i.$$
于是所求的总功为
$$W=\sum_{i=1}^n\Delta W_i\approx\sum_{i=1}^n[P(\xi_i,\eta_i)\Delta x_i+Q(\xi_i,\eta_i)\Delta y_i].$$

最后，令 Δs_i 为 $\overparen{M_{i-1}M_i}$ 的弧长，若当 $\lambda=\max\limits_{1\leqslant i\leqslant n}\{\Delta s_i\}$ 趋于零时，上述和式的极限存在，则定义此极限值就是质点沿曲线弧 L 从起点 A 移到终点 B 时变力 $\boldsymbol{F}$ 所做的功，即
$$W=\lim_{\lambda\to 0}\sum_{i=1}^n[P(\xi_i,\eta_i)\Delta x_i+Q(\xi_i,\eta_i)\Delta y_i].$$

（二）对坐标的曲线积分的定义

定义　设 L 为 Oxy 平面上从点 A 到点 B 的一条有向光滑曲线弧，函数 $P(x,y)$，$Q(x,y)$ 在 L 上有界. 在 L 上沿 L 的方向用点 $M_1(x_1,y_1),\cdots,M_{n-1}(x_{n-1},y_{n-1})$ 将 L 任意分为 n 段有向小弧段 $\overparen{M_{i-1}M_i}$ $(i=1,2,\cdots,n;M_0=A,M_n=B)$，记相应的弧长为 Δs_i. 设 $\Delta x_i=x_i-x_{i-1}$，$\Delta y_i=y_i-y_{i-1}$. 任取 $(\xi_i,\eta_i)\in\overparen{M_{i-1}M_i}$ $(i=1,2,\cdots,n)$. 当 $\lambda=\max\limits_{1\leqslant i\leqslant n}\{\Delta s_i\}$ 趋于零时，若 $\sum\limits_{i=1}^n P(\xi_i,\eta_i)\Delta x_i$ 的极限存在，则称此极限值为函数 $P(x,y)$ 在有向曲线弧 L 上**对坐标 x 的曲线积分**，记作 $\int_L P(x,y)\mathrm{d}x$. 类似地，若 $\lim\limits_{\lambda\to 0}\sum\limits_{i=1}^n Q(\xi_i,\eta_i)\Delta y_i$ 存在，则称此极限值为函数

---

①　有向曲线弧是指定了起点和终点的曲线弧.

§ 10.2 对坐标的曲线积分

$Q(x,y)$ 在有向曲线弧 L 上**对坐标 y 的曲线积分**,记作 $\int_L Q(x,y)\mathrm{d}y$. 也就是说,

$$\int_L P(x,y)\mathrm{d}x = \lim_{\lambda \to 0}\sum_{i=1}^n P(\xi_i,\eta_i)\Delta x_i,$$

$$\int_L Q(x,y)\mathrm{d}y = \lim_{\lambda \to 0}\sum_{i=1}^n Q(\xi_i,\eta_i)\Delta y_i,$$

其中称 $P(x,y),Q(x,y)$ 为**被积函数**,L 为**积分曲线**. 以上两积分也称为**第二类曲线积分**.

由定义,引例中质点沿曲线弧 L 从起点 A 移到终点 B 时变力 $\boldsymbol{F}$ 所做的功可表示为

$$W = \int_L P(x,y)\mathrm{d}x + \int_L Q(x,y)\mathrm{d}y,$$

简记为

$$W = \int_L P(x,y)\mathrm{d}x + Q(x,y)\mathrm{d}y \quad \text{或} \quad W = \int_L \boldsymbol{F} \cdot \mathrm{d}\boldsymbol{s},$$

其中 $\boldsymbol{F}(x,y)=(P(x,y),Q(x,y))$,$\mathrm{d}\boldsymbol{s}=(\mathrm{d}x,\mathrm{d}y)$.

若函数 $P(x,y),Q(x,y)$ 在有向光滑曲线弧 L 上连续,则在该曲线弧上对坐标的曲线积分必存在. 以下如不特殊说明,总假定讨论的对坐标的曲线积分都存在.

在上述定义中,若有向光滑曲线弧 Γ 出现在三维空间,被积函数为 $P(x,y,z),Q(x,y,z),R(x,y,z)$,则类似地有如下在曲线弧 Γ 上对坐标的曲线积分的定义:

$$\int_\Gamma P(x,y,z)\mathrm{d}x = \lim_{\lambda \to 0}\sum_{i=1}^n P(\xi_i,\eta_i,\zeta_i)\Delta x_i,$$

$$\int_\Gamma Q(x,y,z)\mathrm{d}y = \lim_{\lambda \to 0}\sum_{i=1}^n Q(\xi_i,\eta_i,\zeta_i)\Delta y_i,$$

$$\int_\Gamma R(x,y,z)\mathrm{d}z = \lim_{\lambda \to 0}\sum_{i=1}^n R(\xi_i,\eta_i,\zeta_i)\Delta z_i.$$

它们的和简记为

$$\int_\Gamma P(x,y,z)\mathrm{d}x + Q(x,y,z)\mathrm{d}y + R(x,y,z)\mathrm{d}z \quad \text{或} \quad \int_\Gamma \boldsymbol{F} \cdot \mathrm{d}\boldsymbol{s},$$

其中 $\boldsymbol{F}(x,y,z)=(P(x,y,z),Q(x,y,z),R(x,y,z))$,$\mathrm{d}\boldsymbol{s}=(\mathrm{d}x,\mathrm{d}y,\mathrm{d}z)$.

(三) 对坐标的曲线积分的性质

类似于对弧长的曲线积分,对坐标的曲线积分有如下性质 1 和性质 2(这里不再详述).

性质 1(线性性) 对坐标的曲线积分具有线性性.

性质 2(可加性) 对坐标的曲线积分具有积分曲线分段可加性.

使用性质 2 时要注意,若有向曲线弧需首尾相接,首尾次序不能改. 同样,性质 2 也可将第二类曲线积分的定义由有向光滑曲线推广到有向分段光滑曲线上.

除了上述的线性性及可加性外,对坐标的曲线积分还具有如下有向性:

性质 3(有向性) 设 L 为有向光滑曲线弧,记 L^- 为 L 的反向曲线弧,则

$$\int_{L^-} P(x,y)\mathrm{d}x + Q(x,y)\mathrm{d}y = -\int_L P(x,y)\mathrm{d}x + Q(x,y)\mathrm{d}y.$$

对于性质 3,当 L^- 表示从点 B 到点 A 的有向曲线弧时,注意到 $\widehat{M_iM_{i-1}} = -\widehat{M_{i-1}M_i} = (-\Delta x_i, -\Delta y_i)(i=1,2,\cdots,n)$,则根据对坐标的曲线积分的定义易证. 这一性质说明,对坐标的曲线积分必须注意积分曲线的方向. 可以发现定积分是对坐标的曲线积分的特例. 有向性是对坐标的曲线积分特有的,对弧长的曲线积分不具有这一性质;而对弧长的曲线积分的与不等式有关的性质(如单调性)是对坐标的曲线积分所不具有的.

二、对坐标的曲线积分的计算

与对弧长的曲线积分的计算思路一样,对坐标的曲线积分的计算方法也是将其化为定积分. 仿照 §10.1 中定理的分析过程可以得到如下结论:

定理 设函数 $P(x,y), Q(x,y)$ 在有向光滑曲线弧 L 上连续,L 的参数方程为

$$\begin{cases} x = \varphi(t), \\ y = \psi(t), \end{cases} \alpha \leqslant t \leqslant \beta \text{ (或 } \beta \leqslant t \leqslant \alpha),$$

其中 $\varphi(t), \psi(t)$ 具有连续的一阶导数,又当 t 由 α 变到 β 时,L 上的点由起点变化到终点,则对坐标的曲线积分 $\int_L P(x,y)\mathrm{d}x + Q(x,y)\mathrm{d}y$ 存在,且

$$\int_L P(x,y)\mathrm{d}x + Q(x,y)\mathrm{d}y = \int_\alpha^\beta [P(\varphi(t),\psi(t))\varphi'(t) + Q(\varphi(t),\psi(t))\psi'(t)]\mathrm{d}t. \quad ①$$

注 由对坐标的曲线积分的有向性,公式①中积分限必须满足 α 为起点参数,β 为终点参数.

特别地,当曲线弧 L 的方程为 $y=\psi(x)$,起点处 $x=a$,终点处 $x=b$ 时,将 x 看作参数方程中的参数,则公式①变为

$$\int_L P(x,y)\mathrm{d}x + Q(x,y)\mathrm{d}y = \int_a^b [P(x,\psi(x)) + Q(x,\psi(x))\psi'(x)]\mathrm{d}x.$$

同理,当曲线弧 L 的方程为 $x=\varphi(y)$,起点处 $y=c$,终点处 $y=d$ 时,或当曲线弧 L 有极坐标方程 $\rho=\rho(\theta)$,起点处 $\theta=\alpha$,终点处 $\theta=\beta$ 时,总可以获得其相应的曲线参数方程,进而代入公式①得到相应的关于参数的定积分.

对于空间曲线弧 Γ,若有参数方程

$$x = \varphi(t), \quad y = \psi(t), \quad z = \omega(t),$$

且起点处 $t=\alpha$,终点处 $t=\beta$,则可以推广公式①,得到如下计算公式:

$$\int_\Gamma P(x,y,z)\mathrm{d}x + Q(x,y,z)\mathrm{d}y + R(x,y,z)\mathrm{d}z$$
$$= \int_\alpha^\beta [P(\varphi(t),\psi(t),\omega(t))\varphi'(t) + Q(\varphi(t),\psi(t),\omega(t))\psi'(t)$$
$$+ R(\varphi(t),\psi(t),\omega(t))\omega'(t)]\mathrm{d}t.$$

§ 10.2 对坐标的曲线积分

例 1 计算对坐标的曲线积分 $\int_L y^2 \mathrm{d}x$,其中

(1) L 是以原点为圆心、半径为 a 的上半圆周,取逆时针方向(图 2(a));

(2) L 是从点 $A(a,0)$ 沿 x 轴到点 $B(-a,0)$ 的直线段(图 2(b)).

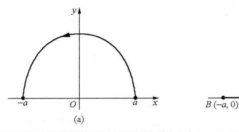

图 2

解 (1) L 的参数方程为 $x=a\cos\theta, y=a\sin\theta$,其中 θ 从 0 变到 π. 由公式①得

$$\int_L y^2 \mathrm{d}x = \int_0^\pi a^2\sin^2\theta(-a\sin\theta)\mathrm{d}\theta = a^3\int_0^\pi(1-\cos^2\theta)\mathrm{d}(\cos\theta)$$

$$= a^3\left[\cos\theta - \frac{\cos^3\theta}{3}\right]\Big|_0^\pi = -\frac{4}{3}a^3.$$

(2) L 的方程为 $y=0$,其中 x 从 a 变到 $-a$. 由公式①得

$$\int_L y^2 \mathrm{d}x = \int_a^{-a} 0 \mathrm{d}x = 0.$$

注 从此例可见,同样的被积函数,相同的起点和终点,当曲线积分路径不同时,对坐标的曲线积分值可能不同. 另外,在对坐标的曲线积分中,由于被积函数的自变量满足积分曲线方程,因此如果需要可将曲线方程代入被积函数来化简积分.

例 2 计算对坐标的曲线积分 $\int_L y\mathrm{d}x + x\mathrm{d}y$,其中

(1) L 是沿抛物线 $y=2x^2$ 从点 $O(0,0)$ 到点 $B(1,2)$ 的一段弧(图 3(a));

(2) L 是有向线段 $\overrightarrow{OB}$: $y=2x$(图 3(b));

(3) L 是封闭有向折线 $O \to A \to B \to O$(图 3(c)).

解 (1) 因为 $L: y=2x^2$,其中 x 从 0 变到 1,所以

$$\int_L y\mathrm{d}x + x\mathrm{d}y = \int_0^1 [2x^2 + x(4x)]\mathrm{d}x = \int_0^1 6x^2\mathrm{d}x = 2.$$

(2) 因为 $L: y=2x$,其中 x 从 0 变到 1,所以

$$\int_L y\mathrm{d}x + x\mathrm{d}y = \int_0^1 (2x + 2x)\mathrm{d}x = \int_0^1 4x\mathrm{d}x = 2.$$

(3) 因为 L 由有向线段 $\overrightarrow{OA}, \overrightarrow{AB}, \overrightarrow{BO}$ 组成,这里

$\overrightarrow{OA}: y=0$,其中 x 从 0 变到 1,从而 $\int_{\overrightarrow{OA}} y\mathrm{d}x + x\mathrm{d}y = \int_0^1 0\mathrm{d}x = 0$;

图 3

$\overrightarrow{AB}$: $x=1$,其中 y 从 0 变到 2,从而 $\int_{\overrightarrow{AB}} y\mathrm{d}x + x\mathrm{d}y = \int_0^2 1\mathrm{d}y = 2$;

$\overrightarrow{BO}$: $y=2x$,其中 x 从 1 变到 0,从而 $\int_{\overrightarrow{BO}} y\mathrm{d}x + x\mathrm{d}y = \int_1^0 4x\mathrm{d}x = -2$,

所以

$$\oint_L y\mathrm{d}x + x\mathrm{d}y = \int_{\overrightarrow{OA}} y\mathrm{d}x + x\mathrm{d}y + \int_{\overrightarrow{OB}} y\mathrm{d}x + x\mathrm{d}y + \int_{\overrightarrow{OC}} y\mathrm{d}x + x\mathrm{d}y = 0.$$

注 从此例的(1),(2)可见,同样的被积函数,相同的起点和终点,当曲线积分路径不同时,第二类曲线积分值可能相同. 结合例 1 的结果可知,相同积分函数沿不同路径作对坐标的曲线积分不一定相等.

例 3 计算对坐标的曲线积分 $\int_\Gamma y^2\mathrm{d}x + 3zx\mathrm{d}y - zx\mathrm{d}z$,其中 Γ 为从点 $A(3,2,1)$ 到点 $B(0,0,0)$ 的直线段.

解 直线 Γ 的方程为 $\dfrac{x-0}{3} = \dfrac{y-0}{2} = \dfrac{z-0}{1}$,化为参数方程得

$$x = 3t, \quad y = 2t, \quad z = t,$$

其中 t 从 1 变到 0,所以

$$\int_\Gamma y^2\mathrm{d}x + 3zx\mathrm{d}y - zx\mathrm{d}z = \int_1^0 (4t^2 \cdot 3 + 3t \cdot 3t \cdot 2 - t \cdot 3t)\mathrm{d}t$$

$$= 27\int_1^0 t^2\mathrm{d}t = -9.$$

例 4 求在力 $\boldsymbol{F}(x,y,z) = (y, -x, x+y+z)$ 作用下,质点沿下列曲线移动时所做的功:

(1) 沿螺旋线 L_1: $x=a\cos t, y=a\sin t, z=bt$ 从点 $A(a,0,0)$ 到点 $B(a,0,2\pi b)$ 的一段弧 (图 4(a));

(2) 从点 $A(a,0,0)$ 到点 $B(a,0,2\pi b)$ 的直线段 L_2 (图 4(b)).

解 由本节引例知,质点沿有向光滑曲线弧 Γ 从起点移到终点时 $\boldsymbol{F}$ 所做的功为

$$W = \int_\Gamma \boldsymbol{F} \cdot \mathrm{d}\boldsymbol{s} = \int_\Gamma y\mathrm{d}x - x\mathrm{d}y + (x+y+z)\mathrm{d}z.$$

§ 10.2 对坐标的曲线积分

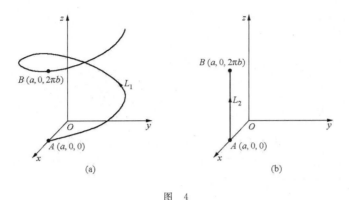

图 4

(1) 因为 $L_1: x=a\cos t, y=a\sin t, z=bt$,其中 t 从 0 变到 2π,所以
$$W=\int_0^{2\pi}(-a^2\sin^2 t-a^2\cos^2 t+ab\cos t+ab\sin t+b^2 t)\mathrm{d}t=2\pi(\pi b^2-a^2);$$

(2) 先找 L_2 的参数方程. 因为 $L_2: x=a, y=0, z=t$,其中 t 从 0 变到 $2\pi b$,所以
$$W=\int_0^{2\pi b}(a+t)\mathrm{d}t=2\pi b(a+\pi b).$$

*三、两类曲线积分之间的联系

虽然两类曲线积分来自不同的物理问题,且有不同的特性,但两者同为曲线积分,因而具有一定联系.

设 $L:\begin{cases}x=\varphi(t),\\ y=\psi(t)\end{cases}$ 为从点 A 到点 B 的有向光滑曲线弧,其中起点 A 处 $t=\theta_1$,终点 B 处 $t=\theta_2$,又 $P(x,y),Q(x,y)$ 在 L 上连续. 下面讨论曲线弧 L 上对弧长的曲线积分与对坐标的曲线积分的关系.

先设曲线弧 L 的方向与 t 增加的方向一致,则此时 $\theta_1<\theta_2$. 再设 $\boldsymbol{\tau}=(\varphi'(t),\psi'(t))$,则 $\boldsymbol{\tau}$ 为 L 上点 $M(\varphi(t),\psi(t))$ 处的切向量,其方向与参数 t 增大时点 M 移动的走向一致,其方向余弦为
$$\cos\alpha=\frac{\varphi'(t)}{\sqrt{[\varphi'(t)]^2+[\psi'(t)]^2}},\quad \cos\beta=\frac{\psi'(t)}{\sqrt{[\varphi'(t)]^2+[\psi'(t)]^2}},$$
其中 α,β 分别为 $\boldsymbol{\tau}$ 关于 x 轴,y 轴的方向角. 于是,由计算公式①和弧微分公式有
$$\int_L P(x,y)\mathrm{d}x+Q(x,y)\mathrm{d}y$$
$$=\int_{\theta_1}^{\theta_2}[P(\varphi(t),\psi(t))\varphi'(t)+Q(\varphi(t),\psi(t))\psi'(t)]\mathrm{d}t$$

$$= \int_{\theta_1}^{\theta_2} \Bigg[P(\varphi(t),\psi(t)) \frac{\varphi'(t)}{\sqrt{[\varphi'(t)]^2+[\psi'(t)]^2}}$$

$$+ Q(\varphi(t),\psi(t)) \frac{\psi'(t)}{\sqrt{[\varphi'(t)]^2+[\psi'(t)]^2}} \Bigg] \sqrt{[\varphi'(t)]^2+[\psi'(t)]^2}\, dt$$

$$= \int_L [P(x,y)\cos\alpha + Q(x,y)\cos\beta]\,ds.$$

若曲线弧 L 的方向与 t 减少的方向一致，即 $\theta_1 > \theta_2$，则上面第二个等式必交换积分限才能变为对弧长的曲线积分. 而此时 τ 的方向角 α,β 与原来相差 π，所以方向余弦变为原来的相反数，这样一来上面讨论的结果仍成立.

由此可见，平面曲线 L 的两类曲线积分有如下联系：

$$\int_L P(x,y)dx + Q(x,y)dy = \int_L [P(x,y)\cos\alpha + Q(x,y)\cos\beta]ds, \quad ②$$

其中 α,β 分别为有向曲线 L 上各点处的切向量关于 x 轴，y 轴的方向角.

类似可推出空间曲线 Γ 上的两类曲线积分有如下联系：

$$\int_\Gamma Pdx + Qdy + Rdz = \int_\Gamma (P\cos\alpha + Q\cos\beta + R\cos\gamma)ds, \quad ③$$

其中 α,β,γ 分别为有向曲线 Γ 上各点处的切向量关于 x 轴，y 轴，z 轴的方向角.

例 5 化对坐标的曲线积分 $\int_L P(x,y)dx + Q(x,y)dy$ 为对弧长的曲线积分，其中 L 为抛物线 $y = x^2$ 上从点 $A(0,0)$ 到点 $B(1,1)$ 的一段弧.

解 $L: y = x^2 (0 \leq x \leq 1)$ 上各点处的切向量为 $\boldsymbol{T} = (1, 2x)$，其方向余弦分别为

$$\cos\alpha = \frac{1}{\sqrt{4x^2+1}}, \quad \cos\beta = \frac{2x}{\sqrt{4x^2+1}},$$

所以由公式②有

$$\int_L P(x,y)dx + Q(x,y)dy = \int_L \frac{1}{\sqrt{4x^2+1}}[P(x,y) + 2xQ(x,y)]ds.$$

公式③还可以用向量的形式简记为

$$\int_\Gamma \boldsymbol{A} \cdot d\boldsymbol{r} = \int_\Gamma \boldsymbol{A} \cdot \boldsymbol{\tau}\, ds = \int_\Gamma A_\tau ds,$$

其中 $\boldsymbol{A} = (P,Q,R)$，$\boldsymbol{\tau} = (\cos\alpha,\cos\beta,\cos\gamma)$ 为有向曲线 Γ 上各点处的单位切向量，A_τ 为向量 $\boldsymbol{A}$ 在向量 $\boldsymbol{\tau}$ 上的投影，即 $A_\tau = \boldsymbol{A} \cdot \boldsymbol{\tau}$，$d\boldsymbol{r} = \boldsymbol{\tau}ds = (dx,dy,dz)$.

习 题 10.2

1. 计算下列对坐标的曲线积分：

(1) $\int_L (x^2 - 2xy)dx + (y^2 - 2xy)dy$，其中 $L: y = x^2$ 是从点 $(-1,1)$ 到点 $(1,1)$ 的一段弧；

(2) $\int_L x\,dy$,其中 L 是直线 $\dfrac{x}{2}+\dfrac{y}{3}=1$ 上从点 $(2,0)$ 到点 $(0,3)$ 的线段;

(3) $\oint_L (x^2+y^2)\,dy$,其中 L 是由直线 $x=1, y=1, x=3, y=5$ 围成的矩形边界,取逆时针方向;

(4) $\oint_L \dfrac{y\,dx-x\,dy}{x^2+y^2}$,其中 $L: x^2+y^2=a^2$,取逆时针方向;

(5) $\oint_\Gamma dx-dy+y\,dz$,其中 Γ 为折线 $A(1,0,0)\to B(0,1,0)\to C(0,0,1)\to O(0,0,0)\to A(1,0,0)$;

(6) $\int_\Gamma (z-y)\,dx+(x-z)\,dy+(x-y)\,dz$,其中 $\Gamma: x^2+y^2=1, x-y+z=2$,从 z 轴正向看去取顺时针方向.

2. 计算对坐标的曲线积分 $I_i=\int_{L_i}(3x^2+y)\,dx+(x-2y)\,dy\,(i=1,2,3)$,其中

(1) $L_1: y=0$;

(2) $L_2: x^2+y^2=1\,(y\geq 0)$;

(3) 折线 L_3 由 $x+y=1$ 和 $-x+y=1$ 组成,且三条曲线的起点均为 $A(1,0)$,终点均为 $B(-1,0)$.

3. 设一质点在点 $M(x,y)$ 处受力 F 作用由点 $A(a,0)$ 沿椭圆 $\dfrac{x^2}{a^2}+\dfrac{y^2}{b^2}=1$ 按逆时针方向移动到点 $B(0,b)$,F 的大小与点 M 到原点 O 的距离成正比(比例系数为 $k>0$),方向与 $\overrightarrow{OM}$ 垂直且与 y 轴的夹角为锐角,求力 F 所做的功 W.

*4. 设 Γ 为曲线 $x=t, y=t^2, z=t^3$ 上相应于 t 从 0 到 1 的曲线弧,把对坐标的曲线积分 $\int_\Gamma P\,dx+Q\,dy+R\,dz$ 化成对弧长的曲线积分.

§10.3 格林公式及其应用

一、格林公式

由第九章知二重积分可化为二次积分,三重积分可化为三次积分,而由本章前两节又知两类曲线积分可化为定积分,那么曲线积分与重积分之间有怎样的关系呢?下面介绍的格林(Green)公式就揭示了平面区域 D 上二重积分与其区域边界 L 上对坐标的曲线积分之间的联系.

首先要明确单连通、复连通区域的概念.设 D 为平面区域,如果 D 内任一闭曲线所围成的区域都属于 D,则称 D 为**单连通区域**;否则,称之为**复连通区域**.例如,图 1(a)为单连通区域,图 1(b)为复连通区域.通俗地说,单连通区域是"无洞"的(甚至不含"点洞"),而复连通区域是"有洞"的.又如,平面上$\{(x,y)|y>0\}$为单连通区域,而$\{(x,y)|0<x^2+y^2<2\}$是复连通区域.

设平面区域 D 的边界由一条或几条光滑曲线组成.规定 D 的**边界 L 的正向**为:当人沿着边界的这一方向行走时,区域 D 总位于其左侧.自然,与正向相反的方向为负向.例如,图 1(a)中单连通区域 D 的边界线只有一条,其正向为逆时针方向;图 1(b)中复连通区域 D 的边界线有三条,其外边界线的正向为逆时针方向,而另两条内边界线的正向都是顺时针方向.

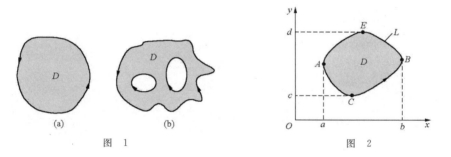

图 1　　　　　　　　　图 2

定理 1　若平面有界闭区域 D 由分段光滑的曲线 L 围成,函数 $P(x,y),Q(x,y)$ 在 D 上具有连续的一阶偏导数,则有

$$\oint_L P\,\mathrm{d}x+Q\,\mathrm{d}y=\iint_D\left(\frac{\partial Q}{\partial x}-\frac{\partial P}{\partial y}\right)\mathrm{d}x\mathrm{d}y, \qquad ①$$

其中 L 是 D 的取正向的边界曲线.

公式①称为**格林公式**,有时也将其记为

$$\oint_L P\,\mathrm{d}x+Q\,\mathrm{d}y=\iint_D\begin{vmatrix}\dfrac{\partial}{\partial x} & \dfrac{\partial}{\partial y}\\ P & Q\end{vmatrix}\mathrm{d}x\mathrm{d}y.$$

证　根据 D 的形状,对定理分情况进行证明.

(1) 若区域 D 既是 X 型又是 Y 型区域(图 2),即 D 可表示为如下两种形式:

$$D: a\leqslant x\leqslant b,\ \varphi_1(x)\leqslant y\leqslant\varphi_2(x),$$
$$D: c\leqslant y\leqslant d,\ \psi_1(y)\leqslant x\leqslant\psi_2(y),$$

其中 $y=\varphi_1(x)$ 与 $y=\varphi_2(x)$ 分别表示曲线 $\overset{\frown}{ACB}$ 和 $\overset{\frown}{BEA}$,而 $x=\psi_1(y)$ 与 $x=\psi_2(y)$ 分别表示曲线 $\overset{\frown}{EAC}$ 和 $\overset{\frown}{CBE}$,则

$$\iint_D \frac{\partial Q}{\partial x}\mathrm{d}x\mathrm{d}y = \int_c^d \mathrm{d}y \int_{\psi_1(y)}^{\psi_2(y)} \frac{\partial Q}{\partial x}\mathrm{d}x = \int_c^d Q(\psi_2(y), y)\mathrm{d}y - \int_c^d Q(\psi_1(y), y)\mathrm{d}y$$
$$= \int_{\widehat{CBE}} Q(x,y)\mathrm{d}y - \int_{\widehat{CAE}} Q(x,y)\mathrm{d}y = \int_{\widehat{CBE}} Q(x,y)\mathrm{d}y + \int_{\widehat{EAC}} Q(x,y)\mathrm{d}y$$
$$= \oint_{\widehat{CBEAC}} Q(x,y)\mathrm{d}y,$$

即
$$\iint_D \frac{\partial Q}{\partial x}\mathrm{d}x\mathrm{d}y = \oint_L Q(x,y)\mathrm{d}y.$$

同理可得
$$-\iint_D \frac{\partial P}{\partial y}\mathrm{d}x\mathrm{d}y = \oint_L P(x,y)\mathrm{d}x.$$

所以,此时有
$$\iint_D \left(\frac{\partial Q}{\partial x} - \frac{\partial P}{\partial y}\right)\mathrm{d}x\mathrm{d}y = \oint_L P\mathrm{d}x + Q\mathrm{d}y.$$

(2) 若 D 是由一条光滑或分段光滑的曲线围成的单连通区域,则可用若干条光滑曲线将 D 分成有限个既是 X 型又是 Y 型的子区域,再逐块使用格林公式,并相加即得公式①,其中相邻子区域有部分共同边界,但因其取向相反,其上的对坐标的曲线积分值刚好互相抵消,从而积分曲线仅剩原边界曲线. 例如,图 3 中 D 被分成三个既是 X 型又是 Y 型的子区域 D_1, D_2, D_3,则

$$\iint_D \left(\frac{\partial Q}{\partial x} - \frac{\partial P}{\partial y}\right)\mathrm{d}x\mathrm{d}y = \iint_{D_1}\left(\frac{\partial Q}{\partial x} - \frac{\partial P}{\partial y}\right)\mathrm{d}x\mathrm{d}y + \iint_{D_2}\left(\frac{\partial Q}{\partial x} - \frac{\partial P}{\partial y}\right)\mathrm{d}x\mathrm{d}y + \iint_{D_3}\left(\frac{\partial Q}{\partial x} - \frac{\partial P}{\partial y}\right)\mathrm{d}x\mathrm{d}y$$
$$= \oint_{L_1} P\mathrm{d}x + Q\mathrm{d}y + \oint_{L_2} P\mathrm{d}x + Q\mathrm{d}y + \oint_{L_3} P\mathrm{d}x + Q\mathrm{d}y$$
$$= \oint_L P\mathrm{d}x + Q\mathrm{d}y.$$

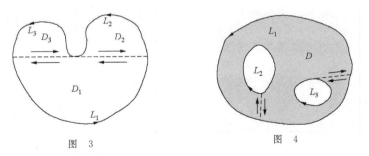

图 3   图 4

(3) 若 D 是由不止一条光滑或分段光滑的曲线围成的复连通区域(图 4),可适当添加直线段将区域转化为单连通区域,再对单连通区域使用格林公式,即得公式①,此时与(2)中的讨

论同理,新引进的积分曲线因为两次使用中取向相反而被抵消,最后积分曲线仅剩原边界曲线.证毕.

例 1 计算对坐标的曲线积分 $\int_{\widehat{AB}} x\,\mathrm{d}y$,其中有向曲线弧 $\widehat{AB}$ 是圆周 $x^2+y^2=r^2$ 在第一象限的部分,起点 A 在 y 轴上,终点 B 在 x 轴上.

解 如图 5 所示,引入辅助线 $L = \overrightarrow{OA} + \widehat{AB} + \overrightarrow{BO}$,并设曲线 L 围成区域 D,方向为负向,则

$$\int_{\widehat{AB}} x\,\mathrm{d}y = \oint_L x\,\mathrm{d}y - \int_{\overrightarrow{OA}} x\,\mathrm{d}y - \int_{\overrightarrow{BO}} x\,\mathrm{d}y.$$

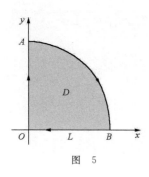

图 5

这里 $P=0, Q=x$,则它们在 D 上具有连续的一阶偏导数,又 L 取负向,于是由格林公式有

$$\oint_L x\,\mathrm{d}y = \oint_L P\,\mathrm{d}x + Q\,\mathrm{d}y = -\iint_D \left(\frac{\partial Q}{\partial x} - \frac{\partial P}{\partial y}\right) \mathrm{d}x\mathrm{d}y$$

$$= -\iint_D (1-0)\,\mathrm{d}x\mathrm{d}y = -\iint_D \mathrm{d}x\mathrm{d}y = -\frac{1}{4}\pi r^2.$$

又 $\overrightarrow{OA}$: $x=0$,其中 y 从 0 变到 r,则

$$\int_{\overrightarrow{OA}} x\,\mathrm{d}y = \int_0^r 0\,\mathrm{d}y = 0.$$

而 $\overrightarrow{BO}$: $y=0$,其中 x 从 r 变到 0,则

$$\int_{\overrightarrow{BO}} x\,\mathrm{d}y = \int_r^0 x \cdot 0\,\mathrm{d}x = 0.$$

所以

$$\int_{\widehat{AB}} x\,\mathrm{d}y = -\frac{1}{4}\pi r^2 - 0 - 0 = -\frac{1}{4}\pi r^2.$$

注 若边界曲线方向为负向,使用格林公式时应在等式某一端加负号.

例 2 计算对坐标的曲线积分 $\oint_L \dfrac{x\,\mathrm{d}y - y\,\mathrm{d}x}{x^2+y^2}$,其中 L 为一无重点且不过原点的分段光滑正向闭曲线.

解 这里 $P = \dfrac{-y}{x^2+y^2}, Q = \dfrac{x}{x^2+y^2}$,则 $\dfrac{\partial Q}{\partial x} = \dfrac{y^2-x^2}{(x^2+y^2)^2} = \dfrac{\partial P}{\partial y}$.

设 L 所围的区域为 D,则

(1) 当 $(0,0) \notin D$ 时(图 6),P, Q 在 D 上具有连续的一阶偏导数,且 L 取正向,由格林公式有

$$\oint_L P\,\mathrm{d}x + Q\,\mathrm{d}y = \iint_D \left(\frac{\partial Q}{\partial x} - \frac{\partial P}{\partial y}\right) \mathrm{d}x\mathrm{d}y = 0.$$

图 6

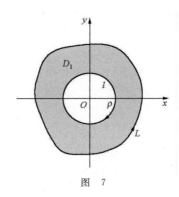

图 7

(2) 当 $(0,0) \in D$ 时(图 7),因为 P,Q 的一阶偏导数在点 $(0,0)$ 不连续,所以不能直接用格林公式. 为此,在 D 内作 $l: x^2+y^2=\rho^2$(ρ 充分小),取 l 的方向为顺时针方向,则

$$\oint_L P\mathrm{d}x+Q\mathrm{d}y = \oint_{L+l} P\mathrm{d}x+Q\mathrm{d}y - \int_l P\mathrm{d}x+Q\mathrm{d}y.$$

设 L 与 l 围成的区域为 D_1,区域 D_1 上 P,Q 具有连续的一阶偏导数,且其边界 $L+l$ 取正向,于是由格林公式有

$$\oint_{L+l} P\mathrm{d}x+Q\mathrm{d}y = \iint_{D_1}\left(\frac{\partial Q}{\partial x}-\frac{\partial P}{\partial y}\right)\mathrm{d}x\mathrm{d}y = 0.$$

而 l 的参数方程为 $x=\rho\cos\theta, y=\rho\sin\theta$,其中 ρ 为常数,θ 从 2π 变到 0,所以

$$\int_l P\mathrm{d}x+Q\mathrm{d}y = \int_{2\pi}^{0} \frac{\rho^2\cos^2\theta+\rho^2\sin^2\theta}{\rho^2}\mathrm{d}\theta = \int_{2\pi}^{0}\mathrm{d}\theta = -2\pi.$$

因此

$$\oint_L P\mathrm{d}x+Q\mathrm{d}y = 0-(-2\pi) = 2\pi.$$

注 此例(2)中 P,Q 及其一阶偏导数在 D 内有不连续点,不满足定理 1 的第二个条件,故以不连续点为圆心作半径充分小的圆,将不连续点"挖掉",这样在剩下的区域可用格林公式,从而在原边界上的曲线积分的计算转化为在新边界小圆上的曲线积分的计算.

在格林公式中,若适当地选取 P,Q,使 $\frac{\partial Q}{\partial x}-\frac{\partial P}{\partial y}=k$($k$ 为常数),则

$$\oint_L P\mathrm{d}x+Q\mathrm{d}y = k\iint_D \mathrm{d}x\mathrm{d}y = kS_D,$$

其中 S_D 为 D 的面积. 据此可知

$$S_D = \frac{1}{k}\oint_L P\mathrm{d}x+Q\mathrm{d}y.$$

例如,取 $P=-y, Q=x$ 时,有

$$S_D = \frac{1}{2}\oint_L x\mathrm{d}y-y\mathrm{d}x; \qquad ②$$

取 $P=0, Q=x$ 时，有
$$S_D = \oint_L x\,dy;$$
取 $P=-y, Q=0$ 时，有
$$S_D = \oint_L (-y)\,dx.$$

例 3 计算由星形线 $L: x=a\cos^3 t, y=b\sin^3 t$ $(0\leqslant t\leqslant 2\pi)$ 所围区域的面积.

解 由公式②得
$$S_D = \frac{1}{2}\oint_L x\,dy - y\,dx = \frac{3ab}{2}\int_0^{2\pi}(\sin^2 t\cos^4 t + \cos^2 t\sin^4 t)\,dt$$
$$= \frac{3ab}{2}\int_0^{2\pi}\sin^2 t\cos^2 t\,dt = \frac{3ab}{16}\int_0^{2\pi}(1-\cos 4t)\,dt = \frac{3}{8}\pi ab.$$

二、平面上对坐标的曲线积分与路径无关的条件

由§10.2 中的例 1 和例 2 发现，同样的被积函数，相同的起点和终点，对坐标的曲线积分有时与积分路径有关，有时与积分路径无关. 因此，要思考这样一个问题：什么条件下对坐标的曲线积分 $\int_{\widehat{AB}} P\,dx + Q\,dy$ 的值只与起点 A 和终点 B 的坐标有关，而与连接 A,B 两点的积分路径无关？下面的定理就可解决此问题.

定理 2 设 D 是单连通区域，函数 $P(x,y), Q(x,y)$ 在 D 内具有连续的一阶偏导数，则下面四个命题等价：

(1) 对 D 中任一分段光滑闭曲线 C，有 $\oint_C P\,dx + Q\,dy = 0$；

(2) 对 D 中任一有向分段光滑曲线 L，曲线积分 $\int_L P\,dx + Q\,dy$ 与路径无关，只与起点、终点有关；

(3) $P\,dx + Q\,dy$ 在 D 内是某一函数 $u(x,y)$ 的全微分，即在 D 内 $du(x,y) = P\,dx + Q\,dy$；

(4) 在 D 内恒有 $\dfrac{\partial P}{\partial y} = \dfrac{\partial Q}{\partial x}$.

证 只要证 $(1)\Rightarrow(2), (2)\Rightarrow(3), (3)\Rightarrow(4), (4)\Rightarrow(1)$，即可得出这四个命题等价.

证 $(1)\Rightarrow(2)$. 如图 8 所示，设 L_1, L_2 为 D 内任意两条由点 A 到点 B 的有向分段光滑曲线，则由(1)有
$$\int_{L_1} P\,dx + Q\,dy - \int_{L_2} P\,dx + Q\,dy = \int_{L_1} P\,dx + Q\,dy + \int_{L_2^-} P\,dx + Q\,dy$$
$$= \oint_{L_1+L_2^-} P\,dx + Q\,dy = 0,$$

其中 $L_1 + L_2^-$ 表示由 L_1 与 L_2 连成的有向闭曲线，方向与 L_1 相同，所以

§10.3 格林公式及其应用

$$\int_{L_1} P\mathrm{d}x + Q\mathrm{d}y = \int_{L_2} P\mathrm{d}x + Q\mathrm{d}y.$$

图 8

图 9

证 (2)⇒(3). 由(2)知曲线积分与路径无关,即对坐标的曲线积分可记为

$$\int_{\widehat{AB}} P\mathrm{d}x + Q\mathrm{d}y = \int_A^B P\mathrm{d}x + Q\mathrm{d}y.$$

若在 D 内取定点 $A(x_0, y_0)$ 为起点,动点 $B(x, y)$ 为终点,则积分值仅由 B 唯一确定,因此是 (x, y) 的函数,记为

$$u(x, y) = \int_{(x_0, y_0)}^{(x, y)} P\mathrm{d}x + Q\mathrm{d}y.$$

下证 $u(x, y)$ 在 D 内可微,且

$$\mathrm{d}u = P(x, y)\mathrm{d}x + Q(x, y)\mathrm{d}y.$$

因为 $P(x, y), Q(x, y)$ 在 D 内连续,只要证明下面两等式成立即可:

$$\frac{\partial u}{\partial x} = P(x, y), \quad \frac{\partial u}{\partial y} = Q(x, y).$$

如图 9 所示,在 D 内取 $C(x+\Delta x, y)$,且使 BC 也在 D 内. 由于曲线积分与路径无关,从点 A 到点 C 的曲线积分可看成先从点 A 到点 B,再从点 B 沿直线段 BC 到点 C 的曲线积分,于是函数 $u(x, y)$ 的偏增量为

$$\Delta_x u = u(x+\Delta x, y) - u(x, y) = \int_{\widehat{AC}} P\mathrm{d}x + Q\mathrm{d}y - \int_{\widehat{AB}} P\mathrm{d}x + Q\mathrm{d}y$$

$$= \int_{\overrightarrow{BC}} P\mathrm{d}x + Q\mathrm{d}y = \int_{(x, y)}^{(x+\Delta x, y)} P\mathrm{d}x + Q\mathrm{d}y.$$

由 $\mathrm{d}y = 0$(由于直线段 BC 的方程为 $y=$ 常数)和积分中值定理得

$$\Delta_x u = \int_{(x, y)}^{(x+\Delta x, y)} P\mathrm{d}x + Q\mathrm{d}y = \int_x^{x+\Delta x} P\mathrm{d}x = P(x+\theta\Delta x, y)\Delta x,$$

其中 $0 < \theta < 1$. 于是,由 $P(x, y)$ 在 D 内的连续性有

$$\frac{\partial u}{\partial x} = \lim_{\Delta x \to 0} \frac{\Delta_x u}{\Delta x} = \lim_{\Delta x \to 0} P(x+\theta\Delta x, y) = P(x, y).$$

第十章　曲线积分与曲面积分

同理可证

$$\frac{\partial u}{\partial y} = Q(x,y).$$

因此，由 $\dfrac{\partial u}{\partial x}, \dfrac{\partial u}{\partial y}$ 连续，则 $u(x,y)$ 在 D 内可微且

$$du = P dx + Q dy.$$

证 (3)⇒(4)．由 (3) 知

$$\frac{\partial u}{\partial x} = P(x,y), \quad \frac{\partial u}{\partial y} = Q(x,y),$$

所以

$$\frac{\partial P}{\partial y} = \frac{\partial^2 u}{\partial x \partial y}, \quad \frac{\partial Q}{\partial x} = \frac{\partial^2 u}{\partial y \partial x}.$$

已知 $P(x,y), Q(x,y)$ 在 D 内具有连续的一阶偏导数，根据连续二阶混合偏导数的性质，则 $\dfrac{\partial^2 u}{\partial x \partial y} = \dfrac{\partial^2 u}{\partial y \partial x}$，从而在 D 内恒有

$$\frac{\partial P}{\partial y} = \frac{\partial Q}{\partial x}.$$

证 (4)⇒(1)．设 C 为 D 内的任一分段光滑闭曲线，C 所围的区域为 D'，则 $D' \subset D$，C 取正向．在 D' 上恒有

$$\frac{\partial P}{\partial y} = \frac{\partial Q}{\partial x},$$

从而利用格林公式得

$$\oint_C P dx + Q dy = \iint_{D'} \left(\frac{\partial Q}{\partial x} - \frac{\partial Q}{\partial x} \right) dx dy = 0,$$

即命题 (1) 成立．证毕．

在 §10.2 的例 1 中，$P = y^2, Q = 0, \dfrac{\partial P}{\partial y} = 2y \neq \dfrac{\partial Q}{\partial x} = 0$，由定理 2 知曲线积分与路径有关，计算结果也与这一结论一致；而在例 2 的前两问中，$P = y, Q = x, \dfrac{\partial P}{\partial y} = 1 = \dfrac{\partial Q}{\partial x}$，由定理 2 知曲线积分与路径无关，计算结果同样与这一结论一致．另外，在本节例 2 的第二种情况中，因不满足定理 2 中函数 $P(x,y), Q(x,y)$ 在 D 内具有连续的一阶偏导数，尽管 $\dfrac{\partial P}{\partial y} = \dfrac{\partial Q}{\partial x}$ 在一定条件下成立，但 $\oint_L P dx + Q dy \neq 0$．由此可知定理 2 中的两条件不可或缺．

注 由定理 2 知，若函数 $P(x,y), Q(x,y)$ 在单连通区域 D 内具有连续的一阶偏导数且在 D 内恒有 $\dfrac{\partial P}{\partial y} = \dfrac{\partial Q}{\partial x}$，则沿 D 内任一有向分段光滑曲线 L 的曲线积分 $\int_L P dx + Q dy$ 与路径

无关，只与起点和终点有关．此时，若曲线 L 很复杂，可选 D 内较简单的同起点和终点的曲线代替 L，从而化简曲线积分的计算．

例 4 计算对坐标的曲线积分 $I = \int_L \dfrac{(x-y)\mathrm{d}x + (x+y)\mathrm{d}y}{x^2+y^2}$，其中 L 为 $y = 2x^2 - 2$ 上由点 $A(-1,0)$ 到点 $B(1,0)$ 的一段弧．

解法 1 因为 $P = \dfrac{x-y}{x^2+y^2}, Q = \dfrac{x+y}{x^2+y^2}$，所以

$$\frac{\partial P}{\partial y} = \frac{-(x^2+y^2) - 2y(x-y)}{(x^2+y^2)^2} = \frac{-2xy - x^2 + y^2}{(x^2+y^2)^2} = \frac{\partial Q}{\partial x}.$$

可见，$\dfrac{\partial P}{\partial y}, \dfrac{\partial Q}{\partial x}$ 在 $(x,y) \neq (0,0)$ 的区域上连续．由定理 2 知，曲线只要绕过原点，曲线积分就与路径无关，因此可选如下简单折线路径(图 10)：

$$A(-1,0) \to C(-1,-1) \to D(1,-1) \to B(1,0),$$

其中 $\overrightarrow{AC}: x = -1, y$ 从 0 变到 -1；$\overrightarrow{CD}: y = -1, x$ 从 -1 变到 1，$\overrightarrow{DB}: x = 1, y$ 从 -1 变到 0．于是

$$\begin{aligned}
I &= \int_L \frac{(x-y)\mathrm{d}x + (x+y)\mathrm{d}y}{x^2+y^2} \\
&= \int_{\overrightarrow{AC}} \frac{(x-y)\mathrm{d}x + (x+y)\mathrm{d}y}{x^2+y^2} + \int_{\overrightarrow{CD}} \frac{(x-y)\mathrm{d}x + (x+y)\mathrm{d}y}{x^2+y^2} \\
&\quad + \int_{\overrightarrow{DB}} \frac{(x-y)\mathrm{d}x + (x+y)\mathrm{d}y}{x^2+y^2} \\
&= \int_0^{-1} \frac{-1+y}{1+y^2}\mathrm{d}y + \int_{-1}^1 \frac{1+x}{1+x^2}\mathrm{d}x + \int_{-1}^0 \frac{1+y}{1+y^2}\mathrm{d}y \\
&= 2\int_{-1}^0 \frac{1}{1+y^2}\mathrm{d}y + \int_{-1}^1 \frac{x\mathrm{d}x}{1+x^2} + \int_{-1}^1 \frac{1}{1+x^2}\mathrm{d}x \\
&= 4\int_{-1}^0 \frac{1}{1+y^2}\mathrm{d}y + 0 = 4\arctan y \Big|_{-1}^0 = \pi.
\end{aligned}$$

图 10

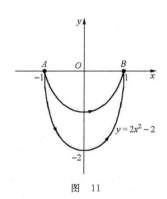

图 11

解法 2 若积分曲线不过原点,曲线积分与路径无关的讨论同前一解法.

如图 11 所示,取路径为过 A,B 两点的单位圆的下半圆周,其方程为 $x=\cos\theta, y=\sin\theta$,其中 θ 从 π 变到 2π,于是

$$I = \int_L \frac{(x-y)\mathrm{d}x + (x+y)\mathrm{d}y}{x^2+y^2}$$
$$= \int_\pi^{2\pi} \frac{(\cos\theta - \sin\theta)(-\sin\theta) + (\cos\theta + \sin\theta)\cos\theta}{\cos^2\theta + \sin^2\theta} \mathrm{d}\theta$$
$$= \int_\pi^{2\pi} \mathrm{d}\theta = \pi.$$

定理 2 给出了判别对坐标的曲线积分中 $P\mathrm{d}x+Q\mathrm{d}y$ 是否为全微分的方法:满足定理的两前提条件后,只要命题(1),(2),(4)中有一个成立(特别是(4)很容易判定),即可判定存在某一函数 $u(x,y)$,使得 $\mathrm{d}u(x,y)=P\mathrm{d}x+Q\mathrm{d}y$. 通常称 $u(x,y)$ 为 $P\mathrm{d}x+Q\mathrm{d}y$ 的**原函数**. 在定理 2 的证明过程中还给出了求原函数 $u(x,y)$ 的方法:

$$u(x,y) = \int_{(x_0,y_0)}^{(x,y)} P\mathrm{d}x + Q\mathrm{d}y,$$

其中定点 $A(x_0,y_0)$,动点 $B(x,y)$ 都属于 D. 由于曲线积分与路径无关,对于上述曲线积分多选特殊的折线路径. 如图 12 所示,若选折线路径 $A \to C \to B$,则

$$u(x,y) = \int_{x_0}^{x} P(x,y_0)\mathrm{d}x + \int_{y_0}^{y} Q(x,y)\mathrm{d}y.$$

同理,若选折线路径 $A \to D \to B$,则

$$u(x,y) = \int_{y_0}^{y} Q(x_0,y)\mathrm{d}y + \int_{x_0}^{x} P(x,y)\mathrm{d}x.$$

图 12

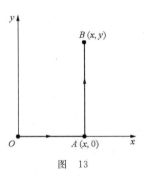

图 13

在定理 2 的条件下,还可以证明:如果 $u(x,y)$ 是 $P\mathrm{d}x+Q\mathrm{d}y$ 的一个原函数,则对于任意 $(x_0,y_0),(x_1,y_1) \in D$,有

$$\int_{(x_0,y_0)}^{(x_1,y_1)} P\mathrm{d}x + Q\mathrm{d}y = u(x,y) \Big|_{(x_0,y_0)}^{(x_1,y_1)} = u(x_1,y_1) - u(x_0,y_0).$$

例 5 在 Oxy 平面内，验证 $xy^2\,dx+x^2y\,dy$ 是某个函数 $u(x,y)$ 的全微分，并求 $u(x,y)$ 及 $\int_{(1,2)}^{(3,4)} xy^2\,dx+x^2y\,dy$.

解 设 $P=xy^2$，$Q=x^2y$，则 $\dfrac{\partial P}{\partial y}=2xy=\dfrac{\partial Q}{\partial x}$ 在 Oxy 平面内恒成立. 因此 $xy^2\,dx+x^2y\,dy$ 是某个函数 $u(x,y)$ 的全微分. 若取积分路径如图 13 所示，则所求的函数 $u(x,y)$ 可取为

$$u(x,y)=\int_{(0,0)}^{(x,y)} xy^2\,dx+x^2y\,dy$$
$$=\int_{OA} xy^2\,dx+x^2y\,dy+\int_{AB} xy^2\,dx+x^2y\,dy$$
$$=\int_0^x x\cdot 0^2\,dx+\int_0^y x^2y\,dy$$
$$=\frac{1}{2}x^2y^2.$$

所以

$$\int_{(1,2)}^{(3,4)} xy^2\,dx+x^2y\,dy=\int_{(1,2)}^{(3,4)} du(x,y)=u(x,y)\Big|_{(1,2)}^{(3,4)}=\frac{x^2y^2}{2}\Big|_{(1,2)}^{(3,4)}=70.$$

对于 $P\,dx+Q\,dy$ 的原函数 $u(x,y)$，除了可以用上面曲线积分的方法来求外，还可用下面两种方法来求.

一种方法是**凑微分法**，即对给定的 $P\,dx+Q\,dy$，利用全微分法则，从形式上把它凑成某个函数 $u(x,y)$ 的全微分. 例如，对于例 5，因为

$$xy^2\,dx+x^2y\,dy=\frac{1}{2}y^2\,dx^2+\frac{1}{2}x^2\,dy^2=\frac{1}{2}d(x^2y^2)=d\left(\frac{1}{2}x^2y^2\right),$$

所以 $x^2y^2\,dx+x^2y\,dy$ 的一个原函数为

$$u(x,y)=\frac{1}{2}x^2y^2.$$

另一种方法是**不定积分法**：先由 $\dfrac{\partial u}{\partial x}=P(x,y)$ 两边对 x 积分，得

$$u(x,y)=\int P(x,y)\,dx+\varphi(y),$$

其中 $\varphi(y)$ 待定；再由 $\dfrac{\partial u}{\partial y}=Q(x,y)$ 知，$\varphi(y)$ 满足

$$\frac{\partial}{\partial y}\left[\int P(x,y)\,dx\right]+\varphi'(y)=Q(x,y).$$

由此可求出 $\varphi(y)$，从而得到 $u(x,y)$. 例如，在例 5 中，由前面的讨论知 $u(x,y)$ 存在，且 $du=xy^2\,dx+x^2y\,dy$，则 $\dfrac{\partial u}{\partial x}=xy^2$，所以

$$u = \int xy^2 \mathrm{d}x = \frac{1}{2}x^2y^2 + \varphi(y),$$

其中 $\varphi(y)$ 待定. 又 $\dfrac{\partial u}{\partial y} = x^2 y$, 则 $\dfrac{\partial \varphi}{\partial y} = 0$, 所以 $\varphi(y) = C$. 因此

$$u = \frac{x^2 y^2}{2} + C \quad (C\text{ 为任意常数}).$$

由此结果可见满足要求的 $u(x,y)$ 有无数多个.

三、求解全微分方程

以上关于 $P(x,y)\mathrm{d}x + Q(x,y)\mathrm{d}y$ 原函数的存在性讨论及寻找方法还可以帮助我们解一类微分方程——全微分方程.

当一阶微分方程写成

$$P(x,y)\mathrm{d}x + Q(x,y)\mathrm{d}y = 0 \tag{③}$$

的形式后,如果存在 $u(x,y)$,使得 $\mathrm{d}u(x,y) = P(x,y)\mathrm{d}x + Q(x,y)\mathrm{d}y$,则称微分方程③为**全微分方程**.

一旦找到了 $u(x,y)$, 则

$$u(x,y) = C \quad (C\text{ 为任意常数})$$

为微分方程③的通解. 由例 5 中三种求 $u(x,y)$ 的方法知,全微分方程的通解有三种求法.

例 6 求微分方程 $\dfrac{\mathrm{d}y}{\mathrm{d}x} = -\dfrac{x^2 + x^3 + y}{1+x}$ 的通解.

解 当 $x \neq -1$ 时, 此微分方程可整理为

$$(x^2 + x^3 + y)\mathrm{d}x + (1+x)\mathrm{d}y = 0.$$

设 $P = x^2 + x^3 + y, Q = 1 + x$, 因为 $\dfrac{\partial P}{\partial y} = 1 = \dfrac{\partial Q}{\partial x}$, 所以 $(x^2 + x^3 + y)\mathrm{d}x + (1+x)\mathrm{d}y = 0$ 是全微分方程.

下面我们用三种不同方法来求 $(x^2 + x^3 + y)\mathrm{d}x + (1+x)\mathrm{d}y$ 的原函数 $u(x,y)$.

(1) 曲线积分法:

$$\begin{aligned}
u(x,y) &= \int_{(0,0)}^{(x,y)} (x^2 + x^3 + y)\mathrm{d}x + (1+x)\mathrm{d}y \\
&= \int_{(0,0)}^{(0,y)} (x^2 + x^3 + y)\mathrm{d}x + (1+x)\mathrm{d}y + \int_{(0,y)}^{(x,y)} (x^2 + x^3 + y)\mathrm{d}x + (1+x)\mathrm{d}y \\
&= \int_0^y \mathrm{d}y + \int_0^x (x^2 + x^3 + y)\mathrm{d}x = y + \frac{x^3}{3} + \frac{x^4}{4} + xy.
\end{aligned}$$

(2) 凑微分法: 因为

$$(x^2 + x^3 + y)\mathrm{d}x + (1+x)\mathrm{d}y = \mathrm{d}y + (x\mathrm{d}y + y\mathrm{d}x) + x^2\mathrm{d}x + x^3\mathrm{d}x$$

$$= \mathrm{d}y + \mathrm{d}(xy) + \mathrm{d}\frac{x^3}{3} + \mathrm{d}\frac{x^4}{4} = \mathrm{d}\left(y + xy + \frac{x^3}{3} + \frac{x^4}{4}\right),$$

所以

$$u(x,y) = y + xy + \frac{x^3}{3} + \frac{x^4}{4}.$$

（3）不定积分法：因为

$$\frac{\partial u}{\partial x} = x^2 + x^3 + y,$$

所以

$$u(x,y) = \int (x^2 + x^3 + y) \mathrm{d}x = \frac{x^3}{3} + \frac{x^4}{4} + xy + \varphi(y),$$

则

$$\frac{\partial u}{\partial y} = x + \varphi'(y).$$

又 $\dfrac{\partial u}{\partial y} = 1 + x$，所以 $x + \varphi'(y) = 1 + x$，即 $\varphi'(y) = 1$，可取 $\varphi(y) = y$. 所以

$$u(x,y) = \frac{x^3}{3} + \frac{x^4}{4} + xy + y.$$

故原微分方程的通解为

$$y + xy + \frac{x^3}{3} + \frac{x^4}{4} = C.$$

习 题 10.3

1. 利用格林公式计算下列对坐标的曲线积分：

（1）$\oint_L (x^2 y - 2y) \mathrm{d}x + \left(\dfrac{1}{3}x^3 - x\right) \mathrm{d}y$，其中 L 为由直线 $x = 1, y = x, y = 2x$ 围成的三角形反向边界；

（2）$\oint_L (x^2 - xy^3) \mathrm{d}x + (y^2 - 2xy) \mathrm{d}y$，其中 L 为以 $(0,0),(2,0),(2,2),(0,2)$ 为顶点的正方形正向边界；

（3）$\int_L (x^2 - y) \mathrm{d}x - (x + \sin^2 y) \mathrm{d}y$，其中 L 为曲线 $y = \sqrt{2x - x^2}$ 上由点 $(0,0)$ 到点 $(1,1)$ 的一段弧；

（4）$\int_L [\mathrm{e}^x \sin y - b(x+y)] \mathrm{d}x + (\mathrm{e}^x \cos y - ax) \mathrm{d}y$，其中 $a,b > 0$ 为常数，L 为曲线 $y = \sqrt{2ax - x^2}$ 上由点 $(2a,0)$ 到点 $(0,0)$ 的一段弧.

2. 求 $\oint_L \dfrac{x\mathrm{d}y - y\mathrm{d}x}{4x^2 + y^2}$，其中 L 是以点 $(1,0)$ 为圆心，$R(R>1)$ 为半径的圆周，取逆时针方向.

3. 利用对坐标的曲线积分求下列曲线 L 所围成平面图形的面积：

(1) $L: x^2+y^2=2ax$；　　(2) $L: \dfrac{x^2}{a^2}+\dfrac{y^2}{b^2}=1$；

(3) L 是由曲线 $y=x^2, x=y^2, 8xy=1$ 所围成图形的边界(含有原点).

4. 证明下列对坐标的曲线积分在 Oxy 平面内与路径无关，并计算积分值：

(1) $\displaystyle\int_{(1,0)}^{(2,1)}(2y-y^3)\mathrm{d}x+(2x-3xy^2+4y^3)\mathrm{d}y$；

(2) $\displaystyle\int_{(1,1)}^{(3,3)}(-y\mathrm{e}^x\sin\mathrm{e}^x)\mathrm{d}x+\cos\mathrm{e}^x\mathrm{d}y$；

(3) $\displaystyle\int_{(0,0)}^{(1,1)}\mathrm{e}^{y^2}\mathrm{d}x+2xy\mathrm{e}^{y^2}\mathrm{d}y$.

5. 设对坐标的曲线积分 $\displaystyle\int_L xy^2\mathrm{d}x+y\varphi(x)\mathrm{d}y$ 在 Oxy 平面内与路径无关，其中 $\varphi(x)$ 具有连续导数，且 $\varphi(0)=0$，计算 $\displaystyle\int_{(0,0)}^{(1,1)}xy^2\mathrm{d}x+y\varphi(x)\mathrm{d}y$.

6. 验证下列 $P(x,y)\mathrm{d}x+Q(x,y)\mathrm{d}y$ 在 Oxy 平面内是某一函数 $u(x,y)$ 的全微分，并求出一个 $u(x,y)$：

(1) $(x^2+2xy-y^2)\mathrm{d}x+(x^2-2xy-y^2)\mathrm{d}y$；

(2) $[(x+y+1)\mathrm{e}^x-\mathrm{e}^y]\mathrm{d}x+[\mathrm{e}^x-(x+y+1)\mathrm{e}^y]\mathrm{d}y$；

(3) $4\sin x\sin 3y\cos x\mathrm{d}x-3\cos 3y\cos 2x\mathrm{d}y$；

(4) $(2x\cos y+y^2\cos x)\mathrm{d}x+(2y\sin x-x^2\sin y)\mathrm{d}y$.

7. 判断下列微分方程是否是全微分方程，若是，求其通解：

(1) $(2x-y)\mathrm{d}x+(x-2y)\mathrm{d}y=0$；

(2) $(\mathrm{e}^x+y\cos x)\mathrm{d}x+(\mathrm{e}^y-y\sin x)\mathrm{d}y=0$；

(3) $(5x^4+3xy^2-y^3)\mathrm{d}x+(3x^2y+y^2-3xy^2)\mathrm{d}y=0$；

(4) $\left(2x^3y^2-\dfrac{1}{2}\mathrm{e}^{2y}\right)\mathrm{d}x+(x^4y-x\mathrm{e}^{2y})\mathrm{d}y=0$.

§10.4　对面积的曲面积分

一、对面积的曲面积分的概念与性质

（一）引例：空间曲面构件的质量

设有一个可求面积的空间曲面构件在空间恰好占据曲面 Σ，其面密度 $f(x,y,z)$ 是 Σ 上的连续函数，求该空间曲面构件的质量 m.

与 §10.3 中求不均匀曲线构件质量的讨论类似，下面用元素法思想解决此问题．先将 Σ 任意分为 n 个小曲面 $\Delta S_1,\Delta S_2,\cdots,\Delta S_n$（这些符号同时表示相应的小曲面面积）．在每个 ΔS_i

上任取点 $M_i(\xi_i,\eta_i,\zeta_i)$. 用点 $M_i(\xi_i,\eta_i,\zeta_i)$ 处的密度近似代替 ΔS_i 上变化的密度, 则 $f(\xi_i,\eta_i,\zeta_i)\Delta S_i$ 是 ΔS_i 的质量的近似值. 于是 $\sum_{i=1}^{n}f(\xi_i,\eta_i,\zeta_i)\Delta S_i$ 是该空间曲面构件的质量的近似值. ΔS_i 中两点间最大距离称为曲面 ΔS_i 的直径, 记为 d_i. 当 $\lambda=\max\limits_{1\leqslant i\leqslant n}\{d_i\}$ 趋于零时, 若上述和式的极限存在, 则定义此极限值为该空间曲面构件的质量, 即

$$m=\lim_{\lambda\to 0}\sum_{i=1}^{n}f(\xi_i,\eta_i,\zeta_i)\Delta S_i.$$

同样, 这种和式的极限也会在许多实际问题遇到. 它就是下面要讨论的对面积的曲面积分.

(二) 对面积的曲面积分的定义

定义 设 Σ 为光滑或分片光滑曲面[①], $f(x,y,z)$ 为在 Σ 上的连续函数. 将 Σ 任意分成 n 个小曲面 $\Delta S_i (i=1,2,\cdots,n)$, ΔS_i 既表示第 i 个小曲面又表示它的面积. 在每个 ΔS_i 上任取一点 $M_i(\xi_i,\eta_i,\zeta_i)$. 记 d_i 为小曲面 ΔS_i 的直径. 当 $\lambda=\max\limits_{1\leqslant i\leqslant n}\{d_i\}$ 趋于零时, 若和式 $\sum_{i=1}^{n}f(\xi_i,\eta_i,\zeta_i)\Delta S_i$ 的极限存在, 则称此极限值为函数 $f(x,y,z)$ 在曲面 Σ 上**对面积的曲面积分**或**第一类曲面积分**, 记作 $\iint\limits_{\Sigma}f(x,y,z)\mathrm{d}S$, 即

$$\iint\limits_{\Sigma}f(x,y,z)\mathrm{d}S=\lim_{\lambda\to 0}\sum_{i=1}^{n}f(\xi_i,\eta_i,\zeta_i)\Delta S_i,$$

其中称 $\mathrm{d}S$ 为**面积微元**, $f(x,y,z)$ 为**被积函数**, Σ 为**积分曲面**.

特别地, 当上述定义中的曲面 Σ 封闭时, 对面积的曲面积分记为 $\oiint\limits_{\Sigma}f(x,y,z)\mathrm{d}S$.

由上述定义可知, 引例中空间曲面构件的质量可表示为

$$m=\iint\limits_{\Sigma}f(x,y,z)\mathrm{d}S.$$

类似于对弧长的曲线积分的存在性, 若函数 $f(x,y,z)$ 在光滑或分片光滑曲面 Σ 上连续, 则函数 $f(x,y,z)$ 在曲面 Σ 上对面积的曲面积分必存在. 以下如不特殊说明, 总假定所讨论的对面积的曲面积分存在.

对面积的曲面积分中, 若 $f(x,y,z)\equiv 1$, 则

$$\iint\limits_{\Sigma}f(x,y,z)\mathrm{d}S=\iint\limits_{\Sigma}\mathrm{d}S=A \quad (\text{其中 } A \text{ 为曲面 } \Sigma \text{ 的面积}).$$

[①] 对于空间曲面 $\Sigma: F(x,y,z)=0$, 若 F_x, F_y, F_z 连续且不同时为零, 则称 Σ 为**光滑曲面**. 而分片光滑曲面是指曲面可分成有限个光滑曲面.

可见,这种积分是求空间曲面面积最直接的方法.对面积的曲面积分的其他性质与对弧长的曲线积分的性质类似,如线性性、可加性、单调性等,这里不再重复.

二、对面积的曲面积分的计算

对面积的曲面积分的计算基本思路就是将其化为二重积分.

设光滑曲面 Σ 在 Oxy 平面的投影区域为 D_{xy},曲面 Σ 的方程可化为 $z=z(x,y)$,函数 $f(x,y,z)$ 在 Σ 上连续.下面讨论化对面积的曲面积分 $\iint\limits_{\Sigma}f(x,y,z)\mathrm{d}S$ 为二重积分的方法.

因为被积函数 $f(x,y,z)$ 在曲面 Σ 上积分,其中 (x,y,z) 满足 Σ 的方程,所以被积函数应变为 $f(x,y,z(x,y))$.又由 §9.4 中关于曲面 Σ 上的面积元素的讨论有

$$\mathrm{d}S=\sqrt{1+z_x^2+z_y^2}\,\mathrm{d}x\mathrm{d}y,$$

而 $\mathrm{d}x\mathrm{d}y$ 是 $\mathrm{d}S$ 在 Oxy 平面上的投影,因此

$$\iint\limits_{\Sigma}f(x,y,z)\mathrm{d}S=\iint\limits_{D_{xy}}f(x,y,z(x,y))\sqrt{1+z_x^2+z_y^2}\,\mathrm{d}x\mathrm{d}y. \quad ①$$

类似地,若 Σ 在 Oyz 平面上的投影区域为 D_{yz},且 Σ 的方程可化为 $x=x(y,z)$,此时面积元素为

$$\mathrm{d}S=\sqrt{1+x_y^2+x_z^2}\,\mathrm{d}y\mathrm{d}z,$$

则

$$\iint\limits_{\Sigma}f(x,y,z)\mathrm{d}S=\iint\limits_{D_{yz}}f(x(y,z),y,z)\sqrt{1+x_y^2+x_z^2}\,\mathrm{d}y\mathrm{d}z. \quad ②$$

若 Σ 在 Ozx 平面上的投影区域为 D_{zx},且 Σ 的方程可化为 $y=y(z,x)$,此时面积元素为

$$\mathrm{d}S=\sqrt{1+y_z^2+y_x^2}\,\mathrm{d}z\mathrm{d}x,$$

则

$$\iint\limits_{\Sigma}f(x,y,z)\mathrm{d}S=\iint\limits_{D_{zx}}f(x,y(z,x),z)\sqrt{1+y_z^2+y_x^2}\,\mathrm{d}z\mathrm{d}x. \quad ③$$

另外,由第九章中二重积分的应用知,可以用二重积分来求空间曲面的面积,但由于其表达式不如对面积的曲面积分简单,计算方法不如对面积的曲面积分灵活,因而求空间曲面的面积时多用对面积的曲面积分来计算.

例 1 计算对面积的曲面积分 $\iint\limits_{\Sigma}(x+y+z)\mathrm{d}S$,其中 Σ 为平面 $y+z=5$ 被柱面 $x^2+y^2=25$ 所截得的部分(图 1).

解 易知 Σ 在 Oxy 平面上的投影区域为 $D_{xy}:x^2+y^2\leqslant 25$,即 $D_{xy}:0\leqslant\theta\leqslant 2\pi,0\leqslant\rho\leqslant 5$.

§ 10.4 对面积的曲面积分

Σ 的方程为 $z=5-y$,则
$$dS=\sqrt{1+z_x^2+z_y^2}dxdy=\sqrt{1+0^2+(-1)^2}dxdy=\sqrt{2}dxdy.$$
故由公式①有
$$\iint_{\Sigma}(x+y+z)dS=\sqrt{2}\iint_{D_{xy}}(x+y+5-y)dxdy=\sqrt{2}\iint_{D_{xy}}(5+x)dxdy$$
$$=\sqrt{2}\int_0^{2\pi}d\theta\int_0^5(5+\rho\cos\theta)\rho d\rho=125\sqrt{2}\pi.$$

图 1

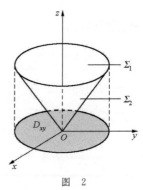

图 2

例 2 计算对面积的曲面积分 $I=\oiint_{\Sigma}\sqrt{x^2+y^2}dS$,其中 Σ 为圆锥面 $z=\sqrt{x^2+y^2}$ 及平面 $z=1$ 所围立体的边界面.

解 如图 2 所示,曲面 Σ 可分为 Σ_1 和 Σ_2 两部分,它们在 Oxy 平面有同一投影区域 D_{xy}: $x^2+y^2\leqslant 1$,即 D_{xy}: $0\leqslant\theta\leqslant 2\pi, 0\leqslant\rho\leqslant 1$. Σ_1 的方程为 $z=1$,相应地有 $dS=dxdy$; Σ_2 的方程为 $z=\sqrt{x^2+y^2}$,相应地有 $dS=\sqrt{1+z_x^2+z_y^2}dxdy=\sqrt{2}dxdy$. 故
$$I=\oiint_{\Sigma}\sqrt{x^2+y^2}dS=\iint_{\Sigma_1}\sqrt{x^2+y^2}dS+\iint_{\Sigma_2}\sqrt{x^2+y^2}dS$$
$$=\iint_{D_{xy}}\sqrt{x^2+y^2}dxdy+\sqrt{2}\iint_{D_{xy}}\sqrt{x^2+y^2}dxdy=(1+\sqrt{2})\iint_{D_{xy}}\sqrt{x^2+y^2}dxdy$$
$$=(1+\sqrt{2})\int_0^{2\pi}d\theta\int_0^1\rho\cdot\rho d\rho=\frac{2}{3}(1+\sqrt{2})\pi.$$

习 题 10.4

1. 当曲面 Σ 是 Oxy 平面内的一个闭区域时,对面积的曲面积分 $\iint_{\Sigma}f(x,y,z)dS$ 与二重积分有什么关系?

2. 计算对面积的曲面积分 $\iint_{\Sigma}\dfrac{e^z}{\sqrt{x^2+y^2}}dS$,其中 Σ 为锥面 $z=\sqrt{x^2+y^2}$ 介于 $1\leqslant z\leqslant 2$

之间的部分.

3. 计算对面积的曲面积分 $\iint_{\Sigma} xyz \, dS$，其中 Σ 是由平面 $x+y+z=1$ 与三个坐标平面所围成的四面体的表面.

4. 计算对面积的曲面积分 $I = \iint_{\Sigma} [(x+y)^2 + z^2] \, dS$，其中 Σ 是圆柱面 $x^2+y^2=R^2$ 介于平面 $z=0,z=H$ 之间的部分.

5. 计算对面积的曲面积分 $I = \iint_{\Sigma} \dfrac{dS}{x^2+y^2+z^2}$，其中 Σ 是圆柱面 $x^2+y^2=R^2$ 介于平面 $z=0,z=H$ 之间的部分.

6. 计算对面积的曲面积分 $I = \oiint_{\Sigma} z^2 \, dS$，其中 $\Sigma: x^2+y^2+z^2=R^2$.

7. 计算对面积的曲面积分 $I = \iint_{\Sigma} (xy+yz+xz) \, dS$，其中 Σ 是圆锥面 $z = \sqrt{x^2+y^2}$ 被圆柱面 $x^2+y^2=2ax$ 所截得的部分.

§10.5 对坐标的曲面积分

一、有向曲面及有向曲面面积元素的投影

（一）有向曲面

首先介绍曲面的侧. 设 Σ 是一光滑曲面，M 为曲面 Σ 上一点（图1），Σ 在点 M 处的法向量为 $\boldsymbol{n}$ 或 $-\boldsymbol{n}$. 任选定一方向，例如选 $\boldsymbol{n}$ 的方向，当点 M 在曲面 Σ 上连续移动时，法向量也连续变化. 当点 M 不越过曲面 Σ 的边界而沿 Σ 上任意路径连续移动并回到点 M 时，若点 M 处的曲面法向量的方向仍为原来 $\boldsymbol{n}$ 的方向，则称曲面 Σ 为**双侧曲面**；若该法向量的方向改为 $-\boldsymbol{n}$ 的方向，则称曲面 Σ 为**单侧曲面**.

单侧曲面的典型例子是**莫比乌斯**(Mobius)**带**（图2(b)），它是将图2(a)所示的带子扭转，再按照点 A 连接点 B'，点 B 连接点 A' 的方式对接生成的. 该曲面上点的指定法向量在如上移动中会发生改变.

双侧曲面是比较常见的曲面. 例如，旋转抛物面、封闭椭球面等都是双侧曲面. 另外，如图2(a)所示的带子就是一个双侧曲面，若将它两端按照点 A 连接点 A'，点 B 连接点 B' 的方式对接，得到的仍是一个双侧曲面（图2(c)）. 以后如不加特殊说明，假定所涉及的曲面都是双侧曲面. 对于双侧曲面，若选定了

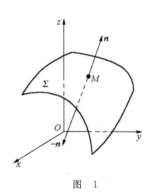

图 1

§10.5 对坐标的曲面积分

图 2

侧(即选定了法向量的指向),则称它为**有向曲面**.严格说来,若设 $\cos\alpha, \cos\beta, \cos\gamma$ 分别为曲面的指定方向法向量的方向余弦,则 $\cos\alpha$ 的正、负(即法向量与 x 轴正向夹角分别为锐角、钝角)分别对应曲面的前侧、后侧;$\cos\beta$ 的正、负(即法向量与 y 轴正向夹角分别为锐角、钝角)分别对应曲面的右侧、左侧;$\cos\gamma$ 的正、负(即法向量与 z 轴正向夹角分别为锐角、钝角)分别对应曲面的上侧、下侧.而封闭曲面的内侧、外侧比较容易区分.

(二) 有向曲面面积元素的投影

设 Σ 为有向曲面,其上的面积元素为 ΔS,ΔS 在 Oxy 平面上的投影 $(\Delta S)_{xy}$ 的面积为 $(\Delta \sigma)_{xy}$(非负).规定有向曲面面积元素 ΔS 在 Oxy 面上的投影 $(\Delta S)_{xy}$ 为

$$(\Delta S)_{xy} = \begin{cases} (\Delta \sigma)_{xy}, & \text{当} \cos\gamma > 0 \text{ 时,} \\ -(\Delta \sigma)_{xy}, & \text{当} \cos\gamma < 0 \text{ 时,} \\ 0, & \text{当} \cos\gamma \equiv 0 \text{ 时,} \end{cases} \qquad ①$$

其中 $\cos\gamma$ 为曲面指定侧的法向量对 z 轴的方向余弦.可见,有向曲面面积元素 ΔS 在 Oxy 平面上的投影 $(\Delta S)_{xy}$ 实际上就是投影面积 $(\Delta \sigma)_{xy}$ 的正或负值.同理,可以规定 ΔS 在 Oyz 平面,Ozx 平面上的投影 $(\Delta S)_{yz}, (\Delta S)_{zx}$.

二、对坐标的曲面积分的概念与性质

(一) 对坐标的曲面积分的定义

定义 设 Σ 为有向光滑或分片光滑曲面,函数 $P(x,y,z), Q(x,y,z), R(x,y,z)$ 在 Σ 上有界.将 Σ 分成 n 个小曲面 $\Delta S_i (i=1,2,\cdots,n)$($\Delta S_i$ 同时也代表第 i 个小曲面的面积).在每个 ΔS_i 上任取点 (ξ_i, η_i, ζ_i).记曲面 ΔS_i 的直径为 d_i.当 $\lambda = \max\limits_{1 \leqslant i \leqslant n} \{d_i\}$ 趋于零时,若和式 $\sum\limits_{i=1}^{n} R(\xi_i, \eta_i, \zeta_i)(\Delta S_i)_{xy}$ 的极限存在,则称此极限值为函数 $R(x,y,z)$ 在曲面 Σ 上**对坐标** x, y **的曲面积分**,记作 $\iint\limits_{\Sigma} R(x,y,z) \mathrm{d}x \mathrm{d}y$,即

$$\iint_{\Sigma} R(x,y,z)\mathrm{d}x\mathrm{d}y = \lim_{\lambda \to 0}\sum_{i=1}^{n}R(\xi_i,\eta_i,\zeta_i)(\Delta S_i)_{xy};$$

若和式 $\sum_{i=1}^{n}P(\xi_i,\eta_i,\zeta_i)(\Delta S_i)_{yz}$ 的极限存在,则称此极限值为函数 $P(x,y,z)$ 在曲面Σ上**对坐标 y,z 的曲面积分**,记作 $\iint_{\Sigma}P(x,y,z)\mathrm{d}y\mathrm{d}z$,即

$$\iint_{\Sigma} P(x,y,z)\mathrm{d}y\mathrm{d}z = \lim_{\lambda \to 0}\sum_{i=1}^{n}P(\xi_i,\eta_i,\zeta_i)(\Delta S_i)_{yz};$$

若和式 $\sum_{i=1}^{n}Q(\xi_i,\eta_i,\zeta_i)(\Delta S_i)_{zx}$ 的极限存在,则称此极限值为函数 $Q(x,y,z)$ 在曲面Σ上**对坐标 z,x 的曲面积分**,记作 $\iint_{\Sigma}Q(x,y,z)\mathrm{d}z\mathrm{d}x$,即

$$\iint_{\Sigma} Q(x,y,z)\mathrm{d}z\mathrm{d}x = \lim_{\lambda \to 0}\sum_{i=1}^{n}Q(\xi_i,\eta_i,\zeta_i)(\Delta S_i)_{zx}.$$

以上三种积分也称为**第二类曲面积分**,其中称 $P(x,y,z),Q(x,y,z),R(x,y,z)$ 为**被积函数**,Σ 为**积分曲面**.

若 $P(x,y,z),Q(x,y,z),R(x,y,z)$ 在光滑曲面 Σ 上连续,则该曲面上对坐标的曲面积分必存在.以下如不特殊说明,总假定所讨论的对坐标的曲面积分存在.

(二) 对坐标的曲面积分的性质

对坐标的曲面积分具有与对坐标的曲线积分相似的一些性质,例如线性性、可加性、有向性.下面仅就有向性作具体的叙述.

性质(有向性) 设 Σ 为有向光滑曲面,记 Σ^{-} 为与 Σ 指定侧反向的有向曲面,则

$$\iint_{\Sigma^{-}} P(x,y,z)\mathrm{d}y\mathrm{d}z + Q(x,y,z)\mathrm{d}z\mathrm{d}x + R(x,y,z)\mathrm{d}x\mathrm{d}y$$

$$= -\iint_{\Sigma} P(x,y,z)\mathrm{d}y\mathrm{d}z + Q(x,y,z)\mathrm{d}z\mathrm{d}x + R(x,y,z)\mathrm{d}x\mathrm{d}y.$$

这一性质说明对坐标的曲面积分必须注意积分曲面指定的侧!有向性是对坐标的曲线积分和对坐标的曲面积分特有的,而对弧长的曲线积分和对面积的曲面积分不具有这一性质.

三、对坐标的曲面积分的计算

与对面积的曲面积分的计算思路一样,对坐标的曲面积分也要化为二重积分来计算.

设指定光滑积分曲面 $\Sigma:z=z(x,y)$ 的上侧,曲面 Σ 在 Oxy 平面上的投影区域为 D_{xy},被积函数 $R(x,y,z)$ 在 Σ 上连续.由对坐标的曲面积分的定义有

§ 10.5 对坐标的曲面积分

$$\iint_\Sigma R(x,y,z)\mathrm{d}x\mathrm{d}y = \lim_{\lambda\to 0}\sum_{i=1}^n R(\xi_i,\eta_i,\zeta_i)(\Delta S_i)_{xy}.$$

由于取 Σ 的上侧,$\cos\gamma_i>0$,所以由公式①有$(\Delta S_i)_{xy}=(\Delta\sigma_i)_{xy}$. 又点$(\xi_i,\eta_i,\zeta_i)$在 ΔS_i 上,从而在 Σ 上,故 $\zeta_i=z(\xi_i,\eta_i)$. 于是

$$\lim_{\lambda\to 0}\sum_{i=1}^n R(\xi_i,\eta_i,\zeta_i)(\Delta S_i)_{xy} = \lim_{\lambda\to 0}\sum_{i=1}^n R(\xi_i,\eta_i,z(\xi_i,\eta_i))(\Delta\sigma_i)_{xy}$$
$$= \iint_{D_{xy}} R(x,y,z(x,y))\mathrm{d}x\mathrm{d}y,$$

因此有

$$\iint_\Sigma R(x,y,z)\mathrm{d}x\mathrm{d}y = \iint_{D_{xy}} R(x,y,z(x,y))\mathrm{d}x\mathrm{d}y.$$

若取曲面 Σ 的下侧,则 $\cos\gamma_i<0$,所以$(\Delta S_i)_{xy}=-(\Delta\sigma_i)_{xy}$,同理可得

$$\iint_\Sigma R(x,y,z)\mathrm{d}x\mathrm{d}y = -\iint_{D_{xy}} R(x,y,z(x,y))\mathrm{d}x\mathrm{d}y.$$

综上所述,有

$$\iint_\Sigma R(x,y,z)\mathrm{d}x\mathrm{d}y = \pm\iint_{D_{xy}} R(x,y,z(x,y))\mathrm{d}x\mathrm{d}y \quad (\Sigma\text{ 指定上侧时取正,指定下侧时取负}).$$

类似可得

$$\iint_\Sigma P(x,y,z)\mathrm{d}y\mathrm{d}z = \pm\iint_{D_{yz}} P(x(y,z),y,z)\mathrm{d}y\mathrm{d}z \quad (\Sigma\text{ 指定前侧时取正,指定后侧时取负}),$$

$$\iint_\Sigma Q(x,y,z)\mathrm{d}z\mathrm{d}x = \pm\iint_{D_{zx}} Q(x,y(z,x),z)\mathrm{d}z\mathrm{d}x \quad (\Sigma\text{ 指定右侧时取正,指定左侧时取负}).$$

注 曲面的指定侧决定对坐标的曲面积分化为二重积分前面取的符号;每一种对坐标的曲面积分有指定的投影方向,特别当投影区域面积为零时,相应的曲面积分为零.

例1 计算对坐标的曲面积分 $I=\iint_\Sigma(x^3yz+xy^3z+xyz^3)\mathrm{d}x\mathrm{d}y$,其中$\Sigma$为部分球面$x^2+y^2+z^2=1, x\geqslant 0, y\geqslant 0$,取外侧.

解 因为积分曲面 Σ 的方程为 $x^2+y^2+z^2=1$,所以被积函数可化简为

$$x^3yz+xy^3z+xyz^3 = xyz(x^2+y^2+z^2) = xyz.$$

将 Σ 的方程化为 $z=\pm\sqrt{1-x^2-y^2}$,于是把 Σ 分成 Σ_1, Σ_2 两部分,其中

$$\Sigma_1: z_1 = -\sqrt{1-x^2-y^2}, \quad \Sigma_2: z_2 = \sqrt{1-x^2-y^2}.$$

Σ_1, Σ_2 在 Oxy 平面有同一投影区域 $D_{xy}: x^2+y^2 \leqslant 1, x \geqslant 0, y \geqslant 0$, 即 $D_{xy}: 0 \leqslant \theta \leqslant \dfrac{\pi}{2}, 0 \leqslant \rho \leqslant 1$, 且 Σ 的外侧对应 Σ_1 的下侧, 对应 Σ_2 的上侧(图3). 所以

$$I = \iint\limits_{\Sigma} xyz\,\mathrm{d}x\mathrm{d}y = \iint\limits_{\Sigma_1} xyz\,\mathrm{d}x\mathrm{d}y + \iint\limits_{\Sigma_2} xyz\,\mathrm{d}x\mathrm{d}y$$

$$= -\iint\limits_{D_{xy}} xy(-\sqrt{1-x^2-y^2})\,\mathrm{d}x\mathrm{d}y + \iint\limits_{D_{xy}} xy\sqrt{1-x^2-y^2}\,\mathrm{d}x\mathrm{d}y$$

$$= 2\iint\limits_{D_{xy}} xy\sqrt{1-x^2-y^2}\,\mathrm{d}x\mathrm{d}y = 2\iint\limits_{D_{xy}} \rho^2\sin\theta\cos\theta\sqrt{1-\rho^2}\,\rho\,\mathrm{d}\rho\mathrm{d}\theta$$

$$= \int_0^{\frac{\pi}{2}} 2\sin\theta\cos\theta\,\mathrm{d}\theta \int_0^1 \rho^2\sqrt{1-\rho^2}\,\rho\,\mathrm{d}\rho = \dfrac{2}{15}.$$

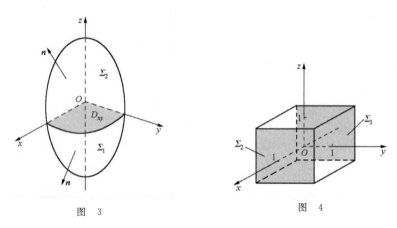

图 3　　　　　　图 4

例 2　计算对坐标的曲面积分 $\iint\limits_{\Sigma}(x+y)\,\mathrm{d}y\mathrm{d}z$, 其中 Σ 是由六个平面 $x=\pm 1, y=\pm 1, z=\pm 1$ 所围成立体的表面, 取内侧.

解　如图 4 所示, 此立体表面的六个面除了 $\Sigma_1: x=-1, \Sigma_2: x=1$ 外都与 Oyz 平面垂直, 所以这四个面在 Oyz 平面的投影区域面积为零, 相应的曲面积分为零. 而 Σ_1, Σ_2 在 Oyz 平面有同一投影区域 $D_{yz}: -1 \leqslant y \leqslant 1, -1 \leqslant z \leqslant 1$, 又 Σ 的内侧为 Σ_1 的前侧, Σ_2 的后侧, 故

$$\iint\limits_{\Sigma}(x+y)\,\mathrm{d}y\mathrm{d}z = \iint\limits_{\Sigma_1}(x+y)\,\mathrm{d}y\mathrm{d}z + \iint\limits_{\Sigma_2}(x+y)\,\mathrm{d}y\mathrm{d}z$$

$$= \iint_{D_{yz}}(-1+y)\mathrm{d}y\mathrm{d}z - \iint_{D_{yz}}(1+y)\mathrm{d}y\mathrm{d}z$$

$$= -2\iint_{D_{yz}}\mathrm{d}y\mathrm{d}z = -8.$$

四、两类曲面积分的联系

在一定条件下,两类曲线积分之间可以相互转化,同样两类曲面积分也具有一定联系.

设有向光滑曲面 Σ：$z=z(x,y)$ 在 Oxy 平面上的投影区域为 D_{xy},函数 $R(x,y,z)$ 在 Σ 上连续. 由对坐标、对面积的曲面积分定义和 §9.4 中关于曲面面积元素计算的讨论,有

$$\iint_{\Sigma}R(x,y,z)\mathrm{d}x\mathrm{d}y = \iint_{\Sigma}R(x,y,z)\cos\gamma \mathrm{d}S,$$

其中 $\cos\gamma$ 为曲面 Σ 上点 (x,y,z) 处指定侧的法向量对 z 轴的方向余弦. 取 Σ 的上侧时,$\cos\gamma>0$；取 Σ 的下侧时,$\cos\gamma<0$. 同理,有

$$\iint_{\Sigma}P(x,y,z)\mathrm{d}y\mathrm{d}z = \iint_{\Sigma}P(x,y,z)\cos\alpha \mathrm{d}S,$$

$$\iint_{\Sigma}Q(x,y,z)\mathrm{d}z\mathrm{d}x = \iint_{\Sigma}Q(x,y,z)\cos\beta \mathrm{d}S,$$

其中 $\cos\alpha,\cos\beta$ 分别为曲面 Σ 上点 (x,y,z) 处指定侧的法向量对 x 轴,y 轴的方向余弦. 因此,可得两类曲面积分之间的如下关系：

$$\iint_{\Sigma}P(x,y,z)\mathrm{d}y\mathrm{d}z + Q(x,y,z)\mathrm{d}z\mathrm{d}x + R(x,y,z)\mathrm{d}x\mathrm{d}y$$

$$= \iint_{\Sigma}[P(x,y,z)\cos\alpha + Q(x,y,z)\cos\beta + R(x,y,z)\cos\gamma]\mathrm{d}S, \qquad ②$$

其中对应有向积分曲面 Σ,总可以求出指定侧的法向量 $\boldsymbol{n}=(n_x,n_y,n_z)$,而

$$\cos\alpha = \frac{n_x}{\sqrt{n_x^2+n_y^2+n_z^2}}, \quad \cos\beta = \frac{n_y}{\sqrt{n_x^2+n_y^2+n_z^2}}, \quad \cos\gamma = \frac{n_z}{\sqrt{n_x^2+n_y^2+n_z^2}}.$$

例如,设积分曲面 Σ 的方程为 $z=z(x,y)$,取下侧,对应的法向量为 $\boldsymbol{n}=(z_x',z_y',-1)$,从而可求出 $\boldsymbol{n}$ 的三个方向余弦.

若令 $\mathrm{d}\boldsymbol{S}=(\mathrm{d}y\mathrm{d}z,\mathrm{d}z\mathrm{d}x,\mathrm{d}x\mathrm{d}y)$,指定侧的单位法向量为 $\boldsymbol{n}^0=(\cos\alpha,\cos\beta,\cos\gamma)$,则由公式②,$\mathrm{d}\boldsymbol{S}=\boldsymbol{n}^0\mathrm{d}S$,于是 $\mathrm{d}\boldsymbol{S}//\boldsymbol{n}^0$,即有

$$\frac{\mathrm{d}y\mathrm{d}z}{\cos\alpha} = \frac{\mathrm{d}z\mathrm{d}x}{\cos\beta} = \frac{\mathrm{d}x\mathrm{d}y}{\cos\gamma} = \mathrm{d}S. \qquad ③$$

又由 $\boldsymbol{n}^0$ 平行于指定侧的法向量 $\boldsymbol{n}=(n_x,n_y,n_z)$,从而 $\mathrm{d}\boldsymbol{S}//\boldsymbol{n}$,所以

$$\frac{\mathrm{d}y\mathrm{d}z}{n_x} = \frac{\mathrm{d}z\mathrm{d}x}{n_y} = \frac{\mathrm{d}x\mathrm{d}y}{n_z}. \qquad ④$$

注意,若③,④式中的分式分母为零,则其分子也为零.

公式③给出了对坐标的曲面积分元素与对面积的曲面积分元素转化的关系,实现了两类曲面积分的互相转换.进一步,公式④给出了对坐标的曲面积分中 $dxdy,dydz,dzdx$ 之间的转化关系.这样,在对坐标的曲面积分中可对原本固定的投影方向进行选择,从而简化了这类曲面积分的计算.

例 3 计算对坐标的曲面积分 $\iint\limits_{\Sigma} dydz + dzdx + dxdy$,其中 Σ 为下半球面 $x^2 + y^2 + z^2 = 1$,$z \leqslant 0$,取外侧.

解 因为 $\Sigma: z = -\sqrt{1-x^2-y^2}$,取下侧,所以 Σ 的指定侧法向量为
$$\boldsymbol{n} = \left(\frac{x}{\sqrt{1-x^2-y^2}}, \frac{y}{\sqrt{1-x^2-y^2}}, -1\right).$$

由公式④有
$$dydz = \frac{-x}{\sqrt{1-x^2-y^2}}dxdy, \quad dzdx = \frac{-y}{\sqrt{1-x^2-y^2}}dxdy,$$

又 Σ 在 Oxy 平面的投影区域为 $D_{xy}: x^2 + y^2 \leqslant 1$,所以

$$\iint\limits_{\Sigma} dydz + dzdx + dxdy = \iint\limits_{\Sigma}\left(\frac{-x-y}{\sqrt{1-x^2-y^2}} + 1\right)dxdy$$

$$= -\iint\limits_{D_{xy}}\left(\frac{-x-y}{\sqrt{1-x^2-y^2}} + 1\right)dxdy = -\iint\limits_{D_{xy}} dxdy + \iint\limits_{D_{xy}}\left(\frac{x+y}{\sqrt{1-x^2-y^2}}\right)dxdy$$

$$= -\pi + \int_0^{2\pi}(\cos\theta + \sin\theta)d\theta \int_0^1 \frac{\rho^2}{\sqrt{1-\rho^2}}d\rho = -\pi.$$

习 题 10.5

1. 当曲面 Σ 为 Oxy 平面上的一个闭区域时,对坐标的曲面积分 $\iint\limits_{\Sigma} R(x,y,z)dxdy$ 与二重积分有什么关系?

2. 计算对坐标的曲面积分 $\iint\limits_{\Sigma} \left|z - \frac{c}{4}\right| dxdy$,其中 Σ 为六面体 $0 \leqslant x \leqslant a, 0 \leqslant y \leqslant b, 0 \leqslant z \leqslant c$ 的表面,取外侧.

3. 计算对坐标的曲面积分 $\iint\limits_{\Sigma} \sqrt{x^2+y^2+z^2}(xdydz + ydzdx + zdxdy)$,其中 Σ 为球面 $x^2 + y^2 + z^2 = R^2$,取外侧.

4. 计算对坐标的曲面积分 $\iint\limits_{\Sigma} x^2 \mathrm{d}y\mathrm{d}z + y^2 \mathrm{d}z\mathrm{d}x + z^2 \mathrm{d}x\mathrm{d}y$,其中 Σ 为抛物面 $z = x^2 + y^2$ $(0 \leqslant z \leqslant h)$,取内侧.

5. 计算对坐标的曲面积分 $\iint\limits_{\Sigma} \dfrac{x\mathrm{d}y\mathrm{d}z + z^2\mathrm{d}x\mathrm{d}y}{x^2 + y^2 + z^2}$,其中 Σ 为曲面 $x^2 + y^2 = R^2$ 与两平面 $z = R, z = -R (R > 0)$ 所围成立体的表面,取外侧.

6. 利用公式④计算对坐标的曲面积分 $\iint\limits_{\Sigma} x\mathrm{d}y\mathrm{d}z + y\mathrm{d}z\mathrm{d}x + z\mathrm{d}x\mathrm{d}y$,其中 Σ 为抛物面 $z = x^2 + y^2 (0 \leqslant z \leqslant 1)$ 在第一卦限的部分,取上侧.

7. 将对坐标的曲面积分 $\iint\limits_{\Sigma} P(x,y,z)\mathrm{d}y\mathrm{d}z + Q(x,y,z)\mathrm{d}z\mathrm{d}x + R(x,y,z)\mathrm{d}x\mathrm{d}y$ 化成对面积的曲面积分,其中 Σ 是平面 $3x + 2y + 2\sqrt{3}z = 6$ 在第一卦限的部分,取上侧.

§10.6 高斯公式与斯托克斯公式

一、高斯公式

格林公式给出了平面有界闭区域上的二重积分与该区域边界上的曲线积分之间的联系,那么有没有可以揭示空间有界闭区域上的三重积分与其边界上的曲面积分之间关系的相应公式呢?答案是肯定的,这就是下面要研究的高斯(Guass)公式.

定理 1 设空间有界闭区域 Ω 由分片光滑的闭曲面 Σ 围成,函数 $P(x,y,z), Q(x,y,z), R(x,y,z)$ 在 Ω 上具有连续的一阶偏导数,则

$$\oiint\limits_{\Sigma} P\mathrm{d}y\mathrm{d}z + Q\mathrm{d}z\mathrm{d}x + R\mathrm{d}x\mathrm{d}y = \iiint\limits_{\Omega} \left(\dfrac{\partial P}{\partial x} + \dfrac{\partial Q}{\partial y} + \dfrac{\partial R}{\partial z} \right) \mathrm{d}x\mathrm{d}y\mathrm{d}z, \qquad ①$$

其中 Σ 为 Ω 的整个边界曲面的外侧. 公式①称为**高斯公式**.

证 先证 $\iiint\limits_{\Omega} \dfrac{\partial R}{\partial z} \mathrm{d}x\mathrm{d}y\mathrm{d}z = \oiint\limits_{\Sigma} R\mathrm{d}x\mathrm{d}y$.

设 Ω 是适合用投影法来计算三重积分的区域,即

$$\Omega: z_1(x,y) \leqslant z \leqslant z_2(x,y), \quad (x,y) \in D_{xy},$$

此时 Ω 的边界面 Σ 由三个曲面 $\Sigma_1, \Sigma_2, \Sigma_3$ 共同组成,其中 $\Sigma_1: z = z_1(x,y), \Sigma_2: z = z_2(x,y)$,$\Sigma_3$ 为母线平行于 z 轴的柱面(图1),于是

$$\iiint\limits_{\Omega} \dfrac{\partial R}{\partial z} \mathrm{d}x\mathrm{d}y\mathrm{d}z = \iint\limits_{D_{xy}} \mathrm{d}x\mathrm{d}y \int_{z_1(x,y)}^{z_2(x,y)} \dfrac{\partial R}{\partial z} \mathrm{d}z$$

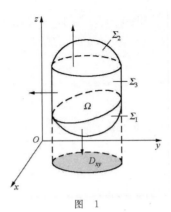

图 1

$$= \iint\limits_{D_{xy}} [R(x,y,z_2(x,y)) - R(x,y,z_1(x,y))] dxdy$$

$$= \iint\limits_{D_{xy}} R(x,y,z_2(x,y)) dxdy - \iint\limits_{D_{xy}} R(x,y,z_1(x,y)) dxdy$$

$$= \iint\limits_{\Sigma_2} R(x,y,z) dxdy + \iint\limits_{\Sigma_1} R(x,y,z) dxdy,$$

其中 Σ_1 取下侧, Σ_2 取上侧. 而 Σ_3 在 Oxy 面上的投影区域面积为零, 所以

$$\iint\limits_{\Sigma_3} R(x,y,z) dxdy = 0.$$

因此

$$\iiint\limits_{\Omega} \frac{\partial R}{\partial z} dxdydz = \iint\limits_{\Sigma_2} R(x,y,z) dxdy + \iint\limits_{\Sigma_1} R(x,y,z) dxdy + \iint\limits_{\Sigma_3} R(x,y,z) dxdy$$

$$= \oiint\limits_{\Sigma} R(x,y,z) dxdy.$$

对于 Ω 不是上述区域的情况, 总可以用有限个光滑曲面将它分割成若干个上述区域. 由于辅助面正、反两侧的曲面积分正、负抵消, 故上式仍成立.

类似可证

$$\iiint\limits_{\Omega} \frac{\partial P}{\partial x} dxdydz = \oiint\limits_{\Sigma} P dydz, \quad \iiint\limits_{\Omega} \frac{\partial Q}{\partial y} dxdydz = \oiint\limits_{\Sigma} Q dzdx,$$

所以公式①得证. 证毕.

由两类曲面积分之间的联系可得高斯公式的另一形式:

$$\oiint\limits_{\Sigma} (P\cos\alpha + Q\cos\beta + R\cos\gamma) dS = \iiint\limits_{\Omega} \left(\frac{\partial P}{\partial x} + \frac{\partial Q}{\partial y} + \frac{\partial R}{\partial z} \right) dxdydz, \quad ②$$

其中 Σ 取外侧, $\cos\alpha, \cos\beta, \cos\gamma$ 是 Σ 在点 (x,y,z) 处法向量的方向余弦.

§10.6 高斯公式与斯托克斯公式

若在高斯公式①中令 $P=x, Q=y, R=z$，则有

$$\iiint_\Omega (1+1+1)dxdydz = \oiint_\Sigma xdydz + ydzdx + zdxdy.$$

于是可得用对坐标的曲面积分来计算空间立体 Ω 的体积公式

$$V_\Omega = \frac{1}{3}\oiint_\Sigma xdydz + ydzdx + zdxdy.$$

例 1 计算对坐标的曲面积分 $\oiint_\Sigma (x-y)dxdy + (y-z)xdydz$，其中 Σ 为柱面 $x^2+y^2=1$ 与平面 $z=0, z=3$ 所围成空间闭区域 Ω 的整个边界曲面，取外侧.

解 由高斯公式得

$$\oiint_\Sigma (x-y)dxdy + (y-z)xdydz = \iiint_\Omega (0+y-z)dxdydz$$

$$= \int_0^{2\pi} d\theta \int_0^1 \rho d\rho \int_0^3 (\rho\sin\theta - z)dz = -\frac{9\pi}{2}.$$

例 2 计算对坐标的曲面积分 $\iint_\Sigma (2x+z)dydz + zdxdy$，其中 Σ 为曲面 $z=x^2+y^2$ $(0\leqslant z\leqslant 1)$，取上侧.

解 设 $P=2x+z, Q=0, R=z$，则

$$\frac{\partial P}{\partial x} = 2, \quad \frac{\partial Q}{\partial y} = 0, \quad \frac{\partial R}{\partial z} = 1.$$

为了利用高斯公式，补面 $\Sigma_1: z=1, x^2+y^2\leqslant 1$，取下侧. 设 Σ 与 Σ_1 围成立体 Ω，则由高斯公式有

$$\iint_\Sigma (2x+z)dydz + zdxdy = \oiint_{\Sigma+\Sigma_1} (2x+z)dydz + zdxdy - \iint_{\Sigma_1} (2x+z)dydz + zdxdy$$

$$= -\iiint_\Omega (2+1)dxdydz - \iint_{\Sigma_1} dxdy = -3\int_0^1 dz \iint_{x^2+y^2\leqslant z} dxdy + \iint_{x^2+y^2\leqslant 1} dxdy$$

$$= -3\int_0^1 \pi z dz + \pi \cdot 1^2 = -\frac{3\pi}{2} + \pi = -\frac{\pi}{2}.$$

*二、通量与散度

定义 1 设有向量场

$$\boldsymbol{A}(x,y,z) = P(x,y,z)\boldsymbol{i} + Q(x,y,z)\boldsymbol{j} + R(x,y,z)\boldsymbol{k},$$

其中 P, Q, R 均具有连续的一阶偏导函数，Σ 为场内一个有向曲面，$\boldsymbol{n}^0$ 为 Σ 上点 (x,y,z) 处的单位法向量，则

$$\Phi = \iint_{\Sigma} \boldsymbol{A} \cdot \boldsymbol{n}^0 \mathrm{d}S = \iint_{\Sigma} P \mathrm{d}y\mathrm{d}z + Q\mathrm{d}z\mathrm{d}x + R\mathrm{d}x\mathrm{d}y$$

称为向量场 $\boldsymbol{A}(x,y,z)$ 沿 $\boldsymbol{n}^0$ 穿过有向曲面 Σ 的**通量**.

定义 2 设向量场 $\boldsymbol{A}(x,y,z)$ 同定义 1,称 $\dfrac{\partial P}{\partial x} + \dfrac{\partial Q}{\partial y} + \dfrac{\partial R}{\partial z}$ 为向量场 $\boldsymbol{A}(x,y,z)$ 的**散度**,记作 $\mathrm{div}\boldsymbol{A}$,即

$$\mathrm{div}\boldsymbol{A} = \frac{\partial P}{\partial x} + \frac{\partial Q}{\partial y} + \frac{\partial R}{\partial z}.$$

有了散度的概念,高斯公式可以写成

$$\iiint_{\Omega} \mathrm{div}\boldsymbol{A}\,\mathrm{d}v = \oiint_{\Sigma} A_n \mathrm{d}S,$$

其中 $A_n = \boldsymbol{A} \cdot \boldsymbol{n}^0$ 为向量 $\boldsymbol{A}$ 在曲面 Σ 的指定侧法向量 $\boldsymbol{n}$ 上的投影. 高斯公式可表述为:向量场 $\boldsymbol{A}$ 通过闭曲面 Σ 流向外侧的通量等于向量场 $\boldsymbol{A}$ 的散度在 Σ 所围成闭区域 Ω 上的积分.

三、斯托克斯公式

现在考虑本章所介绍的曲线积分与曲面积分的联系.

首先规定有向曲面 Σ 的侧与其边界线 Γ 的方向的右手法则:如果右手拇指的方向指向 Σ 指定侧的法向量方向,则右手其余四指握拳方向就是边界曲线 Γ 的正向,如图 2 所示.

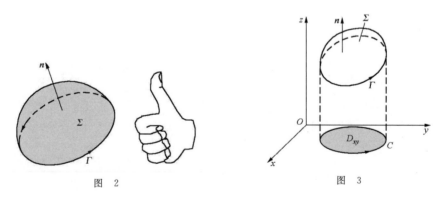

图 2   图 3

定理 2 设 Γ 为分段光滑的空间有向闭曲线,Σ 是以 Γ 为边界线的有向分片光滑曲面,Γ 的正向与 Σ 的指定侧符合右手法则,函数 $P(x,y,z)$,$Q(x,y,z)$,$R(x,y,z)$ 在 Σ 上具有连续的一阶偏导数,则

$$\oint_{\Gamma} P\mathrm{d}x + Q\mathrm{d}y + R\mathrm{d}z = \iint_{\Sigma} \left(\frac{\partial R}{\partial y} - \frac{\partial Q}{\partial z}\right)\mathrm{d}y\mathrm{d}z + \left(\frac{\partial P}{\partial z} - \frac{\partial R}{\partial x}\right)\mathrm{d}z\mathrm{d}x + \left(\frac{\partial Q}{\partial x} - \frac{\partial P}{\partial y}\right)\mathrm{d}x\mathrm{d}y. \quad ③$$

公式③称为**斯托克斯公式**.

证 先证

$$\iint_\Sigma \frac{\partial P}{\partial z}\mathrm{d}z\mathrm{d}x - \frac{\partial P}{\partial y}\mathrm{d}x\mathrm{d}y = \oint_\Gamma P\mathrm{d}x. \quad ④$$

如图 3 所示,设曲面 Σ 与平行于 z 轴的直线交点不多于一个,Σ 的方程为 $z=z(x,y)$,取上侧,指定侧的法向量为 $\boldsymbol{n}=(-z_x,-z_y,1)$;$\Sigma$ 在 Oxy 平面上的投影区域为 D_{xy},Σ 的边界线 Γ 取逆时针方向,其在 Oxy 平面的投影曲线为 D_{xy} 的边界线 C,也取逆时针方向.

一方面,由对坐标的曲线积分的定义和格林公式有

$$\oint_\Gamma P(x,y,z)\mathrm{d}x = \oint_C P(x,y,z(x,y))\mathrm{d}x = -\iint_{D_{xy}} \frac{\partial}{\partial y}P(x,y,z(x,y))\mathrm{d}x\mathrm{d}y,$$

又

$$\frac{\partial}{\partial y}P(x,y,z(x,y)) = \frac{\partial P}{\partial y} + \frac{\partial P}{\partial z}z_y,$$

则

$$\oint_\Gamma P(x,y,z)\mathrm{d}x = -\iint_{D_{xy}}\left(\frac{\partial P}{\partial y} + \frac{\partial P}{\partial z}z_y\right)\mathrm{d}x\mathrm{d}y.$$

另一方面,由 §10.5 中的④式,$\mathrm{d}z\mathrm{d}x = -z_y\mathrm{d}x\mathrm{d}y$,从而

$$\iint_\Sigma \frac{\partial P}{\partial z}\mathrm{d}z\mathrm{d}x - \frac{\partial P}{\partial y}\mathrm{d}x\mathrm{d}y = -\iint_\Sigma \left(\frac{\partial P}{\partial y} + \frac{\partial P}{\partial z}z_y\right)\mathrm{d}x\mathrm{d}y = -\iint_{D_{xy}}\left(\frac{\partial P}{\partial y} + \frac{\partial P}{\partial z}z_y\right)\mathrm{d}x\mathrm{d}y.$$

所以④式成立. 若 Σ 取下侧,由右手法则知 Σ 的边界线 Γ 取顺时针方向,其在 Oxy 平面的投影曲线 C 也取顺时针方向,此时④式两边同时取负号,等式依然成立.

若 Σ 与平行于 z 轴的直线交点多于一个,总可以用一些光滑曲线把 Σ 分割成有限个属于上述情形的小曲面. 对每一个小曲面使用已证的公式④,再把它们加起来,注意到沿每条添加曲线的两个方向相反的积分和为零,这样便可证得公式④在复杂情况下依然成立.

类似地,可以证明

$$\iint_\Sigma \frac{\partial Q}{\partial x}\mathrm{d}x\mathrm{d}y - \frac{\partial Q}{\partial z}\mathrm{d}y\mathrm{d}z = \oint_\Gamma Q\mathrm{d}y, \quad ⑤$$

$$\iint_\Sigma \frac{\partial R}{\partial y}\mathrm{d}y\mathrm{d}z - \frac{\partial R}{\partial x}\mathrm{d}z\mathrm{d}x = \oint_\Gamma R\mathrm{d}z. \quad ⑥$$

由④,⑤,⑥三式,定理结论③成立. 证毕.

为了便于记忆,斯托克斯公式也常常记为如下形式:

$$\oint_\Gamma P\mathrm{d}x + Q\mathrm{d}y + R\mathrm{d}z = \iint_\Sigma \begin{vmatrix} \mathrm{d}y\mathrm{d}z & \mathrm{d}z\mathrm{d}x & \mathrm{d}x\mathrm{d}y \\ \dfrac{\partial}{\partial x} & \dfrac{\partial}{\partial y} & \dfrac{\partial}{\partial z} \\ P & Q & R \end{vmatrix}.$$

同样，由两类曲面积分之间的联系，斯托克斯公式还有另外一种形式：

$$\oint_\Gamma P\mathrm{d}x + Q\mathrm{d}y + R\mathrm{d}z = \iint_\Sigma \begin{vmatrix} \cos\alpha & \cos\beta & \cos\gamma \\ \dfrac{\partial}{\partial x} & \dfrac{\partial}{\partial y} & \dfrac{\partial}{\partial z} \\ P & Q & R \end{vmatrix} \mathrm{d}S,$$

其中 $\boldsymbol{n}^0 = (\cos\alpha, \cos\beta, \cos\gamma)$ 为曲面 Σ 在点 (x, y, z) 处指定侧的单位法向量.

若有向曲面 Σ 是 Oxy 平面上的有界闭区域，斯托克斯公式就变为了格林公式，因此格林公式是斯托克斯公式的特例.

例 3 计算对坐标的曲线积分 $I = \oint_\Gamma (y-z)\mathrm{d}x + (z-x)\mathrm{d}y + (x-y)\mathrm{d}z$，其中 Γ 为柱面 $x^2 + y^2 = a^2$ 和平面 $\dfrac{x}{a} + \dfrac{z}{h} = 1 (a > 0, h > 0)$ 的交线，从 x 轴正向看去取逆时针方向.

解 设 $P = y - z, Q = z - x, R = x - y$，则

$$\frac{\partial R}{\partial y} - \frac{\partial Q}{\partial z} = -2, \quad \frac{\partial P}{\partial z} - \frac{\partial R}{\partial x} = -2, \quad \frac{\partial Q}{\partial x} - \frac{\partial P}{\partial y} = -2.$$

图 4

如图 4 所示，取 Γ 张成的平面 $\Sigma: \dfrac{x}{a} + \dfrac{z}{h} = 1 (x^2 + y^2 \leqslant a^2)$. 由于 Γ 的正向与 Σ 的侧应满足右手法则，故 Σ 取上侧. 由斯托克斯公式有

$$I = \oint_\Gamma (y-z)\mathrm{d}x + (z-x)\mathrm{d}y + (x-y)\mathrm{d}z$$
$$= -2\iint_\Sigma \mathrm{d}y\mathrm{d}z + \mathrm{d}z\mathrm{d}x + \mathrm{d}x\mathrm{d}y.$$

可取 Σ 的指定侧法向量为 $\boldsymbol{n} = (h, 0, a)$，从而由 §10.5 中的公式④得

$$\frac{\mathrm{d}y\mathrm{d}z}{h} = \frac{\mathrm{d}x\mathrm{d}y}{a},$$

又 Σ 与 Ozx 平面垂直，有

$$\iint_\Sigma \mathrm{d}z\mathrm{d}x = 0,$$

所以

$$I = -2\iint_\Sigma \left(\frac{h}{a} + 1\right)\mathrm{d}x\mathrm{d}y = -2\left(1 + \frac{h}{a}\right)\iint_\Sigma \mathrm{d}x\mathrm{d}y = -2\left(1 + \frac{h}{a}\right)\iint_{D_{xy}} \mathrm{d}x\mathrm{d}y$$
$$= -2\left(1 + \frac{h}{a}\right)\pi a^2 = -2\pi a(a + h),$$

其中 $D_{xy}: x^2 + y^2 \leqslant a^2$ 为 Σ 在 Oxy 平面上的投影区域.

*四、环流量与旋度

定义 3 设有向量场 $\boldsymbol{A}=(P,Q,R)$,称向量 $\left(\dfrac{\partial R}{\partial y}-\dfrac{\partial Q}{\partial z},\dfrac{\partial P}{\partial z}-\dfrac{\partial R}{\partial x},\dfrac{\partial Q}{\partial x}-\dfrac{\partial P}{\partial y}\right)$ 为向量场 $\boldsymbol{A}$ 的**旋度**,记为 $\mathrm{rot}\boldsymbol{A}$,即有

$$\mathrm{rot}\boldsymbol{A}=\left(\dfrac{\partial R}{\partial y}-\dfrac{\partial Q}{\partial z},\dfrac{\partial P}{\partial z}-\dfrac{\partial R}{\partial x},\dfrac{\partial Q}{\partial x}-\dfrac{\partial P}{\partial y}\right).$$

为了便于记忆,有时也将向量场 $\boldsymbol{A}$ 的旋度记为

$$\mathrm{rot}\boldsymbol{A}=\begin{vmatrix} \boldsymbol{i} & \boldsymbol{j} & \boldsymbol{k} \\ \dfrac{\partial}{\partial x} & \dfrac{\partial}{\partial y} & \dfrac{\partial}{\partial z} \\ P & Q & R \end{vmatrix}.$$

定义 4 设有向量场 $\boldsymbol{A}=(P,Q,R)$,称有向闭曲线 Γ 上的曲线积分 $\oint_{\Gamma} P\mathrm{d}x+Q\mathrm{d}y+R\mathrm{d}z$ 为向量场 $\boldsymbol{A}$ 沿有向闭曲线 Γ 的**环流量**.

由旋度、环流量及通量的定义可知,斯托克斯公式

$$\oint_{\Gamma} P\mathrm{d}x+Q\mathrm{d}y+R\mathrm{d}z=\iint_{\Sigma}\left(\dfrac{\partial R}{\partial y}-\dfrac{\partial Q}{\partial z}\right)\mathrm{d}y\mathrm{d}z+\left(\dfrac{\partial P}{\partial z}-\dfrac{\partial R}{\partial x}\right)\mathrm{d}z\mathrm{d}x+\left(\dfrac{\partial Q}{\partial x}-\dfrac{\partial P}{\partial y}\right)\mathrm{d}x\mathrm{d}y$$

的左边可以描述为向量场 $\boldsymbol{A}=(P,Q,R)$ 沿有向闭曲线 Γ 的环流量,而右边可以描述为向量场 $\boldsymbol{A}=(P,Q,R)$ 产生的旋度场穿过有向曲面 Σ 的通量(注意曲线 Γ 与曲面 Σ 的关系).所以斯托克斯公式表明,向量场 $\boldsymbol{A}$ 沿有向闭曲线 Γ 的环流量等于向量场 $\boldsymbol{A}$ 的旋度场通过 Γ 所张的曲面 Σ 的通量,其中 Γ 的正向与 Σ 的指定侧符合右手法则.

习 题 10.6

1. 利用高斯公式计算下列曲面积分:

(1) $\iint\limits_{\Sigma} x\mathrm{d}y\mathrm{d}z+y\mathrm{d}z\mathrm{d}x+z\mathrm{d}x\mathrm{d}y$,其中 Σ 为抛物面 $z=x^2+y^2(0\leqslant z\leqslant 1)$ 在第一卦限的部分,取上侧;

(2) $\iint\limits_{\Sigma}(x^2\cos\alpha+y^2\cos\beta+z^2\cos\gamma)\mathrm{d}S$,其中 Σ: $x^2+y^2=z^2, 0\leqslant z\leqslant h$,取下侧,$\cos\alpha,\cos\beta,\cos\gamma$ 为 Σ 在点 (x,y,z) 处法向量的方向余弦;

(3) $\iint\limits_{\Sigma}(x^3z+x)\mathrm{d}y\mathrm{d}z-x^2yz\mathrm{d}z\mathrm{d}x-x^2z^2\mathrm{d}x\mathrm{d}y$,其中 Σ 为曲面 $z=2-x^2-y^2, 1\leqslant z\leqslant 2$,取上侧.

第十章 曲线积分与曲面积分

2. 设函数 u,v 在有界闭区域 Ω 上具有一、二阶连续偏导数，Σ 为 Ω 的边界曲面，$\dfrac{\partial v}{\partial n}=\dfrac{\partial v}{\partial x}\cos\alpha+\dfrac{\partial v}{\partial y}\cos\beta+\dfrac{\partial v}{\partial z}\cos\gamma$ 为 v 沿 Σ 的外侧法线方向的方向导数，$\Delta=\dfrac{\partial^2}{\partial x^2}+\dfrac{\partial^2}{\partial y^2}+\dfrac{\partial^2}{\partial z^2}$ 为 Laplace 算子，证明：

(1) $\iiint\limits_{\Omega}u\Delta v\,\mathrm{d}x\mathrm{d}y\mathrm{d}z=\oiint\limits_{\Sigma}u\dfrac{\partial v}{\partial n}\mathrm{d}S-\iiint\limits_{\Omega}\mathbf{grad}\,u\cdot\mathbf{grad}\,v\,\mathrm{d}x\mathrm{d}y\mathrm{d}z$ （第一格林公式）；

(2) $\iiint\limits_{\Omega}(u\Delta v-v\Delta u)\,\mathrm{d}x\mathrm{d}y\mathrm{d}z=\oiint\limits_{\Sigma}\left(u\dfrac{\partial v}{\partial n}-v\dfrac{\partial u}{\partial n}\right)\mathrm{d}S$ （第二格林公式）.

3. 利用斯托克斯公式计算下列曲线积分：

(1) $\oint\limits_{\Gamma}y\mathrm{d}x+z\mathrm{d}y+x\mathrm{d}z$，其中 $\Gamma: x^2+y^2+z^2=a^2,x+y+z=0(a>0)$，从 z 轴正向看去取逆时针方向；

(2) $\oint\limits_{\Gamma}(z-y)\mathrm{d}x+(x-z)\mathrm{d}y+(x-y)\mathrm{d}z$，其中 $\Gamma: x^2+y^2=1, x-y+z=2$，从 z 轴正向看去取顺时针方向；

(3) $\oint\limits_{\Gamma}x^2yz\mathrm{d}x+(x^2+y^2)\mathrm{d}y+(x+y+1)\mathrm{d}z$，其中 $\Gamma: x^2+y^2+z^2=5, z=1+x^2+y^2$，从 z 轴正向看去取顺时针方向；

(4) $\oint\limits_{\Gamma}y^2\mathrm{d}x+z^2\mathrm{d}y+x^2\mathrm{d}z$，其中 $\Gamma: x^2+y^2+z^2=a^2, x^2+y^2=ax(a>0,z\geqslant 0)$，从 x 轴正向看去取逆时针方向.

4. 利用斯托克斯公式化曲面积分 $\oiint\limits_{\Sigma}\mathrm{rot}\mathbf{A}\cdot\mathbf{n}^0\mathrm{d}S$ 为曲线积分并计算其值，其中 $\mathbf{A}=(y-z,z-x,x-y)$，Σ 为平面 $\dfrac{x}{a}+\dfrac{z}{b}=1(a>0,b>0)$ 被柱面 $x^2+y^2=a^2$ 所截得部分，取上侧，$\mathbf{n}^0$ 为 Σ 的指定侧的单位法向量.

总练习题十

1. 计算对弧长的曲线积分 $I=\oint\limits_{\Gamma}x^2\mathrm{d}s$，其中
$\Gamma:(x-1)^2+(y+1)^2+z^2=a^2,\ x+y+z=0.$

2. 计算 $\int\limits_{L}x\mathrm{d}s$，其中 L 为对数螺线 $\rho=ae^{k\theta}(k>0)$ 在圆 $\rho=a$ 内的部分.

3. 计算 $\oint\limits_{L}e^{\sqrt{x^2+y^2}}\mathrm{d}s$，其中 L 为由圆周 $\rho=a$ 与射线 $\theta=0,\theta=\dfrac{\pi}{4}$（$\rho,\theta$ 为极坐标）所界的

凸围线.

4. 设 $M=\max\sqrt{P^2+Q^2}$，函数 $P(x,y),Q(x,y)$ 在 L 上连续，曲线 L 的长度为 s，证明：
$$\left|\int_L P\mathrm{d}x+Q\mathrm{d}y\right|\leqslant Ms.$$

5. 求曲线 $\begin{cases} x^2+y^2=z, \\ \dfrac{y}{x}=\tan z \end{cases}$ 从点 $O(0,0,0)$ 到点 $A(x_0,y_0,z_0)$ 的弧长.

6. 设曲线 Γ：$x^2+y^2+z^2=a^2,x^2+y^2=ax\,(z\geqslant 0,a>0)$，从 x 轴正向看去取逆时针方向.
(1) 写出曲线 Γ 的参数方程；
(2) 计算对坐标的曲线积分 $\int_\Gamma y^2\mathrm{d}x+z^2\mathrm{d}y+x^2\mathrm{d}z$.

7. 设力 $\boldsymbol{F}$ 的方向指向坐标原点，其大小与作用点到 Oxy 平面的距离成反比. 一质点在力 $\boldsymbol{F}$ 作用下由点 $A(2,2,1)$ 沿直线移动到点 $B(4,4,2)$，求 $\boldsymbol{F}$ 所做的功 W.

8. 计算对坐标的曲线积分 $\oint_L \dfrac{\mathrm{e}^{x^2}-x^2y}{x^2+y^2}\mathrm{d}x+\dfrac{xy^2-\sin y^2}{x^2+y^2}\mathrm{d}y$，其中 $L: x^2+y^2=a^2$，取顺时针方向.

9. 计算对坐标的曲线积分 $I=\int_{\widehat{AMB}}[\varphi(y)\cos x-\pi y]\mathrm{d}x+[\varphi'(y)\sin x-\pi]\mathrm{d}y$，其中 $\widehat{AMB}$ 为连接点 $A(\pi,2)$ 与点 $B(3\pi,4)$ 的线段 AB 之下方的任意路线，且该路线与线段 AB 所围图形的面积为 2.

10. 确定常数 λ，使在右半平面 $(x>0)$ 上的向量
$$\boldsymbol{A}(x,y)=(2xy(x^4+y^2)^\lambda,-x^2(x^4+y^2)^\lambda)$$
为某二元函数 $u(x,y)$ 的梯度，并求 $u(x,y)$.

11. 设函数 $\varphi(y)$ 具有连续导数，在围绕原点的任意分段光滑闭曲线 L 上，对坐标的曲线积分 $\oint_L \dfrac{\varphi(y)\mathrm{d}x+2xy\mathrm{d}y}{2x^2+y^4}$ 的值恒为同一常数.
(1) 证明：对半右平面 $(x>0)$ 内的任意分段光滑闭曲线 C，有
$$\oint_C \dfrac{\varphi(y)\mathrm{d}x+2xy\mathrm{d}y}{2x^2+y^4}=0;$$
(2) 求函数 $\varphi(y)$ 的表达式.

12. 计算 $\int_{(x_1,y_1,z_1)}^{(x_2,y_2,z_2)} f(\sqrt{x^2+y^2+z^2})(x\mathrm{d}x+y\mathrm{d}y+z\mathrm{d}z)$，其中 f 为连续函数.

13. 设有一高度为 $h(t)$（t 为时间）的雪堆在融化过程中，其侧面满足方程
$$z=h(t)-\dfrac{2(x^2+y^2)}{h(t)}.$$
设长度单位为厘米，时间单位为小时，已知体积减少的速率与侧面积成正比（比例系数为 0.9），

问：高度为 130 厘米的雪堆全部融化需要多少小时？

14. 证明：$\oiint_{\Sigma}(x+y+z+\sqrt{3}a)^3 dS \geqslant 108\pi a^5 (a>0)$，其中 Σ 是球面
$$x^2+y^2+z^2-2ax-2ay-2az+2a^2=0.$$

15. 计算对面积的曲面积分 $I = \oiint_{\Sigma}(x^2+y^2)dS$，其中 Σ 为球面
$$x^2+y^2+z^2=2(x+y+z).$$

16. 计算对坐标的曲面积分 $I = \iint_{\Sigma}(2z^2+xy)dydz+(x^2-yz)dxdy$，其中 Σ 是圆柱面 $x^2+y^2=1$ 被平面 $y+z=1$ 和 $z=0$ 所截部分，取外侧.

17. 计算对坐标的曲面积分 $I = \iint_{\Sigma}\dfrac{xdydz+ydzdx+zdxdy}{(x^2+y^2+z^2)^{3/2}}$，其中

(1) $\Sigma: z=\sqrt{R^2-x^2-y^2}$，取上侧；

(2) $\Sigma: \dfrac{x^2}{a^2}+\dfrac{y^2}{b^2}+\dfrac{z^2}{c^2}=1(a>0,b>0,c>0)$，取外侧；

(3) $\Sigma: z=2-x^2-y^2(z\geqslant 0)$，取上侧；

(4) $\Sigma: z=2-x^2-y^2(z\geqslant -2)$，取上侧.

18. 设函数 $f(x,y,z)=xy+z\iint_{\Sigma}f(u,v,w)dS$ 在 Σ 上的积分存在，Σ 为平面 $x+y+z=1$ 在第一卦限部分，求对面积的曲面积分 $\iint_{\Sigma}f(x,y,z)dS$.

19. 设函数 $f(u)$ 具有连续导数，计算
$$\oiint_{\Sigma}\left[\dfrac{1}{z+1}f\left(\dfrac{x+2}{z+1}\right)+x^3\right]dydz+y^3dzdx+\left[\dfrac{1}{x+2}f\left(\dfrac{x+2}{z+1}\right)+z^3\right]dxdy,$$
其中 Σ 为曲面 $x^2+y^2+z^2=4$ 与 $z=\sqrt{x^2+y^2}$ 所包围成凸形体的表面，取外侧.

20. 设 $P(x,y)=[x\alpha(x)+\beta(x)]y^2+3x^2y$，$Q(x,y)=y\alpha(x)+\beta(x)$，$\alpha(0)=1$，$\beta(0)=0$，确定函数 $\alpha(x),\beta(x)$，使对 Oxy 平面上的任意闭曲线 L，恒有
$$\oint_{L}P(x,y)dx+Q(x,y)dy=0.$$

第十一章 无穷级数

> 将有限个数相加推广到无穷多个数相加,将有限个函数相加推广到无穷多个函数相加,这就是无穷级数研究的内容. 无穷级数是微积分学的一个重要组成部分. 早在两千多年前,古希腊数学家欧几里得(Euclid)就曾研究过无穷级数. 微积分学的先驱们牛顿等人又将无穷级数发展到幂级数.

§11.1 数项级数的概念与性质

一、数项级数的基本概念

给定无穷数列
$$u_1, u_2, \cdots, u_n, \cdots,$$
将这无穷多个数加起来,则称和式

$$\sum_{n=1}^{\infty} u_n = u_1 + u_2 + \cdots + u_n + \cdots \qquad ①$$

为**无穷级数**或**数项级数**(简称**级数**),其中第 n 项 u_n 也称为该级数的**一般项**或**通项**,n 称为**求和变量**. 注意 $\sum_{n=1}^{\infty} u_n$ 与 $\sum_{k=1}^{\infty} u_k$ 是两个相同的级数,因为它们表示的求和意义是相同的. 这表明级数与求和变量无关.

有限个数相加,它总是有确定的和. 然而,和式①表示无穷多个数相加,它有和吗? 事实上,无穷级数的和式只是一个形式上的式子,它是否有和需做出新的规定.

定义 对于级数①,称

$$s_n = \sum_{k=1}^{n} u_k = u_1 + u_2 + \cdots + u_n \quad (n=1,2,\cdots)$$

为它的**前 n 项部分和**(简称**部分和**,注意这是有限个数相加,和总是存在的). 称由部分和构成的数列 $s_1, s_2, \cdots, s_n, \cdots$ 为该级数的**部分和数列**. 如果该数列有极限,即存在常数 s,使得

第十一章 无穷级数

$$s = \lim_{n\to\infty} s_n = \lim_{n\to\infty} \sum_{k=1}^{n} u_k,$$

则称该级数是**收敛**的,并称极限值 s 为该**级数的和**,记为

$$s = \sum_{k=1}^{\infty} u_k \quad \text{或} \quad s = \sum_{n=1}^{\infty} u_n.$$

如果 $\lim\limits_{n\to\infty} s_n$ 不存在,则称该级数是**发散**的.

由定义可以看到,表示无穷多个数相加的级数要么收敛,要么发散. 级数收敛的意义是级数有和,级数发散的意义是级数没有和.

例 1 无穷级数

$$\sum_{n=1}^{\infty} aq^{n-1} = a + aq + aq^2 + \cdots + aq^{n-1} + \cdots \quad (a \neq 0) \qquad ②$$

称为**等比级数**,也称为**几何级数**,其中 q 称为该级数的**公比**. 讨论 q 取不同值时等比级数的收敛性.

解 先求部分和:

$$s_n = \sum_{k=1}^{n} aq^{k-1} = a + aq + aq^2 + \cdots + aq^{n-1} = \begin{cases} \dfrac{a(1-q^n)}{1-q}, & q \neq 1, \\ na, & q = 1. \end{cases}$$

当 $|q|<1$ 时,因为 $\lim\limits_{n\to\infty} q^n = 0$,所以

$$\lim_{n\to\infty} s_n = \lim_{n\to\infty} \frac{a(1-q^n)}{1-q} = \frac{a}{1-q}.$$

故该级数收敛,其和为 $s = \dfrac{a}{1-q}$.

当 $|q|>1$ 时,因为 $\lim\limits_{n\to\infty} q^n = \infty$,所以 $\lim\limits_{n\to\infty} s_n = \lim\limits_{n\to\infty} \dfrac{a(1-q^n)}{1-q} = \infty$. 故该级数发散.

当 $q=1$ 时, $\lim\limits_{n\to\infty} s_n = \lim\limits_{n\to\infty} na = \infty$,故该级数发散.

当 $q=-1$ 时,因为

$$s_n = \frac{a[1-(-1)^n]}{1-(-1)} = \frac{a[1-(-1)^n]}{2} = \begin{cases} 0, & n \text{ 为偶数}, \\ a, & n \text{ 为奇数}, \end{cases}$$

所以当 $n\to\infty$ 时,s_n 无极限. 故该级数发散.

综上所述,当 $|q|<1$ 时,等比级数②收敛,其和为

$$s = \sum_{n=1}^{\infty} aq^{n-1} = \frac{a}{1-q};$$

当 $|q|\geqslant 1$ 时,等比级数②发散.

例 2 判别无穷级数 $\dfrac{1}{1\cdot 2} + \dfrac{1}{2\cdot 3} + \cdots + \dfrac{1}{n(n+1)} + \cdots$ 的收敛性.

解 注意到 $u_n = \dfrac{1}{n(n+1)} = \dfrac{1}{n} - \dfrac{1}{n+1}$，因此该级数的部分和为

$$s_n = \frac{1}{1 \cdot 2} + \frac{1}{2 \cdot 3} + \cdots + \frac{1}{n(n+1)}$$

$$= \left(1 - \frac{1}{2}\right) + \left(\frac{1}{2} - \frac{1}{3}\right) + \cdots + \left(\frac{1}{n} - \frac{1}{n+1}\right)$$

$$= 1 - \frac{1}{n+1},$$

从而

$$\lim_{n \to \infty} s_n = \lim_{n \to \infty}\left(1 - \frac{1}{n+1}\right) = 1.$$

所以该级数收敛，其和为 1.

例 3 无穷级数 $\displaystyle\sum_{n=1}^{\infty} \frac{1}{n} = 1 + \frac{1}{2} + \cdots + \frac{1}{n} + \cdots$ 称为**调和级数**. 证明它是发散的.

证 用反证法. 假设该级数是收敛的，则可设它的部分和数列 $\{s_n\}$ 的极限为 s，即 $s_n \to s$，其中 s 是一个常数. 于是，它的子数列 $\{s_{2n}\}$ 的极限存在，且 $s_{2n} \to s$. 又

$$s_{2n} - s_n = \left(1 + \frac{1}{2} + \cdots + \frac{1}{n} + \frac{1}{n+1} + \cdots + \frac{1}{2n}\right) - \left(1 + \frac{1}{2} + \cdots + \frac{1}{n}\right)$$

$$= \frac{1}{n+1} + \cdots + \frac{1}{2n} > \frac{1}{2n} + \cdots + \frac{1}{2n} = \frac{1}{2},$$

这与 $s_{2n} - s_n \to 0$ 相矛盾！所以调和级数发散.

二、数项级数的基本性质

由于有限个数相加与无穷多个数相加有着本质上的区别，所以必须重新审视有限个数相加的一系列性质对于无穷多个数相加是否还成立. 例如，加法的分配律、结合律、交换律等，这些都是基础性的问题，一切要从头研究. 此时，级数的敛散性是讨论这些问题时必须考虑的重要因素（这里"敛散"是收敛和发散的简称）.

定理 1（级数收敛的必要条件） 若级数是收敛的，则它的一般项必趋于零，即若级数 $\displaystyle\sum_{n=1}^{\infty} u_n$ 收敛，则 $\displaystyle\lim_{n \to \infty} u_n = 0$.

证 设级数 $\displaystyle\sum_{n=1}^{\infty} u_n$ 的部分和为 s_n. 因为该级数收敛，所以 s_n 有极限，设为 s. 显然有 $\displaystyle\lim_{n \to \infty} s_{n-1} = \lim_{n \to \infty} s_n = s$，则该级数的一般项

$$u_n = s_n - s_{n-1} \to s - s = 0 \quad (n \to \infty).$$

推论 若级数的一般项不趋于零，则该级数发散，即若 $\displaystyle\lim_{n \to \infty} u_n \neq 0$，则级数 $\displaystyle\sum_{n=1}^{\infty} u_n$ 发散.

用反证法容易证明此推论.

第十一章 无穷级数

例 4 证明下列级数是发散的：

(1) $\sum_{n=1}^{\infty}(-1)^{n-1} = 1+(-1)+1+(-1)+\cdots+(-1)^{n-1}+\cdots$；

(2) $\sum_{n=1}^{\infty}\dfrac{n+1}{n} = 2+\dfrac{3}{2}+\dfrac{4}{3}+\cdots+\dfrac{n+1}{n}+\cdots$.

证 (1) 该级数是等比级数，公比为 $q=-1$. 由本节的例 1 可知，它是发散的.

还可从另一个角度去证明该级数是发散的. 该级数的一般项为 $u_n = (-1)^{n-1}$，而 $\lim\limits_{n\to\infty}(-1)^{n-1}$ 不存在，这意味着 $\lim\limits_{n\to\infty} u_n \neq 0$. 由级数收敛的必要条件可知该级数发散.

(2) 因为当 $n\to\infty$ 时，此级数的一般项 $u_n = \dfrac{n+1}{n}\to 1\neq 0$，所以该级数发散.

因为定理 1 的逆命题不成立，所以它称为级数收敛的必要条件. 也就是说，如果级数的一般项 $\lim\limits_{n\to\infty} u_n = 0$，则该级数 $\sum\limits_{n=1}^{\infty} u_n$ 不一定收敛. 调和级数 $\sum\limits_{n=1}^{\infty} \dfrac{1}{n}$ 就是这样一个例子，它的一般项 $\lim\limits_{n\to\infty}\dfrac{1}{n} = 0$，但是在本节的例 3 中已经证明了它是发散的. 所以，一般项趋于零是级数收敛的必要条件，但不是充分条件.

定理 2 在级数中任意去掉、增加或改变有限项而得到的新级数与原级数的敛散性相同，即新级数的敛散性不变.

证 先看在原级数中去掉第一项的情形. 设原级数为

$$\sum_{n=1}^{\infty} u_n = u_1 + u_2 + \cdots + u_n + \cdots,$$

其部分和为 s_n. 如果去掉第一项，得新级数

$$\sum_{n=2}^{\infty} u_n = u_2 + u_3 + \cdots + u_{n+1} + \cdots,$$

则其部分和为

$$\sigma_n = u_2 + u_3 + \cdots + u_{n+1} = s_{n+1} - u_1.$$

由于 u_1 是常数，所以数列 $\{\sigma_n\}$ 与 $\{s_n\}$ 的敛散性相同. 这表明，级数 $\sum\limits_{n=1}^{\infty} u_n$ 与 $\sum\limits_{n=2}^{\infty} u_n$ 的敛散性相同，即在级数中去掉第一项，其敛散性不变. 因此，依次去掉级数的前有限项后，敛散性不变. 用反证法可以证明在级数中增加前有限项，其敛散性不变. 由于在级数中任意去掉、增加或改变有限项可以看成先去掉前有限项而后再增加前有限项，故其敛散性也不变.

注 这个定理说明，级数的敛散性决定于级数中无穷多项的取值，与其有限项的取值无关. 必须指出，对于收敛的级数，如果去掉、增加或改变其中的有限项，其收敛性固然不变，但是它的和可能改变. 从该定理的证明中就可以看到这一点. 例如，由本节的例 1 可知等比级数

$$\sum_{n=1}^{\infty} \frac{1}{2^{n-1}} = 1 + \frac{1}{2} + \frac{1}{4} + \cdots + \left(\frac{1}{2}\right)^{n-1} + \cdots = 2,$$

去掉前两项得到新级数

$$\sum_{n=3}^{\infty} \frac{1}{2^{n-1}} = \frac{1}{4} + \frac{1}{8} + \cdots + \left(\frac{1}{2}\right)^{n-1} + \cdots,$$

它仍然是收敛的,但其和为

$$\left(\sum_{n=1}^{\infty} \frac{1}{2^{n-1}}\right) - \left(1 + \frac{1}{2}\right) = 2 - \frac{3}{2} = \frac{1}{2}.$$

定理 3 如果级数 $\sum_{n=1}^{\infty} u_n, \sum_{n=1}^{\infty} v_n$ 分别收敛于和 s, σ,则级数 $\sum_{n=1}^{\infty} (u_n \pm v_n)$ 也收敛,且其和为 $s \pm \sigma$.

证 设级数 $\sum_{n=1}^{\infty} u_n$ 和 $\sum_{n=1}^{\infty} v_n$ 的部分和分别为 s_n 和 σ_n,则级数 $\sum_{n=1}^{\infty} (u_n \pm v_n)$ 的部分和为

$$\begin{aligned} \tau_n &= (u_1 \pm v_1) + (u_2 \pm v_2) + \cdots + (u_n \pm v_n) \\ &= (u_1 + u_2 + \cdots + u_n) \pm (v_1 + v_2 + \cdots + v_n) \\ &= s_n \pm \sigma_n. \end{aligned}$$

因为级数 $\sum_{n=1}^{\infty} u_n, \sum_{n=1}^{\infty} v_n$ 分别收敛于和 s, σ,所以

$$\lim_{n \to \infty} s_n = s, \quad \lim_{n \to \infty} \sigma_n = \sigma,$$

从而

$$\lim_{n \to \infty} \tau_n = \lim_{n \to \infty} (s_n \pm \sigma_n) = \lim_{n \to \infty} s_n \pm \lim_{n \to \infty} \sigma_n = s \pm \sigma.$$

这表明级数 $\sum_{n=1}^{\infty} (u_n \pm v_n)$ 收敛,且其和为 $s \pm \sigma$.

注 该定理表明,当两个级数 $\sum_{n=1}^{\infty} u_n, \sum_{n=1}^{\infty} v_n$ 都收敛时,就有如下的演算公式成立:

$$\sum_{n=1}^{\infty} (u_n \pm v_n) = \sum_{n=1}^{\infty} u_n \pm \sum_{n=1}^{\infty} v_n.$$

用反证法不难证明:若级数 $\sum_{n=1}^{\infty} u_n$ 收敛,而级数 $\sum_{n=1}^{\infty} v_n$ 发散,则级数 $\sum_{n=1}^{\infty} (u_n \pm v_n)$ 必发散.

但是,如果两个级数 $\sum_{n=1}^{\infty} u_n$ 和 $\sum_{n=1}^{\infty} v_n$ 都发散,则级数 $\sum_{n=1}^{\infty} (u_n \pm v_n)$ 可能收敛,也可能发散.

定理 4 设 C 是非零常数,则级数 $\sum_{n=1}^{\infty} u_n$ 与 $\sum_{n=1}^{\infty} C u_n$ 的敛散性相同,且当收敛时,

$$\sum_{n=1}^{\infty} C u_n = C \sum_{n=1}^{\infty} u_n.$$

第十一章 无穷级数

证 先证若级数 $\sum_{n=1}^{\infty} u_n$ 收敛,则必有 $\sum_{n=1}^{\infty} Cu_n$ 收敛,且 $\sum_{n=1}^{\infty} Cu_n = C \sum_{n=1}^{\infty} u_n$.

设级数 $\sum_{n=1}^{\infty} u_n$ 和 $\sum_{n=1}^{\infty} Cu_n$ 的部分和分别为 s_n 和 σ_n,则

$$\sigma_n = \sum_{k=1}^{n} Cu_k = C \sum_{i=1}^{n} u_k = Cs_n.$$

再设级数 $\sum_{n=1}^{\infty} u_n$ 收敛,且其和为 s,则 $\lim_{n \to \infty} s_n = s$. 根据数列极限的性质,必有

$$\lim_{n \to \infty} \sigma_n = C \lim_{n \to \infty} s_n = Cs.$$

这表明级数 $\sum_{n=1}^{\infty} Cu_n$ 也收敛,且其和为 Cs,即 $\sum_{n=1}^{\infty} Cu_n = C \sum_{n=1}^{\infty} u_n$.

下面证明如果级数 $\sum_{n=1}^{\infty} u_n$ 发散,则 $\sum_{n=1}^{\infty} Cu_n$ 必发散.

用反证法. 假设级数 $\sum_{n=1}^{\infty} Cu_n$ 收敛. 因为 $C \neq 0$,所以 $\sum_{n=1}^{\infty} u_n = \sum_{n=1}^{\infty} \frac{1}{C} \cdot Cu_n$. 根据上述的证明,可知 $\sum_{n=1}^{\infty} u_n$ 也收敛. 这与已知 $\sum_{n=1}^{\infty} u_n$ 发散矛盾. 所以 $\sum_{n=1}^{\infty} Cu_n$ 必发散.

注 等式 $\sum_{n=1}^{\infty} Cu_n = C \sum_{n=1}^{\infty} u_n$ 的演算意义是将和式内的常数 C 提到和式外,即

$$Cu_1 + Cu_2 + \cdots + Cu_n + \cdots = C(u_1 + u_2 + \cdots + u_n + \cdots).$$

显然,这就是提取公因式 C. 它表明,当级数收敛时,乘法对加法的分配律是成立的.

定理 5 如果级数 $\sum_{n=1}^{\infty} u_n$ 收敛,其和为 s,则对该级数的项任意加括号得到的新级数

$$\sum_{k=1}^{\infty} U_k = (u_1 + \cdots + u_{n_1}) + (u_{n_1+1} + \cdots + u_{n_2}) + \cdots + (u_{n_{k-1}+1} + \cdots + u_{n_k}) + \cdots$$

也收敛且其和仍为 s,其中 $U_k = u_{n_{k-1}+1} + \cdots + u_{n_k}$ ($n_0 = 0$) 是第 k ($k = 1, 2, \cdots$) 个括号中有限个项的和.

证 设 $\sum_{n=1}^{\infty} u_n$ 的部分和为 s_n,新级数 $\sum_{k=1}^{\infty} U_k$ 的部分和为 A_k ($k = 1, 2, \cdots$). 这两个级数部分和之间的关系为

$$A_1 = U_1 = (u_1 + \cdots + u_{n_1}) = s_{n_1},$$
$$A_2 = U_1 + U_2 = (u_1 + \cdots + u_{n_1}) + (u_{n_1+1} + \cdots + u_{n_2}) = s_{n_2},$$
$$\cdots \cdots$$
$$A_k = U_1 + U_2 + \cdots + U_k$$
$$= (u_1 + \cdots + u_{n_1}) + (u_{n_1+1} + \cdots + u_{n_2}) + \cdots + (u_{n_{k-1}+1} + \cdots + u_{n_k}) = s_{n_k},$$
$$\cdots \cdots$$

从而 $\{A_k\}$ 是 $\{s_n\}$ 的一个子数列. 由于 $\lim\limits_{n \to \infty} s_n = s$, 则 $\lim\limits_{k \to \infty} A_k = s$, 即 $\sum\limits_{k=1}^{\infty} U_k$ 收敛于 s.

注 该定理表明,此时有 $\sum\limits_{n=1}^{\infty} u_n = \sum\limits_{k=1}^{\infty} U_k$, 即收敛级数的加法结合律成立.

根据定理 5,用反证法可证明:若加括号后级数发散,则原级数发散. 需注意,如果加括号后的新级数收敛,不能断定原级数是收敛的. 例如,级数

$$\sum_{n=1}^{\infty}(-1)^{n-1} = 1 - 1 + 1 - 1 + 1 - 1 + \cdots$$

是发散的(一般项不趋于零),但是两两加括号后得到的新级数为

$$(1-1) + (1-1) + (1-1) + \cdots + (1-1) + \cdots$$
$$= 0 + 0 + 0 + \cdots + 0 + \cdots,$$

显然它的和为零,即新级数是收敛的.

从以上两个定理可以看到,对于收敛的级数来说,加法的分配律、结合律都是成立的.

例 5 利用级数的性质判断下列级数的敛散性:

(1) $\sum\limits_{n=1}^{\infty} \dfrac{1}{2n} = \dfrac{1}{2} + \dfrac{1}{4} + \dfrac{1}{6} + \dfrac{1}{8} + \cdots;$ \qquad (2) $\sum\limits_{n=1}^{\infty} \left(\dfrac{1}{2^n} + \dfrac{1}{3^n} \right);$

(3) $\sum\limits_{n=1}^{\infty} \left(\dfrac{1}{n} + \dfrac{1}{3^n} \right);$ \qquad (4) $\sum\limits_{n=1}^{\infty} n \sin \dfrac{1}{n}.$

解 (1) 该级数可写为 $\sum\limits_{n=1}^{\infty} \left(\dfrac{1}{2} \cdot \dfrac{1}{n} \right)$, 它与调和级数 $\sum\limits_{n=1}^{\infty} \dfrac{1}{n}$ 相差一个非零常数,由定理 4 可知它与调和级数有相同的敛散性,从而该级数发散.

(2) 该级数可以看作两个收敛级数 $\sum \dfrac{1}{2^n}$ 与 $\sum \dfrac{1}{3^n}$ 的和,由定理 3 可知该级数收敛.

(3) 该级数可以看作两个级数 $\sum\limits_{n=1}^{\infty} \dfrac{1}{n}$ 与 $\sum\limits_{n=1}^{\infty} \dfrac{1}{3^n}$ 的和,这两个级数一个发散,另一个收敛,从而该级数发散.

(4) 由于

$$\lim_{n \to \infty} n \sin \dfrac{1}{n} = \lim_{n \to \infty} \dfrac{\sin(1/n)}{1/n} = 1 \neq 0,$$

即该级数的一般项不趋于零,所以该级数发散.

例 6 设级数 $\sum\limits_{n=1}^{\infty} u_n$ 的一般项都不为零,且 $\lim\limits_{n \to \infty} \dfrac{|u_{n+1}|}{|u_n|} = \rho > 1$, 证明该级数发散.

证 此时存在 N, 当 $n > N$ 时,有 $\dfrac{|u_{n+1}|}{|u_n|} > 1$, 于是 $|u_{n+1}| > |u_n|$. 这表明,当 $n > N$ 时,$|u_n|$ 是单调增加的,从而 $\lim\limits_{n \to \infty} |u_n| \neq 0$, 即 $\lim\limits_{n \to \infty} u_n \neq 0$. 所以该级数是发散的.

本例所述的结论在后续讨论中还将用到.

习 题 11.1

1. 判断下列各对级数是否相同:

(1) $\sum_{n=0}^{\infty} \frac{1}{2^n}$ 与 $\sum_{n=1}^{\infty} \frac{1}{2^{n-1}}$;

(2) $\sum_{n=4}^{\infty} \frac{1}{\sqrt{n-3}}$ 与 $\sum_{n=1}^{\infty} \frac{1}{\sqrt{n}}$;

(3) $\sum_{n=0}^{\infty} x^n$ 与 $\sum_{n=1}^{\infty} x^{n+1}$;

(4) $\sum_{n=0}^{\infty} \frac{-1}{2^{2n+1}}$ 与 $\sum_{n=0}^{\infty} \left(\frac{-1}{2}\right)^{2n+1}$.

2. 根据级数收敛与发散的定义,讨论下列级数的敛散性,如果收敛,则求其和:

(1) $1+2+3+\cdots+n+\cdots$;

(2) $\sum_{n=1}^{\infty} \frac{1}{\sqrt{n+1}+\sqrt{n}}$;

(3) $\sum_{n=1}^{\infty} (-1)^{n-1} \frac{1}{10}$;

(4) $\frac{1}{2} - \frac{1}{4} + \frac{1}{8} - \frac{1}{16} + \cdots$.

3. 判别下列级数的敛散性:

(1) $\sum_{n=1}^{\infty} \frac{2+(-1)^{n-1}}{3^n}$;

(2) $0.1+0.01+0.001+0.0001+\cdots$;

(3) $\sum_{n=1}^{\infty} \frac{2n+1}{3n-1}$;

(4) $\frac{1}{3} + \frac{1}{\sqrt{3}} + \frac{1}{\sqrt[3]{3}} + \frac{1}{\sqrt[4]{3}} + \cdots$;

(5) $\sum_{n=1}^{\infty} \left(\frac{2}{n} - \frac{1}{2^n}\right)$;

(6) $\sum_{n=1}^{\infty} \left(\frac{1}{\sqrt{n}} - \frac{1}{\sqrt{n+1}}\right)$.

§11.2 数项级数敛散性的判定

根据级数敛散性的定义,前面是将级数敛散性的判断转化为部分和数列敛散性的判断. 但是,求级数部分和的表达式及其极限经常是一件很困难的事情. 而人们更关心的是级数的敛散性这个根本性问题,希望能够不求部分和的极限便能判断级数的敛散性. 另外,能求出和的级数只是很少一部分,很多收敛级数的和至今还没有求出来. 但只要知道某个级数收敛,就可以用其部分和作为其和的近似值,这对实际应用来讲已经足够了.

一、正项级数及其审敛法

若 $u_n \geq 0$ $(n=1,2,\cdots)$,则称级数 $\sum_{n=1}^{\infty} u_n = u_1 + u_2 + \cdots + u_n + \cdots$ 为**正项级数**.

由于很多级数的敛散性问题都可以归结为正项级数的敛散性问题,所以正项级数是一类很重要的级数. 设正项级数的部分和为 s_n,则 $s_{n+1} = s_n + u_n \geq s_n (n=1,2,\cdots)$. 所以,正项级数的部分和所构成的数列$\{s_n\}$是一个单调增加数列：
$$s_1 \leqslant s_2 \leqslant \cdots \leqslant s_n \leqslant \cdots.$$

定理1 正项级数$\sum_{n=1}^{\infty} u_n$收敛的充分必要条件是它的部分和数列$\{s_n\}$有上界.

证 必要性 若正项级数$\sum_{n=1}^{\infty} u_n$收敛，则部分和的极限$\lim s_n$存在，从而数列$\{s_n\}$有界.

充分性 若部分和数列$\{s_n\}$有上界，则存在一个正数$M>0$，使得对一切正整数n，都有$0 \leqslant s_n \leqslant M$. 根据数列收敛的单调有界原理，极限$\lim s_n$必存在，从而级数$\sum_{n=1}^{\infty} u_n$收敛.

注 此定理说明，若正项级数发散，则其部分和数列$\{s_n\}$必无界. 此时部分和数列$\{s_n\}$非负、单调增加，故有$\lim_{n \to \infty} s_n = +\infty$，记为$\sum_{n=1}^{\infty} u_n = +\infty$. 这表明，若正项级数发散，则必发散到$+\infty$.

根据定理1可得关于正项级数的一个基本审敛法.

定理2（比较审敛法） 设$\sum_{n=1}^{\infty} u_n$和$\sum_{n=1}^{\infty} v_n$都是正项级数，且$u_n \leqslant v_n (n=1,2,\cdots)$，则下列结论成立：

(1) 若级数$\sum_{n=1}^{\infty} v_n$收敛，则级数$\sum_{n=1}^{\infty} u_n$也收敛；

(2) 若级数$\sum_{n=1}^{\infty} u_n$发散，则级数$\sum_{n=1}^{\infty} v_n$也发散.

证 (1) 因为级数$\sum_{n=1}^{\infty} v_n$收敛，所以$\sum_{n=1}^{\infty} v_n$的部分和数列有上界，即存在$M>0$，使得对一切正整数n，都有$v_1 + v_2 + \cdots + v_n \leqslant M$. 又因为$u_n \leqslant v_n (n=1,2,\cdots)$，所以
$$u_1 + u_2 + \cdots + u_n \leqslant v_1 + v_2 + \cdots + v_n \leqslant M.$$
这表明级数$\sum_{n=1}^{\infty} u_n$的部分和数列有上界. 根据定理1，级数$\sum_{n=1}^{\infty} u_n$收敛.

(2) 用反证法. 假定级数$\sum_{n=1}^{\infty} v_n$收敛，则由(1)中的结论就有级数$\sum_{n=1}^{\infty} u_n$收敛. 这与已知矛盾. 于是必有级数$\sum_{n=1}^{\infty} v_n$发散.

注意到改变级数的有限项不影响级数的敛散性，且级数的每项都乘以一个非零常数所得到的新级数与原级数的敛散性相同，于是有下面的推论.

推论 设$\sum_{n=1}^{\infty} u_n$和$\sum_{n=1}^{\infty} v_n$都是正项级数，且存在$k>0$和正整数N，使得当$n>N$时，总有$u_n \leqslant k v_n$成立，则下列结论成立：

(1) 若级数 $\sum_{n=1}^{\infty} v_n$ 收敛,则级数 $\sum_{n=1}^{\infty} u_n$ 也收敛;

(2) 若级数 $\sum_{n=1}^{\infty} u_n$ 发散,则级数 $\sum_{n=1}^{\infty} v_n$ 也发散.

例 1 级数 $\sum_{n=1}^{\infty} \dfrac{1}{n^p}\ (p>0)$ 称为 p 级数. 讨论该级数的敛散性.

解 当 $0<p\leqslant 1$ 时,因为对一切正整数 n,有 $\dfrac{1}{n^p}\geqslant \dfrac{1}{n}>0$,而调和级数 $\sum_{n=1}^{\infty} \dfrac{1}{n}$ 发散,所以级数 $\sum_{n=1}^{\infty} \dfrac{1}{n^p}$ 必发散.

当 $p>1$ 时,因为对 $n-1\leqslant x<n$,总有 $\dfrac{1}{n^p}\leqslant \dfrac{1}{x^p}$,所以 $\int_{n-1}^{n}\dfrac{1}{n^p}\mathrm{d}x\leqslant \int_{n-1}^{n}\dfrac{1}{x^p}\mathrm{d}x$,即

$$\frac{1}{n^p}\leqslant \frac{1}{p-1}\left[\frac{1}{(n-1)^{p-1}}-\frac{1}{n^{p-1}}\right]\quad (n\geqslant 2).$$

因为级数 $\sum_{n=2}^{\infty}\left[\dfrac{1}{(n-1)^{p-1}}-\dfrac{1}{n^{p-1}}\right]$ 为正项级数,其部分和为

$$s_n=\left(1-\frac{1}{2^{p-1}}\right)+\left(\frac{1}{2^{p-1}}-\frac{1}{3^{p-1}}\right)+\cdots+\left[\frac{1}{n^{p-1}}-\frac{1}{(n+1)^{p-1}}\right]=1-\frac{1}{(n+1)^{p-1}}.$$

而 $\lim\limits_{n\to\infty}\left[1-\dfrac{1}{(n+1)^{p-1}}\right]=1$,所以级数 $\sum_{n=2}^{\infty}\left[\dfrac{1}{(n-1)^{p-1}}-\dfrac{1}{n^{p-1}}\right]$ 收敛. 因此,由正项级数的比较审敛法知,当 $p>1$ 时,级数 $\sum_{n=2}^{\infty}\dfrac{1}{n^p}$ 收敛,从而级数 $\sum_{n=1}^{\infty}\dfrac{1}{n^p}$ 收敛.

综上所述,可得结论:p 级数 $\sum_{n=1}^{\infty}\dfrac{1}{n^p}$ 当 $p>1$ 时收敛,当 $0<p\leqslant 1$ 时发散.

根据比较审敛法判断正项级数的敛散性必须要找到一个比较标准. 在实际应用中,经常选择 p 级数作为比较标准,故 p 级数的敛散性十分重要.

例 2 判断级数 $\dfrac{1}{5}+\left(\dfrac{2}{7}\right)^2+\cdots+\left(\dfrac{n}{2n+3}\right)^n+\cdots$ 的敛散性.

解 因为 $0<u_n=\left(\dfrac{n}{2n+3}\right)^n\leqslant \left(\dfrac{1}{2}\right)^n\ (n=1,2,\cdots)$,而级数 $\sum_{n=1}^{\infty}\left(\dfrac{1}{2}\right)^n$ 是公比为 $q=\dfrac{1}{2}$ 的等比级数,从而是收敛的,所以由比较审敛法知级数 $\sum_{n=1}^{\infty}\left(\dfrac{n}{2n+3}\right)^n$ 也收敛.

例 3 判断级数 $\sum_{n=2}^{\infty}\dfrac{1}{\sqrt{n(n-1)}}$ 的敛散性.

解 对 $n\geqslant 2$,总有 $\dfrac{1}{\sqrt{n(n-1)}}\geqslant \dfrac{1}{\sqrt{n^2}}=\dfrac{1}{n}$,而级数 $\sum_{n=2}^{\infty}\dfrac{1}{n}$ 发散,故根据比较审敛法知

级数 $\sum_{n=2}^{\infty} \frac{1}{\sqrt{n(n-1)}}$ 也发散.

下面给出比较审敛法的极限形式,它更能反映比较审敛法的本质.

定理 3(比较审敛法的极限形式) 设 $\sum_{n=1}^{\infty} u_n$ 和 $\sum_{n=1}^{\infty} v_n$ 都是正项级数. 如果
$$\lim_{n\to\infty} \frac{u_n}{v_n} = l \quad (0 < l < +\infty),$$
则级数 $\sum_{n=1}^{\infty} u_n$ 与 $\sum_{n=1}^{\infty} v_n$ 的敛散性相同.

证 由极限的定义可知,对 $\varepsilon = \frac{l}{2} > 0$,存在正整数 N,当 $n > N$ 时,有不等式 $\left|\frac{u_n}{v_n} - l\right| < \frac{l}{2}$ 成立. 于是有
$$l - \frac{l}{2} < \frac{u_n}{v_n} < l + \frac{l}{2}, \quad \text{从而} \quad \frac{l}{2} v_n < u_n < \frac{3l}{2} v_n.$$

当 $\sum_{n=1}^{\infty} u_n$ 收敛时,由上式的左半部分 $\frac{l}{2} v_n < u_n$,根据定理 2 的推论可知 $\sum_{n=1}^{\infty} v_n$ 也收敛;

当 $\sum_{n=1}^{\infty} u_n$ 发散时,由上式的右半部分 $u_n < \frac{3l}{2} v_n$,根据定理 2 的推论可知 $\sum_{n=1}^{\infty} v_n$ 也发散.

综上所述,这两个级数的敛散性相同.

此外,对于比较审敛法的极限形式还有下面两个结论:

(1) 如果 $\lim_{n\to\infty} \frac{u_n}{v_n} = 0$,则由 $\sum_{n=1}^{\infty} v_n$ 收敛可推知 $\sum_{n=1}^{\infty} u_n$ 收敛,由 $\sum_{n=1}^{\infty} u_n$ 发散可推知 $\sum_{n=1}^{\infty} v_n$ 发散;

(2) 如果 $\lim_{n\to\infty} \frac{u_n}{v_n} = +\infty$,则由 $\sum_{n=1}^{\infty} v_n$ 发散可推知 $\sum_{n=1}^{\infty} u_n$ 发散,由 $\sum_{n=1}^{\infty} u_n$ 收敛可推知 $\sum_{n=1}^{\infty} v_n$ 收敛.

级数的敛散性取决于级数一般项趋于零的速度. 一般项趋于零的速度越快,级数收敛的可能性越大.

例 4 讨论级数 $\sum_{n=1}^{\infty} \sin \frac{1}{n^p} \ (p > 0)$ 的敛散性.

解 注意 $\sum_{n=1}^{\infty} \sin \frac{1}{n^p} \ (p > 0)$ 是一个正项级数. 由于 $\lim_{n\to\infty} \frac{\sin(1/n^p)}{1/n^p} = 1$,根据定理 3,级数 $\sum_{n=1}^{\infty} \sin \frac{1}{n^p}$ 与 $\sum_{n=1}^{\infty} \frac{1}{n^p}$ 的敛散性相同. 所以,当 $0 < p \leq 1$ 时,级数 $\sum_{n=1}^{\infty} \sin \frac{1}{n^p}$ 发散;当 $p > 1$ 时,级数 $\sum_{n=1}^{\infty} \sin \frac{1}{n^p}$ 收敛.

第十一章 无穷级数

p 级数是在比较审敛法中经常使用的级数. 实际上, 经常是在 p 级数中选择适当的 p, 使得正项级数的一般项 u_n 与 $\dfrac{1}{n^p}$ 是同阶无穷小, 则正项级数 $\sum\limits_{n=1}^{\infty} u_n$ 与 $\sum\limits_{n=1}^{\infty} \dfrac{1}{n^p}$ 的敛散性相同.

例 5 判断下列级数的敛散性:

(1) $\sum\limits_{n=1}^{\infty} \ln\left(1+\dfrac{1}{n^2}\right)$;   (2) $\sum\limits_{n=1}^{\infty} \dfrac{2n^2+n+3}{n^3+2n-1}$.

解 (1) 原级数为正项级数. 因

$$\lim_{n\to\infty} \dfrac{\ln\left(1+\dfrac{1}{n^2}\right)}{\dfrac{1}{n^2}} = 1,$$

故原级数与级数 $\sum\limits_{n=1}^{\infty} \dfrac{1}{n^2}$ 的敛散性相同. 而级数 $\sum\limits_{n=1}^{\infty} \dfrac{1}{n^2}$ 收敛, 于是原级数收敛.

(2) 原级数为正项级数. 因

$$\lim_{n\to\infty} \dfrac{\dfrac{2n^2+n+3}{n^3+2n-1}}{\dfrac{1}{n}} = \lim_{n\to\infty} \dfrac{2n^3+n^2+3n}{n^3+2n-1} = 2,$$

故原级数与调和级数 $\sum\limits_{n=1}^{\infty} \dfrac{1}{n}$ 的敛散性相同. 而级数 $\sum\limits_{n=1}^{\infty} \dfrac{1}{n}$ 发散, 于是原级数发散.

用比较审敛法判断一个正项级数 $\sum\limits_{n=1}^{\infty} u_n$ 的敛散性时, 必须要适当选择一个已知敛散性的正项级数 $\sum\limits_{n=1}^{\infty} v_n$ 作为比较的标准, 而有时这种选择会有困难. 下面给出的比值审敛法就可以直接根据一般项 u_n 来判断正项级数 $\sum\limits_{n=1}^{\infty} u_n$ 的敛散性.

定理 4(比值审敛法, 达朗贝尔(D'Alembert)审敛法) 若正项级数 $\sum\limits_{n=1}^{\infty} u_n$ 的后项与前项之比的极限等于 ρ, 即 $\lim\limits_{n\to\infty} \dfrac{u_{n+1}}{u_n} = \rho$, 则

(1) 当 $\rho<1$ 时, 该级数收敛;

(2) 当 $\rho>1$(包括 $\rho=+\infty$)时, 该级数发散;

(3) 当 $\rho=1$ 时, 此审敛法失效, 即该级数可能收敛, 也可能发散.

证 (1) 当 $\rho<1$ 时, 取一个正数 r, 满足 $\rho<r<1$, 则存在正整数 N, 当 $n \geqslant N$ 时, 有不等式 $\dfrac{u_{n+1}}{u_n} < r$ 成立. 因此, 当 $n \geqslant N$ 时, 有下列不等式成立:

§ 11.2 数项级数敛散性的判定

$$u_{N+1} < ru_N, \quad u_{N+2} < ru_{N+1} < r^2 u_N, \quad u_{N+3} < ru_{N+2} < r^3 u_N, \quad \cdots.$$

这样,级数

$$u_{N+1} + u_{N+2} + u_{N+3} + \cdots = \sum_{n=1}^{\infty} u_{N+n}$$

的各项不超过收敛的等比级数

$$ru_N + r^2 u_N + r^3 u_N + \cdots = \sum_{n=1}^{\infty} r^n u_N$$

的对应项. 而等比级数 $\sum_{n=1}^{\infty} r^n u_N$ 收敛,根据比较审敛法的推论,级数 $\sum_{n=1}^{\infty} u_n$ 也收敛.

(2) 当 $\rho > 1$ 时,则存在正整数 N,使得当 $n \geqslant N$ 时,有不等式 $\dfrac{u_{n+1}}{u_n} > 1$ 成立,从而 $u_{n+1} > u_n$. 所以,当 $n \geqslant N$ 时,由该级数的项构成的数列 $\{u_n\}$ 是正项数列且单调增加,从而 $\lim\limits_{n \to \infty} u_n \neq 0$. 根据级数收敛的必要条件,级数 $\sum_{n=1}^{\infty} u_n$ 发散.

(3) 当 $\rho = 1$ 时,级数 $\sum_{n=1}^{\infty} u_n$ 可能收敛,也可能发散. 以 p 级数 $\sum_{n=1}^{\infty} \dfrac{1}{n^p}$ 为例,对一切 $p > 0$,都有

$$\lim_{n \to \infty} \frac{u_{n+1}}{u_n} = \lim_{n \to \infty} \frac{\dfrac{1}{(n+1)^p}}{\dfrac{1}{n^p}} = \lim_{n \to \infty} \left(\frac{n}{n+1} \right)^p = 1.$$

但当 $p > 1$ 时,该级数收敛;而当 $p \leqslant 1$ 时,该级数发散. 因此,只根据 $\rho = 1$ 不能判断级数的敛散性.

例 6 判断级数 $\sum_{n=1}^{\infty} \dfrac{1}{n!}$ 的敛散性.

解 该级数为正项级数. 因为

$$\lim_{n \to \infty} \frac{u_{n+1}}{u_n} = \lim_{n \to \infty} \frac{\dfrac{1}{(n+1)!}}{\dfrac{1}{n!}} = \lim_{n \to \infty} \frac{1}{n+1} = 0,$$

所以根据比值审敛法知级数 $\sum_{n=1}^{\infty} \dfrac{1}{n!}$ 收敛.

例 7 判断级数 $\sum_{n=1}^{\infty} \dfrac{n-1}{5^n}$ 的敛散性.

解 该级数为正项级数. 因为

$$\lim_{n\to\infty}\frac{u_{n+1}}{u_n}=\lim_{n\to\infty}\frac{\dfrac{n}{5^{n+1}}}{\dfrac{n-1}{5^n}}=\lim_{n\to\infty}\frac{1}{5}\cdot\frac{n}{n-1}=\frac{1}{5},$$

所以根据比值审敛法知级数 $\sum_{n=1}^{\infty}\dfrac{n-1}{5^n}$ 收敛.

例8 判断级数 $\sum_{n=1}^{\infty}\dfrac{n!}{10^n}$ 的敛散性.

解 该级数为正项级数. 因为

$$\lim_{n\to\infty}\frac{u_{n+1}}{u_n}=\lim_{n\to\infty}\frac{(n+1)!}{10^{n+1}}\cdot\frac{10^n}{n!}=\lim_{n\to\infty}\frac{n+1}{10}=+\infty,$$

所以根据比值审敛法知级数 $\sum_{n=1}^{\infty}\dfrac{n!}{10^n}$ 发散.

定理 5(根值审敛法,柯西审敛法) 对于正项级数 $\sum_{n=1}^{\infty}u_n$,若一般项 u_n 的 n 次方根的极限等于 ρ,即 $\lim\limits_{n\to\infty}\sqrt[n]{u_n}=\rho$,则

(1) 当 $\rho<1$ 时,该级数收敛;

(2) 当 $\rho>1$(包括 $\rho=+\infty$)时,该级数发散;

(3) 当 $\rho=1$ 时,该级数可能收敛,也可能发散.

证 (1) 当 $\rho<1$ 时,存在 $\varepsilon>0$,使得 $\rho+\varepsilon=r<1$. 由 $\lim\limits_{n\to\infty}\sqrt[n]{u_n}=\rho$ 的定义知,存在正整数 N,使得当 $n>N$ 时,有

$$\left|\sqrt[n]{u_n}-\rho\right|<\varepsilon=r-\rho,\quad\text{即}\quad(2\rho-r)^n<u_n<r^n.$$

而 $\sum_{n=1}^{\infty}r^n$ 收敛,由比较判别法知级数 $\sum_{n=1}^{\infty}u_n$ 收敛.

(2) 当 $\rho>1$ 时,则存在正整数 N,使得当 $n>N$ 时,有 $\sqrt[n]{u_n}>1$,即 $u_n>1$. 这说明不满足级数收敛的必要条件,故级数 $\sum_{n=1}^{\infty}u_n$ 发散.

(3) 当 $\rho=1$ 时,以 p 级数 $\sum_{n=1}^{\infty}\dfrac{1}{n^p}$ 为例,不论 p 为何值,都有 $\lim\limits_{n\to\infty}\sqrt[n]{\dfrac{1}{n^p}}=1$,说明级数 $\sum_{n=1}^{\infty}u_n$ 可能收敛,也可能发散.

例9 证明:级数 $\sum_{n=1}^{\infty}\left(\dfrac{2n+1}{3n-5}\right)^n$ 收敛.

证 该级数从第二项起各项均为正数,所以可当成正项级数讨论其敛散性. 又因为

$$\lim_{n\to\infty}\sqrt[n]{u_n}=\lim_{n\to\infty}\sqrt[n]{\left(\frac{2n+1}{3n-5}\right)^n}=\lim_{n\to\infty}\frac{2n+1}{3n-5}=\frac{2}{3}<1,$$

所以根据根值审敛法知该级数收敛.

二、交错级数及其审敛法

设对一切正整数 n,都有 $u_n>0$,则级数
$$\sum_{n=1}^{\infty}(-1)^{n-1}u_n = u_1 - u_2 + u_3 - u_4 + \cdots$$
或
$$\sum_{n=1}^{\infty}(-1)^n u_n = -u_1 + u_2 - u_3 + u_4 - \cdots$$
称为**交错级数**. 显然,交错级数的各项是正负交错的,它含有无穷多项正项及无穷多项负项. 下面介绍交错级数的审敛法.

定理 6(莱布尼茨审敛法) 如果交错级数 $\sum_{n=1}^{\infty}(-1)^{n-1}u_n$ 满足:

(1) 数列 $\{u_n\}$ 单调减少,即对一切正整数 n,都有 $u_n \geqslant u_{n+1}$;

(2) $\lim_{n\to\infty} u_n = 0$,

则该交错级数收敛,且其和小于等于 u_1.

证 先看级数 $\sum_{n=1}^{\infty}(-1)^{n-1}u_n$ 的前 $2n$ 项部分和
$$s_{2n} = u_1 - u_2 + u_3 - u_4 + \cdots + u_{2n-1} - u_{2n}.$$
将 s_{2n} 表达成两种形式:
$$s_{2n} = (u_1 - u_2) + (u_3 - u_4) + \cdots + (u_{2n-1} - u_{2n})$$
及
$$s_{2n} = u_1 - (u_2 - u_3) - (u_4 - u_5) - \cdots - (u_{2n-2} - u_{2n-1}) - u_{2n}.$$
根据条件(1)知,这两个表达式中每个括号内的差都是非负数. 由第一个表达式知,数列 $\{s_{2n}\}$ 单调增加;由第二个表达式知,对一切正整数 n,都有 $s_{2n} \leqslant u_1$,即数列 $\{s_{2n}\}$ 有上界. 根据数列的单调有界原理,数列 $\{s_{2n}\}$ 必有极限,设 $\lim_{n\to\infty} s_{2n} = s$,则 $s \leqslant u_1$.

再看级数 $\sum_{n=1}^{\infty}(-1)^{n-1}u_n$ 的前 $2n+1$ 项部分和
$$s_{2n+1} = u_1 - u_2 + u_3 - u_4 + \cdots + u_{2n-1} - u_{2n} + u_{2n+1}$$
$$= s_{2n} + u_{2n+1}.$$
根据定理的条件(2)知 $\lim_{n\to\infty} u_{2n+1} = 0$,故
$$\lim_{n\to\infty} s_{2n+1} = \lim_{n\to\infty}(s_{2n} + u_{2n+1}) = \lim_{n\to\infty} s_{2n} = s.$$
由于级数 $\sum_{n=1}^{\infty}(-1)^{n-1}u_n$ 的部分和数列 $\{s_n\}$ 的奇数项和偶数项所构成的子数列都趋向于同

一个极限 s,所以部分和数列 $\{s_n\}$ 的极限存在,从而级数 $\sum_{n=1}^{\infty}(-1)^{n-1}u_n$ 收敛,且其和 $s\leqslant u_1$.

例 10 证明:级数 $\sum_{n=1}^{\infty}(-1)^{n-1}\dfrac{1}{n}=1-\dfrac{1}{2}+\dfrac{1}{3}-\dfrac{1}{4}+\cdots+(-1)^{n-1}\dfrac{1}{n}+\cdots$ 收敛.

证 显然该级数是交错级数.因对任意正整数 n,有 $u_n=\dfrac{1}{n}\geqslant\dfrac{1}{n+1}=u_{n+1}$,又

$$\lim_{n\to\infty}u_n=\lim_{n\to\infty}\dfrac{1}{n}=0,$$

故根据莱布尼茨审敛法知该级数收敛.

三、绝对收敛和条件收敛

对于一般的级数,即一般项可以取正值,也可以取负值的级数,通常称其为任意项级数.

定义 (1) 如果级数 $\sum_{n=1}^{\infty}|u_n|$ 收敛,则称级数 $\sum_{n=1}^{\infty}u_n$ **绝对收敛**;

(2) 如果级数 $\sum_{n=1}^{\infty}u_n$ 收敛,而级数 $\sum_{n=1}^{\infty}|u_n|$ 发散,则称级数 $\sum_{n=1}^{\infty}u_n$ **条件收敛**.

根据以上定义,容易知道级数 $\sum_{n=1}^{\infty}(-1)^{n-1}\dfrac{1}{n^2}$ 是绝对收敛的;而级数 $\sum_{n=1}^{\infty}(-1)^{n-1}\dfrac{1}{n}$ 是条件收敛的.级数绝对收敛与收敛有如下的关系:

定理 7 如果级数 $\sum_{n=1}^{\infty}u_n$ 绝对收敛,则该级数必收敛.

证 因为级数 $\sum_{n=1}^{\infty}u_n$ 绝对收敛,所以正项级数 $\sum_{n=1}^{\infty}|u_n|$ 收敛.令 $v_n=|u_n|+u_n$($n=1$,2,$\cdots$),显然 $v_n\geqslant 0$,且 $v_n\leqslant 2|u_n|$($n=1,2,\cdots$).根据比较审敛法的推论知,正项级数 $\sum_{n=1}^{\infty}v_n$ 收敛.再由 $u_n=v_n-|u_n|$ 知 $\sum_{n=1}^{\infty}u_n=\sum_{n=1}^{\infty}v_n-\sum_{n=1}^{\infty}|u_n|$ 是两个收敛级数的差,根据收敛级数的基本性质得级数 $\sum_{n=1}^{\infty}u_n$ 必收敛.

例 11 判断级数 $\sum_{n=1}^{\infty}\dfrac{\sin n\alpha}{n^3}$ 的敛散性.

解 注意该级数不是正项级数,也不是交错级数.先判断它是否绝对收敛.因为 $\left|\dfrac{\sin n\alpha}{n^3}\right|\leqslant\dfrac{1}{n^3}$,而级数 $\sum_{n=1}^{\infty}\dfrac{1}{n^3}$ 收敛,所以 $\sum_{n=1}^{\infty}\left|\dfrac{\sin n\alpha}{n^3}\right|$ 收敛,即级数 $\sum_{n=1}^{\infty}\dfrac{\sin n\alpha}{n^3}$ 绝对收敛,从而该级数收敛.

注 此例说明,通过绝对收敛,可以判断出某些任意项级数收敛.

若级数 $\sum\limits_{n=1}^{\infty} u_n$ 绝对收敛,则任意改变该级数各个项的次序构成的新级数也收敛,并且与原级数有相同的和.

习 题 11.2

1. 用比较审敛法判断下列级数的敛散性:

(1) $\sum\limits_{n=1}^{\infty} \dfrac{1}{2n-1}$;   (2) $\sum\limits_{n=1}^{\infty} \dfrac{1}{n(n+2)}$;

(3) $\sum\limits_{n=1}^{\infty} \dfrac{n^2+1}{n^4+2}$;   (4) $\sum\limits_{n=1}^{\infty} \dfrac{1}{\sqrt{n(n+1)}}$.

2. 用比较审敛法的极限形式判断下列级数的敛散性:

(1) $\sum\limits_{n=2}^{\infty} \dfrac{1}{\ln n}$;   (2) $\sum\limits_{n=1}^{\infty} \left(1 - \cos\dfrac{1}{n}\right)$;

(3) $\sum\limits_{n=1}^{\infty} \tan\dfrac{1}{n\sqrt{n}}$;   (4) $\sum\limits_{n=1}^{\infty} (e^{1/\sqrt{n}} - 1)$.

3. 用比值审敛法或根值审敛法判断下列级数的敛散性:

(1) $\sum\limits_{n=1}^{\infty} \dfrac{3^n}{2^n n}$;   (2) $\sum\limits_{n=1}^{\infty} \dfrac{n}{3^n}$;   (3) $\sum\limits_{n=1}^{\infty} \left(\dfrac{n}{2n+1}\right)^n$;

(4) $\sum\limits_{n=1}^{\infty} \left(\dfrac{n}{3n-1}\right)^{2n}$;   (5) $\sum\limits_{n=1}^{\infty} \dfrac{1}{[\ln(n+1)]^n}$;   (6) $\sum\limits_{n=1}^{\infty} \dfrac{3^n \cdot n!}{n^n}$.

4. 判断下列级数的敛散性:

(1) $\sum\limits_{n=1}^{\infty} \ln\left(1 + \dfrac{1}{n}\right)$;   (2) $\sum\limits_{n=1}^{\infty} \dfrac{1}{1+a^n}$ $(a > 0)$;

(3) $\sum\limits_{n=1}^{\infty} \dfrac{1}{n^2-n+1} \sin^2\dfrac{n\pi}{6}$.

5. 判断下列级数是否收敛,如果收敛,请指出是绝对收敛,还是条件收敛:

(1) $1 - \dfrac{1}{\sqrt{2}} + \dfrac{1}{\sqrt{3}} - \dfrac{1}{\sqrt{4}} + \cdots$;

(2) $\sum\limits_{n=1}^{\infty} (-1)^{n-1} \dfrac{n}{3^{n-1}}$;

(3) $\dfrac{1}{5} - \dfrac{1}{5} \cdot \dfrac{1}{2} + \dfrac{1}{5} \cdot \dfrac{1}{2^2} - \dfrac{1}{5} \cdot \dfrac{1}{2^3} + \cdots$;

(4) $\dfrac{1}{\ln 2} - \dfrac{1}{\ln 3} + \dfrac{1}{\ln 4} - \dfrac{1}{\ln 5} + \cdots$.

§11.3 幂 级 数

一、函数项级数

定义 给定定义在区间 I 上的函数列
$$u_1(x), u_2(x), \cdots, u_n(x), \cdots,$$
则由这个函数列构成的表达式
$$u_1(x) + u_2(x) + \cdots + u_n(x) + \cdots$$
称为定义在区间 I 上的**函数项级数**(也简称为**级数**),记为 $\sum\limits_{n=1}^{\infty} u_n(x)$,其中 $u_n(x)$ 称为**一般项**或**通项**.

与数项级数一样,函数项级数是将有限个函数相加推广到无穷多个函数相加.这种推广是否还保持着有限个函数相加的一些性质?这是要研究的新问题.

对每一个确定的值 $x_0 \in I$,上述的函数项级数就成为常数项级数
$$u_1(x_0) + u_2(x_0) + \cdots + u_n(x_0) + \cdots = \sum_{n=1}^{\infty} u_n(x_0).$$
这个级数可能收敛,也可能发散.当它收敛时,称点 x_0 为该函数项级数的**收敛点**;当它发散时,称点 x_0 为该函数项级数的**发散点**.所有收敛点构成的集合称为该函数项级数的**收敛域**,而所有发散点构成的集合称为该函数项级数的**发散域**.

由于对收敛域中的任意一点 x,都存在唯一的和 $s = \sum\limits_{n=1}^{\infty} u_n(x)$,因而在收敛域上,函数项级数的和是 x 的函数,记为 $s(x)$,称为这个函数项级数的**和函数**.和函数 $s(x)$ 的定义域就是该函数项级数的收敛域.对收敛域中的每一点 x,都有
$$s(x) = \sum_{n=1}^{\infty} u_n(x) = u_1(x) + u_2(x) + \cdots + u_n(x) + \cdots.$$
设函数项级数的前 n 项部分和为
$$s_n(x) = u_1(x) + u_2(x) + \cdots + u_n(x),$$
于是在收敛域上有
$$\lim_{n \to \infty} s_n(x) = s(x).$$
通常称 $r_n(x) = s(x) - s_n(x)$ 为函数项级数的**余项**.显然,在收敛域上有
$$\lim_{n \to \infty} r_n(x) = 0.$$

例如,等比级数 $\sum\limits_{n=0}^{\infty} x^n$ 就是一个函数项级数,它的一般项为 $x^n (n = 0, 1, 2, \cdots)$.一般项的定义域都为 $(-\infty, +\infty)$,但这个级数的收敛域是 $(-1, 1)$,其和函数为

$$s(x) = \frac{1}{1-x} \quad (-1 < x < 1).$$

二、幂级数

(一) 幂级数及其收敛性

形如

$$\sum_{n=0}^{\infty} a_n(x-x_0)^n = a_0 + a_1(x-x_0) + a_2(x-x_0)^2 + \cdots + a_n(x-x_0)^n + \cdots \quad ①$$

的函数项级数,称为 $x-x_0$ 的**幂级数**,其中常数 $a_0, a_1, a_2, \cdots, a_n, \cdots$ 称为该幂级数的**系数**.

特别地,当 $x_0 = 0$ 时,幂级数①的形式变为

$$\sum_{n=0}^{\infty} a_n x^n = a_0 + a_1 x + a_2 x^2 + \cdots + a_n x^n + \cdots, \quad ②$$

称之为 x 的幂级数. 若令 $t = x - x_0$,则表达式①转换成表达式②的形式:$\sum_{n=0}^{\infty} a_n t^n$. 于是只需讨论较简单形式的幂级数②的收敛性即可. 从幂级数②可以看到,它很像多项式. 它们的区别在于多项式的次数是有限的,而幂级数的次数是无限的. 故可以把多项式看作有限项之后系数都为零的幂级数,如

$$1 + x + x^2 = 1 + x + x^2 + 0x^3 + 0x^4 + \cdots,$$

所以幂级数是多项式的推广. 以后还会发现幂级数的一些性质与多项式也是相同的.

显然,幂级数②的收敛域是非空的,如点 $x=0$ 就是收敛点,此时的和为

$$s(0) = a_0 + a_1 \cdot 0 + a_2 \cdot 0^2 + \cdots + a_n \cdot 0^n + \cdots = a_0.$$

例如,等比级数 $\sum_{n=0}^{\infty} x^n$ 就是一个幂级数,其中 $a_n = 1 (n = 0, 1, 2, \cdots)$.

(二) 幂级数的收敛半径和收敛域

定理 1 (阿贝尔(Abel)定理) 如果点 $x_0 (x_0 \neq 0)$ 是幂级数 $\sum_{n=0}^{\infty} a_n x^n$ 的收敛点,则对于满足不等式 $|x| < |x_0|$ 的一切 x,该幂级数都绝对收敛;而如果点 $x_0 (x_0 \neq 0)$ 是幂级数 $\sum_{n=0}^{\infty} a_n x^n$ 的发散点,则对于满足不等式 $|x| > |x_0|$ 的一切 x,该幂级数都发散.

证 先设 x_0 是幂级数 $\sum_{n=0}^{\infty} a_n x^n$ 的收敛点,则数项级数

$$a_0 + a_1 x_0 + a_2 x_0^2 + \cdots + a_n x_0^n + \cdots$$

收敛. 根据数项级数收敛的必要条件知 $\lim_{n \to \infty} a_n x_0^n = 0$,故数列 $\{a_n x_0^n\}$ 有界,即存在常数 $M > 0$,使得

$$|a_n x_0^n| \leqslant M \quad (n = 0, 1, 2, \cdots).$$

第十一章　无穷级数

于是,对于满足不等式$|x|<|x_0|$的一切x,级数$\sum_{n=0}^{\infty}|a_n x^n|$的一般项满足

$$|a_n x^n|=|a_n x_0^n|\cdot\left|\frac{x}{x_0}\right|^n\leqslant M\left|\frac{x}{x_0}\right|^n.$$

因为$|x|<|x_0|$,从而$\left|\frac{x}{x_0}\right|^n<1$,所以等比级数$\sum_{n=0}^{\infty}M\left|\frac{x}{x_0}\right|^n$收敛.根据正项级数的比较审敛法,级数$\sum_{n=0}^{\infty}a_n x^n$绝对收敛.

用反证法证明本定理的第二部分.假设存在点x_1满足不等式$|x_1|>|x_0|$,而幂级数$\sum_{n=0}^{\infty}a_n x^n$在点$x_1$收敛,则根据本定理的第一部分可知该幂级数在点$x_0$必收敛,与已知条件矛盾.

定理1表明,如果存在$x_0\neq 0$,使得幂级数$\sum_{n=0}^{\infty}a_n x^n$在点$x_0$收敛,则该幂级数在开区间$(-|x_0|,|x_0|)$内处处绝对收敛;如果存在$x_1$,使得幂级数在点$x_1$发散,则该幂级数在$(-\infty,-|x_1|)\cup(|x_1|,+\infty)$内处处发散.容易看出,对这样的幂级数,必然存在一个正数$R>0$,使得对于满足$|x|<R$的一切x,该幂级数都绝对收敛;而对于满足$|x|>R$的一切x,该幂级数都发散.但对于$x=\pm R$这两点,其收敛情况不能确定,要根据具体情况作具体分析.此时,称R为该幂级数的**收敛半径**,并称开区间$(-R,R)$为该幂级数的**收敛区间**.如果幂级数$\sum_{n=0}^{\infty}a_n x^n$除了点$x=0$外没有其他的收敛点,则定义该幂级数的收敛半径为$R=0$.如果幂级数$\sum_{n=0}^{\infty}a_n x^n$没有发散点,即处处收敛,则定义该幂级数的收敛半径为$R=+\infty$,这时其收敛区间为$(-\infty,+\infty)$.

可见,任何幂级数都有它自身的收敛半径$R(0\leqslant R\leqslant+\infty)$.为了求幂级数的收敛域,关键是求出其收敛半径.关于收敛半径的求法有下面的定理.

定理2　对于幂级数$\sum_{n=0}^{\infty}a_n x^n$,如果

$$\lim_{n\to\infty}\left|\frac{a_{n+1}}{a_n}\right|=\rho\quad(0\leqslant\rho\leqslant+\infty),$$

则可求得该幂级数的收敛半径如下:

(1) 当$0<\rho<+\infty$时,该幂级数的收敛半径为$R=\dfrac{1}{\rho}$;

(2) 当$\rho=0$时,该幂级数的收敛半径为$R=+\infty$;

(3) 当$\rho=+\infty$时,该幂级数的收敛半径为$R=0$.

§11.3 幂级数

证 幂级数 $\sum_{n=0}^{\infty} a_n x^n$ 的各项取绝对值,得到正项级数

$$\sum_{n=0}^{\infty} |a_n x^n| = |a_0| + |a_1 x| + |a_2 x^2| + \cdots + |a_n x^n| + \cdots.$$

由定理的条件可得极限

$$\lim_{n \to \infty} \frac{|a_{n+1} x^{n+1}|}{|a_n x^n|} = \lim_{n \to \infty} \left| \frac{a_{n+1}}{a_n} \right| |x| = \rho |x|.$$

由正项级数的比值审敛法可得到下列结论:

(1) 当 $0 < \rho < +\infty$ 时,若 $|x| < \frac{1}{\rho}$,则 $\lim_{n \to \infty} \frac{|a_{n+1} x^{n+1}|}{|a_n x^n|} = \rho |x| < 1$,从而该幂级数绝对收敛;若 $|x| > \frac{1}{\rho}$,则 $\lim_{n \to \infty} \frac{|a_{n+1} x^{n+1}|}{|a_n x^n|} = \rho |x| > 1$,从而该幂级数发散(见§11.1中的例6). 于是该幂级数的收敛半径为 $R = \frac{1}{\rho}$.

(2) 当 $\rho = 0$ 时,对于任意 $x \neq 0$,都有 $\lim_{n \to \infty} \frac{|a_{n+1} x^{n+1}|}{|a_n x^n|} = 0 < 1$,所以对任何 x 该幂级数都绝对收敛. 故它的收敛半径为 $R = +\infty$.

(3) 当 $\rho = +\infty$ 时,对于除点 $x = 0$ 外的一切 x,都有 $\lim_{n \to \infty} \frac{|a_{n+1} x^{n+1}|}{|a_n x^n|} = +\infty$,从而对任何 $x \neq 0$ 该幂级数发散,于是它的收敛半径 $R = 0$.

同理可证,若 $\lim_{n \to \infty} \sqrt[n]{|a_n|} = \rho$,则幂级数 $\sum_{n=1}^{\infty} a_n x^n$ 的收敛半径为

$$R = \begin{cases} 1/\rho, & 0 < \rho < +\infty, \\ 0, & \rho = +\infty, \\ +\infty, & \rho = 0. \end{cases}$$

例1 求幂级数 $x - \frac{x^2}{2} + \frac{x^3}{3} - \frac{x^4}{4} + \cdots + (-1)^{n-1} \frac{x^n}{n} + \cdots$ 的收敛域.

解 因为

$$\rho = \lim_{n \to \infty} \left| \frac{a_{n+1}}{a_n} \right| = \lim_{n \to \infty} \frac{\frac{1}{n+1}}{\frac{1}{n}} = \lim_{n \to \infty} \frac{n}{n+1} = 1,$$

所以收敛半径为 $R = \frac{1}{\rho} = 1$,从而收敛区间为 $(-1, 1)$. 下面讨论收敛区间端点上幂级数的敛散性.

当 $x = 1$ 时,得到交错级数

$$1 - \frac{1}{2} + \frac{1}{3} - \frac{1}{4} + \cdots + (-1)^{n-1}\frac{1}{n} + \cdots.$$

根据莱布尼茨判别法,该级数收敛.

当 $x=-1$ 时,原级数成为

$$-1 - \frac{1}{2} - \frac{1}{3} - \frac{1}{4} - \cdots - \frac{1}{n} - \cdots = \sum_{n=1}^{\infty}(-1)\frac{1}{n}.$$

它是调和级数乘以常数 -1 得到的级数,从而发散.

因此,原幂级数的收敛域为 $(-1,1]$.

例 2 求幂级数 $1+x+2!x^2+\cdots+n!x^n+\cdots$ 的收敛半径和收敛域.

解 因为

$$\rho = \lim_{n\to\infty}\left|\frac{a_{n+1}}{a_n}\right| = \lim_{n\to\infty}\frac{(n+1)!}{n!} = \lim_{n\to\infty}(n+1) = +\infty,$$

所以收敛半径为 $R=0$,即该幂级数只在点 $x=0$ 收敛.

例 3 求幂级数 $1+x+\frac{x^2}{2!}+\frac{x^3}{3!}+\cdots+\frac{x^n}{n!}+\cdots$ 的收敛半径、收敛区间和收敛域.

解 因为

$$\rho = \lim_{n\to\infty}\left|\frac{a_{n+1}}{a_n}\right| = \lim_{n\to\infty}\frac{\frac{1}{(n+1)!}}{\frac{1}{n!}} = \lim_{n\to\infty}\frac{1}{n+1} = 0,$$

所以收敛半径为 $R=+\infty$,从而收敛区间为 $(-\infty,+\infty)$,即对任意的 $x\in(-\infty,+\infty)$,该幂级数都绝对收敛,于是收敛域为 $(-\infty,+\infty)$.

一般说来,求幂级数 $\sum_{n=0}^{\infty}a_n x^n$ 的收敛域分为以下几个步骤:先求出幂级数的收敛半径 R,如果 $R=0$,则收敛域中只有点 $x=0$;如果 $R=+\infty$,则收敛域为 $(-\infty,+\infty)$;如果 $0<R<+\infty$,则它的收敛区间为 $(-R,R)$. 然后,讨论在收敛区间端点 $x=\pm R$ 处幂级数的敛散性. 最后,将收敛的端点并入收敛区间即可得到收敛域. 此时,收敛域只可能是下列四个区间之一:

$$(-R,R), \quad (-R,R], \quad [-R,R], \quad [-R,R).$$

例 4 求幂级数 $\sum_{n=0}^{\infty}\frac{2n+1}{2^n}x^{2n}$ 的收敛域.

解 此幂级数只有偶数次项,没有奇数次项,称为缺项级数. 如果将此幂级数写为标准形式 $\sum_{n=0}^{\infty}a_n x^n$,此时其各项的系数为

$$a_n = \begin{cases} \frac{2k+1}{2^k}, & n=2k, \\ 0, & n=2k+1 \end{cases} \quad (k=0,1,2,\cdots).$$

当 n 为奇数时,比值 $\left|\dfrac{a_{n+1}}{a_n}\right|$ 无意义,因此不能直接用定理 2 中的公式来求收敛半径.

令 $y=x^2$,则原幂级数转化为新幂级数 $\sum\limits_{n=0}^{\infty}\dfrac{2n+1}{2^n}y^n$. 先讨论这个幂级数的收敛半径. 因为

$$\rho_1=\lim_{n\to\infty}\left|\dfrac{a_{n+1}}{a_n}\right|=\lim_{n\to\infty}\dfrac{\dfrac{2(n+1)+1}{2^{n+1}}}{\dfrac{2n+1}{2^n}}=\lim_{n\to\infty}\dfrac{2(n+1)+1}{2n+1}\cdot\dfrac{2^n}{2^{n+1}}=\dfrac{1}{2},$$

所以新幂级数的收敛半径为 $R_1=\dfrac{1}{\rho_1}=2$. 故当 $|y|<2$ 时,新幂级数绝对收敛;当 $|y|>2$ 时,新幂级数发散. 由此可知,当 $|x|<\sqrt{2}$ 时,原幂级数绝对收敛;当 $|x|>\sqrt{2}$ 时,原幂级数发散. 于是,原幂级数的收敛半径为 $R=\sqrt{2}$,收敛区间为 $(-\sqrt{2},\sqrt{2})$.

在收敛区间的端点 $x=\pm\sqrt{2}$ 处,原幂级数成为 $\sum\limits_{n=0}^{\infty}\dfrac{2n+1}{2^n}(\pm\sqrt{2})^{2n}=\sum\limits_{n=0}^{\infty}(2n+1)$,显然发散,故原幂级数的收敛域为 $(-\sqrt{2},\sqrt{2})$.

例 5 求幂级数 $\sum\limits_{n=1}^{\infty}\dfrac{(x-1)^n}{3^n n}$ 的收敛域.

解 该级数不是 $\sum\limits_{n=0}^{\infty}a_n x^n$ 形式的幂级数,而是 $\sum\limits_{n=0}^{\infty}a_n(x-x_0)^n$ 形式的幂级数. 令 $t=x-1$,则原幂级数转化为新幂级数 $\sum\limits_{n=1}^{\infty}\dfrac{t^n}{3^n n}$. 因为

$$\rho_1=\lim_{n\to\infty}\left|\dfrac{a_{n+1}}{a_n}\right|=\lim_{n\to\infty}\dfrac{\dfrac{1}{3^{n+1}(n+1)}}{\dfrac{1}{3^n n}}=\lim_{n\to\infty}\dfrac{n}{n+1}\cdot\dfrac{3^n}{3^{n+1}}=\lim_{n\to\infty}\dfrac{n}{n+1}\cdot\dfrac{1}{3}=\dfrac{1}{3},$$

所以新幂级数的收敛半径为 $R_1=3$,从而新幂级数当 $|t|<3$ 时绝对收敛,当 $|t|>3$ 时发散. 故原幂级数当 $|x-1|<3$ 时绝对收敛,当 $|x-1|>3$ 时发散. 解不等式 $|x-1|<3$,得 $-2<x<4$,则区间 $(-2,4)$ 是原幂级数的收敛区间.

现在考虑原幂级数在收敛区间端点 $x=-2,4$ 处的敛散性. 当 $x=-2$ 时,原幂级数成为交错级数 $\sum\limits_{n=1}^{\infty}(-1)^n\dfrac{1}{n}$,由莱布尼茨审敛法可知它是收敛的;当 $x=4$ 时,原幂级数成为调和级数 $\sum\limits_{n=1}^{\infty}\dfrac{1}{n}$,从而发散. 于是原幂级数的收敛域为 $[-2,4)$.

三、幂级数的性质

由一元函数微积分可知,如果 $u_1(x),u_2(x),\cdots,u_n(x)$ 中的每一项都在区间 I 上连续,则

它们的和 $u_1(x)+u_2(x)+\cdots+u_n(x)$ 也是区间 I 上的连续函数,即有限个连续函数的和也是连续函数.此时,它们的和函数在 $[a,b]$ 可积,并且有

$$\int_a^b [u_1(x)+u_2(x)+\cdots+u_n(x)]\mathrm{d}x$$
$$=\int_a^b u_1(x)\mathrm{d}x + \int_a^b u_2(x)\mathrm{d}x + \cdots + \int_a^b u_n(x)\mathrm{d}x.$$

将这个公式称为**逐项积分公式**,即先求和后积分等于先积分后求和.

如果 $u_1(x),u_2(x),\cdots,u_n(x)$ 中的每一项都在 I 内可导,则它们的和 $u_1(x)+u_2(x)+\cdots+u_n(x)$ 在 I 内也可导,且

$$[u_1(x)+u_2(x)+\cdots+u_n(x)]' = u_1'(x)+u_2'(x)+\cdots+u_n'(x).$$

相应地,把这个公式称为**逐项求导公式**,即先求和后求导等于先求导后求和.

一个很自然的问题是:上述有限个函数之和的性质能否推广到无穷多个函数的和上,即推广到函数项级数上?幂级数的每一项 $a_n x^n$ 都是可导的,从而是连续的,也是可积的,那么它们的和函数的性质又如何呢?现不加证明地介绍有关结论.

性质 1(和函数的连续性) 设幂级数 $\sum_{n=0}^{\infty} a_n x^n$ 的收敛半径 $R>0$,则其和函数在收敛域上连续.

性质 2(逐项积分) 设幂级数 $\sum_{n=0}^{\infty} a_n x^n$ 的收敛半径 $R>0$,则其和函数 $s(x)$ 在收敛区间 $(-R,R)$ 内部是可积的,并对一切的 $x \in (-R,R)$,有如下逐项积分公式成立:

$$\int_0^x s(t)\mathrm{d}t = \int_0^x \sum_{n=0}^{\infty} a_n t^n \mathrm{d}t = \sum_{n=0}^{\infty} \int_0^x a_n t^n \mathrm{d}t = \sum_{n=0}^{\infty} \frac{a_n}{n+1} x^{n+1},$$

且逐项积分后所得的新幂级数 $\sum_{n=0}^{\infty} \frac{a_n}{n+1} x^{n+1}$ 与原幂级数 $\sum_{n=0}^{\infty} a_n x^n$ 有相同的收敛半径.

性质 3(逐项求导) 设幂级数 $\sum_{n=0}^{\infty} a_n x^n$ 的收敛半径 $R>0$,则其和函数 $s(x)$ 在收敛区间 $(-R,R)$ 内可导,并对任意 $x \in (-R,R)$,有如下逐项求导公式成立:

$$s'(x) = \left(\sum_{n=0}^{\infty} a_n x^n\right)' = \sum_{n=0}^{\infty} (a_n x^n)' = \sum_{n=1}^{\infty} n a_n x^{n-1},$$

且逐项求导后所得的新幂级数 $\sum_{n=1}^{\infty} n a_n x^{n-1}$ 与原幂级数 $\sum_{n=0}^{\infty} a_n x^n$ 有相同的收敛半径.

注 由性质 3 可知,和函数 $s(x)$ 在收敛区间上具有任意阶导数.

例 6 设幂级数 $\sum_{n=1}^{\infty} \frac{(-1)^{n-1}}{n} x^n$ 的和函数是 $s(x)$.

(1) 求该幂级数的收敛域;

(2) 求出 $s'(x)$ 的幂级数形式,并求其收敛域;

(3) 求出积分上限函数 $\int_0^x s(t)\mathrm{d}t$ 的幂级数形式,并求其收敛域.

解 (1) 易知该级数的收敛半径为 1,收敛区间为 $(-1,1)$. 该级数在点 $x=1$ 收敛,在点 $x=-1$ 发散,从而该级数的收敛域为 $(-1,1]$.

(2) 在收敛区间 $(-1,1)$ 内,有
$$s'(x)=\left[\sum_{n=1}^{\infty}\frac{(-1)^{n-1}}{n}x^n\right]'=\sum_{n=1}^{\infty}\left[\frac{(-1)^{n-1}}{n}x^n\right]'=\sum_{n=1}^{\infty}(-1)^{n-1}x^{n-1}.$$

新幂级数 $\sum_{n=1}^{\infty}(-1)^{n-1}x^{n-1}$ 的收敛区间仍为 $(-1,1)$. 新幂级数在点 $x=\pm 1$ 发散,故新幂级数的收敛域为 $(-1,1)$.

(3) 在收敛区间 $(-1,1)$ 内,有
$$\int_0^x s(t)\mathrm{d}t=\int_0^x\left[\sum_{n=1}^{\infty}\frac{(-1)^{n-1}}{n}t^n\right]\mathrm{d}t=\sum_{n=1}^{\infty}\int_0^x\frac{(-1)^{n-1}}{n}t^n\mathrm{d}t$$
$$=\sum_{n=1}^{\infty}\left[\frac{(-1)^{n-1}}{n(n+1)}t^{n+1}\right]_0^x=\sum_{n=1}^{\infty}\frac{(-1)^{n-1}}{n(n+1)}x^{n+1}.$$

新幂级数 $\sum_{n=1}^{\infty}\frac{(-1)^{n-1}}{n(n+1)}x^{n+1}$ 的收敛区间仍为 $(-1,1)$. 新幂级数在点 $x=\pm 1$ 绝对收敛,故新幂级数的收敛域为 $[-1,1]$.

四、幂级数的加法、减法和乘法运算

给定两个幂级数
$$a_0+a_1 x+a_2 x^2+\cdots+a_n x^n+\cdots=\sum_{n=0}^{\infty}a_n x^n$$
$$b_0+b_1 x+b_2 x^2+\cdots+b_n x^n+\cdots=\sum_{n=0}^{\infty}b_n x^n,$$

则称幂级数
$$(a_0\pm b_0)+(a_1\pm b_1)x+(a_2\pm b_2)x^2+\cdots+(a_n\pm b_n)x^n+\cdots$$
$$=\sum_{n=0}^{\infty}(a_n\pm b_n)x^n$$

为幂级数 $\sum_{n=0}^{\infty}a_n x^n$ 与 $\sum_{n=0}^{\infty}b_n x^n$ 的**和**或**差**,记为 $\sum_{n=0}^{\infty}a_n x^n\pm\sum_{n=0}^{\infty}b_n x^n$,并称这样的运算为幂级数的**加法**或**减法**;称幂级数

$$\sum_{n=0}^{\infty}(a_0 b_n+a_1 b_{n-1}+\cdots+a_n b_0)x^n$$
$$=a_0 b_0+(a_0 b_1+a_1 b_0)x+(a_0 b_2+a_1 b_1+a_2 b_0)x^2+\cdots$$

$$+(a_0b_n+a_1b_{n-1}+\cdots+a_nb_0)x^n+\cdots$$

为幂级数 $\sum_{n=0}^{\infty}a_nx^n$ 与 $\sum_{n=0}^{\infty}b_nx^n$ 的积,记为 $\left(\sum_{n=0}^{\infty}a_nx^n\right)\cdot\left(\sum_{n=0}^{\infty}b_nx^n\right)$,并称这样的运算为幂级数的**乘法**.

可以看到,幂级数的加、减法类似于多项式的加、减法,只需合并同类项即可;幂级数的乘法也类似于多项式的乘法,只需两个幂级数的各项互乘后合并同类项即可.

关于幂级数的加法有如下的结论:

性质 4 设幂级数 $\sum_{n=0}^{\infty}a_nx^n$ 与 $\sum_{n=0}^{\infty}b_nx^n$ 的收敛半径分别为 R_a,R_b,其收敛域为 I_a,I_b. 如果 $R_a\neq R_b$,则幂级数 $\sum_{n=0}^{\infty}(a_n\pm b_n)x^n$ 的收敛半径为 $\min\{R_a,R_b\}$,收敛域为 $I_a\cap I_b$,且在这个收敛域上恒有

$$\sum_{n=0}^{\infty}a_nx^n\pm\sum_{n=0}^{\infty}b_nx^n=\sum_{n=0}^{\infty}(a_n\pm b_n)x^n.$$

性质 5 设幂级数 $\sum_{n=0}^{\infty}a_nx^n$ 与 $\sum_{n=0}^{\infty}b_nx^n$ 的收敛半径分别为 R_a,R_b,$r=\min\{R_a,R_b\}$,则这两个幂级数乘积的收敛半径 $R\geqslant r$,且在 $(-r,r)$ 上恒有

$$\left(\sum_{n=0}^{\infty}a_nx^n\right)\cdot\left(\sum_{n=0}^{\infty}b_nx^n\right)=\sum_{n=0}^{\infty}(a_0b_n+a_1b_{n-1}+\cdots+a_nb_0)x^n.$$

例 7 求幂级数 $\sum_{n=1}^{\infty}\left(\dfrac{1}{n}+\dfrac{1}{2^n}\right)x^n$ 的收敛域.

解 原幂级数是幂级数 $\sum_{n=1}^{\infty}\dfrac{1}{n}x^n$ 与 $\sum_{n=1}^{\infty}\dfrac{1}{2^n}x^n$ 的和,而 $\sum_{n=1}^{\infty}\dfrac{1}{n}x^n$ 的收敛域是 $[-1,1)$,$\sum_{n=1}^{\infty}\dfrac{1}{2^n}x^n$ 的收敛域是 $(-2,2)$,故原幂级数的收敛域是这两个幂级数收敛域的交集 $[-1,1)$.

习 题 11.3

1. 求下列幂级数的收敛域:

(1) $x+2x^2+\cdots+nx^n+\cdots$;

(2) $-x+\dfrac{x^2}{2^2}+\cdots+(-1)^n\dfrac{x^n}{n^2}+\cdots$;

(3) $\sum_{n=0}^{\infty}\dfrac{n!}{2n+1}x^n$;

(4) $\sum_{n=1}^{\infty}\dfrac{2^n}{2n+1}x^n$;

(5) $\sum_{n=1}^{\infty}\dfrac{2n-1}{2^n}x^{2n}$;

(6) $\sum_{n=1}^{\infty}(-1)^n\dfrac{x^{2n+1}}{2n+1}$;

(7) $\sum_{n=1}^{\infty}\dfrac{(x-3)^n}{n^2}$;

(8) $\sum_{n=1}^{\infty}n(3x-5)^n$.

2. 设下列幂级数在其收敛区间上的和函数为 $s(x)$,求出 $s'(x)$ 及 $\int_0^x s(t)\,dt$ 的幂级数形式,并求它们的收敛域:

(1) $\sum\limits_{n=1}^{\infty} \dfrac{1}{n} x^n$;

(2) $\sum\limits_{n=2}^{\infty} \dfrac{1}{n^2-1} x^n$.

3. 求下列幂级数的收敛域:

(1) $\sum\limits_{n=0}^{\infty} \left(2^n - \dfrac{1}{2^n}\right) x^n$;

(2) $\sum\limits_{n=1}^{\infty} \left(\dfrac{1}{n^2} + \dfrac{1}{3^n}\right) x^n$.

§11.4 函数的幂级数展开式

从 §11.3 知道,幂级数在其收敛域内确定了一个和函数 $s(x)$,它有很多良好的性质,如可积、有任意阶导数等. 幂级数可以看作多项式函数的推广,它的和函数可以用部分和(多项式)来任意逼近,这对于数值计算来说是很有用的. 反过来,事先给定一个函数 $f(x)$,能否在某个区间上将它用幂级数表示出来呢? 即能否找到一个幂级数,使得它的和函数是事先给定的函数 $f(x)$? 这就是本节所要讨论的主要内容.

一、函数的幂级数展开式

定理 1 设幂级数

$$\sum_{n=0}^{\infty} a_n x^n = a_0 + a_1 x + a_2 x^2 + \cdots + a_n x^n + \cdots$$

在区间 $(-\delta, \delta)$ 上的和函数为 $f(x)$,即

$$f(x) = a_0 + a_1 x + a_2 x^2 + \cdots + a_n x^n + \cdots, \qquad ①$$

则

$$a_n = \dfrac{f^{(n)}(0)}{n!} \quad (n = 0, 1, 2, \cdots). \qquad ②$$

证 将 $x = 0$ 代入①式,得 $a_0 = f(0)$.

根据幂级数在收敛区间内的逐项求导公式,对①式两边求导得

$$f'(x) = a_1 + 2a_2 x + 3a_3 x^2 + \cdots + n a_n x^{n-1} + \cdots,$$

$$f''(x) = 2a_2 + 3 \cdot 2 a_3 x + \cdots + n \cdot (n-1) a_n x^{n-2} + \cdots,$$

$$f'''(x) = 3 \cdot 2 a_3 + 4 \cdot 3 \cdot 2 a_4 x + \cdots + n \cdot (n-1) \cdot (n-2) a_n x^{n-3} + \cdots,$$

……

$$f^{(n)}(x) = n \cdot (n-1) \cdot \cdots \cdot 3 \cdot 2 \cdot a_n + (n+1) \cdot n \cdot \cdots \cdot 2x + \cdots,$$

……

将 $x=0$ 代入上述式子,于是有

$$f^{(n)}(0) = n!a_n, \quad \text{即} \quad a_n = \frac{f^{(n)}(0)}{n!} \quad (n=1,2,\cdots).$$

故

$$a_n = \frac{f^{(n)}(0)}{n!} \quad (n=0,1,2,\cdots).$$

根据上述定理不难得出,如果在点 $x=x_0$ 的某个邻域内幂级数 $\sum\limits_{n=0}^{\infty} a_n(x-x_0)^n$ 的和函数为 $f(x)$,即

$$f(x) = \sum_{n=0}^{\infty} a_n(x-x_0)^n,$$

则必有

$$a_n = \frac{f^{(n)}(x_0)}{n!} \quad (n=0,1,2,\cdots). \qquad ③$$

二、泰勒级数及泰勒展开式

设函数 $f(x)$ 在点 $x=x_0$ 的某个邻域 $(x_0-\delta, x_0+\delta)$ 内有任意阶导数,则称幂级数

$$f(x_0) + f'(x_0)(x-x_0) + \frac{f''(x_0)}{2!}(x-x_0)^2 + \cdots + \frac{f^{(n)}(x_0)}{n!}(x-x_0)^n + \cdots \qquad ④$$

为 $f(x)$ 在点 x_0 的**泰勒级数**,称 $a_n = \dfrac{f^{(n)}(x_0)}{n!}$ $(n=0,1,2,\cdots)$ 为 $f(x)$ 在点 x_0 的**泰勒系数**.

特别地,当 $x_0=0$ 时,幂级数④成为

$$f(0) + f'(0)x + \frac{f'(0)}{2!}x^2 + \cdots + \frac{f^{(n)}(0)}{n!}x^n + \cdots,$$

称之为 $f(x)$ 的**麦克劳林(Maclaurin)级数**,其中 $a_n = \dfrac{f^{(n)}(0)}{n!}(n=0,1,2,\cdots)$ 称为 $f(x)$ 的**麦克劳林系数**.

那么,在点 x_0 的某个邻域 $(x_0-\delta, x_0+\delta)$ 内,$f(x)$ 的泰勒级数是否收敛于 $f(x)$ 呢?为了回答这个问题,先回忆一下上册 §3.3 中的泰勒公式.此时,$f(x)$ 在 $(x_0-\delta, x_0+\delta)$ 内可以表示为任意阶的泰勒公式

$$\begin{aligned} f(x) = & f(x_0) + f'(x_0)(x-x_0) + \frac{f''(x_0)}{2!}(x-x_0)^2 + \cdots \\ & + \frac{f^{(n)}(x_0)}{n!}(x-x_0)^n + R_n(x), \end{aligned} \qquad ⑤$$

其中余项 $R_n(x) = \dfrac{f^{(n+1)}(\xi)}{(n+1)!}(x-x_0)^{n+1}$ 是泰勒公式的拉格朗日余项,ξ 介于 x 与 x_0 之间.

于是
$$f(x) = s_{n+1}(x) + R_n(x),$$ ⑥

其中 $s_{n+1}(x)$ 是 $f(x)$ 的泰勒级数④的部分和. 所以有如下定理：

定理 2 设函数 $f(x)$ 在点 $x=x_0$ 的某个邻域 $(x_0-\delta, x_0+\delta)$ 内具有任意阶导数，则 $f(x)$ 在该邻域内可以展开成泰勒级数（即 $f(x)$ 在点 x_0 的泰勒级数在邻域 $(x_0-\delta, x_0+\delta)$ 内收敛到 $f(x)$）的充分必要条件是，对于任何 $x \in (x_0-\delta, x_0+\delta)$，都有 $\lim\limits_{n \to \infty} R_n(x) = 0$.

证 必要性 设 $f(x)$ 在 $(x_0-\delta, x_0+\delta)$ 内可以展开为泰勒级数，即
$$f(x) = f(x_0) + f'(x_0)(x-x_0) + \frac{f''(x_0)}{2!}(x-x_0)^2 + \cdots$$
$$+ \frac{f^{(n)}(x_0)}{n!}(x-x_0)^n + \cdots$$

对一切 $x \in (x_0-\delta, x_0+\delta)$ 都成立，则由⑥式及 $\lim\limits_{n \to \infty} s_{n+1}(x) = f(x)$ 有
$$\lim_{n \to \infty} R_n(x) = \lim_{n \to \infty}[f(x) - s_{n+1}(x)] = 0.$$

充分性 设 $\lim\limits_{n \to \infty} R_n(x) = 0$ 对一切 $x \in (x_0-\delta, x_0+\delta)$ 成立，则由⑥式知
$$\lim_{n \to \infty} R_n(x) = \lim_{n \to \infty}[f(x) - s_{n+1}(x)] = 0,$$

即 $\lim\limits_{n \to \infty} s_{n+1}(x) = f(x)$. 这表明，$f(x)$ 在点 x_0 的泰勒级数在 $(x_0-\delta, x_0+\delta)$ 内的每一点都收敛到 $f(x)$，即 $f(x)$ 在 $(x_0-\delta, x_0+\delta)$ 内可以展开成泰勒级数.

三、将函数展开成幂级数

下面讨论几个初等函数的幂级数展开式.

例 1 将函数 $f(x) = e^x$ 展开成 x 的幂级数，即麦克劳林级数.

解 $f(x)$ 的各阶导数为 $f^{(n)}(x) = e^x$，因此
$$f^{(n)}(0) = 1 \quad (n = 0, 1, 2, \cdots).$$

于是 $f(x) = e^x$ 的麦克劳林系数为
$$a_n = \frac{f^{(n)}(0)}{n!} = \frac{1}{n!} \quad (n = 0, 1, 2, \cdots; 规定\ 0! = 1).$$

所以，$f(x) = e^x$ 的麦克劳林级数为
$$\sum_{n=0}^{\infty} \frac{x^n}{n!} = 1 + x + \frac{1}{2!}x^2 + \cdots + \frac{1}{n!}x^n + \cdots,$$

其收敛半径为 $R = +\infty$.

对于任意给定的 $x \in (-\infty, +\infty)$，泰勒公式⑤中的余项为
$$R_n(x) = \frac{f^{(n+1)}(\xi)}{(n+1)!}x^{n+1} = \frac{e^\xi}{(n+1)!}x^{n+1},$$

其中 ξ 介于 0 与 x 之间，所以

$$|R_n(x)| = \left|\frac{e^\xi}{(n+1)!}x^{n+1}\right| < e^{|x|}\frac{|x|^{n+1}}{(n+1)!}.$$

根据正项级数的比值审敛法知级数 $\sum_{n=0}^{\infty}\frac{|x|^{n+1}}{(n+1)!}$ 收敛，因此

$$\lim_{n\to\infty}\frac{|x|^{n+1}}{(n+1)!}=0, \quad 从而 \quad \lim_{n\to\infty}R_n(x)=0.$$

由定理 2 可知 e^x 的麦克劳林级数收敛于 e^x，即

$$e^x = \sum_{n=0}^{\infty}\frac{x^n}{n!} = 1+x+\frac{1}{2!}x^2+\cdots+\frac{1}{n!}x^n+\cdots \quad (-\infty<x<+\infty).$$

例 2 将函数 $f(x)=\sin x$ 展开成 x 的幂级数.

解 $f(x)$ 的各阶导数为

$$f^{(n)}(x) = \sin\left(x+\frac{n\pi}{2}\right) \quad (n=0,1,2,\cdots).$$

将 $x=0$ 代入上式，得

$$f^{(n)}(0) = \begin{cases}(-1)^k, & n=2k+1, \\ 0, & n=2k\end{cases} \quad (k=0,1,2,\cdots),$$

于是得 $\sin x$ 的麦克劳林级数

$$x-\frac{1}{3!}x^3+\frac{1}{5!}x^5+\cdots+\frac{(-1)^n}{(2n+1)!}x^{2n+1}+\cdots.$$

容易验证该幂级数的收敛半径为 $R=+\infty$.

事实上，对于任意给定的 $x\in(-\infty,+\infty)$，泰勒公式⑤中的余项为

$$R_{2n+2}(x) = \frac{\sin\left(\xi+(2n+3)\frac{\pi}{2}\right)}{(2n+3)!}x^{2n+3},$$

其中 ξ 介于 0 与 x 之间，所以

$$|R_{2n+2}(x)| = \left|\frac{\sin\left(\xi+\left(n+\frac{3}{2}\right)\pi\right)}{(2n+3)!}x^{2n+3}\right| \leqslant \frac{|x|^{2n+3}}{(2n+3)!}.$$

由例 1 中的讨论知

$$\lim_{n\to\infty}\frac{|x|^{2n+3}}{(2n+3)!}=0, \quad 从而 \quad \lim_{n\to\infty}R_{2n+2}=0.$$

根据定理 2 知，对一切的 $x\in(-\infty,+\infty)$，都有

$$\sin x = \sum_{n=0}^{\infty}\frac{(-1)^n}{(2n+1)!}x^{2n+1}$$

$$= x-\frac{1}{3!}x^3+\frac{1}{5!}x^5+\cdots+\frac{(-1)^n}{(2n+1)!}x^{2n+1}+\cdots \quad (-\infty<x<+\infty).$$

由例 1 和例 2 不难总结出求函数 $f(x)$ 的幂级数展开式的一般步骤：

§11.4 函数的幂级数展开式

(1) 求出 $f(x)$ 的各阶导数;
(2) 求出泰勒系数 a_n;
(3) 写出 $f(x)$ 的泰勒级数及收敛区间;
(4) 证明泰勒公式的余项 $R_n(x)$ 在收敛区间内当 $n \to \infty$ 时以 0 为极限.

这种求给定函数的幂级数展开式的方法称为**直接法**.

但对于一般的函数,求高阶导数,并证明余项的极限 $\lim\limits_{n \to \infty} R_n(x) = 0$ 等步骤都十分困难,因此直接法不是有效的方法. 其实,可以通过一些基本的泰勒级数展开式,利用各种方法(幂级数的逐项积分、逐项求导,加、减、乘法运算以及代换法等)将给定函数展开为幂级数. 这种求函数幂级数展开式的方法称为**间接法**.

例3 将函数 $f(x) = \cos x$ 展开成 x 的幂级数.

解 因为

$$\sin x = \sum_{n=0}^{\infty} \frac{(-1)^n}{(2n+1)!} x^{2n+1}$$

$$= x - \frac{1}{3!}x^3 + \frac{1}{5!}x^5 + \cdots + \frac{(-1)^n}{(2n+1)!}x^{2n+1} + \cdots \quad (-\infty < x < +\infty),$$

且 $(\sin x)' = \cos x$,应用幂级数在收敛区间内可以逐项求导,我们得到

$$\cos x = \sum_{n=0}^{\infty} (-1)^n \frac{x^{2n}}{(2n)!} = 1 - \frac{1}{2!}x^2 + \frac{1}{4!}x^4 + \cdots + (-1)^n \frac{x^{2n}}{(2n)!} + \cdots.$$

由于逐项求导后所得幂级数的收敛半径不变,故上述展开式的收敛域为 $(-\infty, +\infty)$.

例4 将 $\dfrac{1}{1+x^2}$ 展开成 x 的幂级数.

解 因为

$$\frac{1}{1-x} = \sum_{n=0}^{\infty} x^n = 1 + x + x^2 + \cdots + x^n + \cdots \quad (-1 < x < 1),$$

所以将 x 用 $-x^2$ 代换得

$$\frac{1}{1+x^2} = \sum_{n=0}^{\infty} (-1)^n x^{2n}$$

$$= 1 - x^2 + x^4 + \cdots + (-1)^n x^{2n} + \cdots \quad (-1 < x < 1).$$

例5 将函数 $f(x) = \ln(1+x)$ 展开成 x 的幂级数.

解 因为 $f'(x) = \dfrac{1}{1+x}$,又知

$$\frac{1}{1+x} = 1 - x + x^2 + \cdots + (-1)^n x^n + \cdots \quad (-1 < x < 1),$$

所以

第十一章 无穷级数

$$f'(x) = \sum_{n=0}^{\infty}(-1)^n x^n = 1 - x + x^2 + \cdots + (-1)^n x^n + \cdots \quad (-1 < x < 1).$$

再逐项积分,得

$$\ln(1+x) = \int_0^x \frac{\mathrm{d}t}{1+t} = \sum_{n=0}^{\infty} \frac{(-1)^n}{n+1} x^{n+1}$$

$$= x - \frac{x^2}{2} + \frac{x^3}{3} + \cdots + \frac{(-1)^{n-1}}{n} x^n + \cdots$$

$$= \sum_{n=1}^{\infty} \frac{(-1)^{n-1}}{n} x^n \quad (-1 < x < 1).$$

下面不加证明地给出函数 $f(x) = (1+x)^\alpha$ 的幂级数展开式:

$$(1+x)^\alpha = \sum_{n=0}^{\infty} \frac{\alpha(\alpha-1)\cdots(\alpha-n+1)}{n!} x^n$$

$$= 1 + \alpha x + \frac{\alpha(\alpha-1)}{2!} x^2 + \cdots + \frac{\alpha(\alpha-1)\cdots(\alpha-n+1)}{n!} x^n + \cdots,$$

其中对任意的 α,上式在 $-1 < x < 1$ 内都成立. 按照组合公式的记号,将各系数简记为

$$C_\alpha^n = \frac{\alpha(\alpha-1)(\alpha-2)\cdots(\alpha-n+1)}{n!},$$

则

$$(1+x)^\alpha = \sum_{n=0}^{\infty} C_\alpha^n x^n.$$

需要指出的是,在 $(-1,1)$ 内等式成立并不意味着该展开式的收敛半径为 1. 容易看出,对于 α 为正整数的情况,这就是二项式定理. 例如,当 $\alpha = 2$ 时,有

$$C_2^0 = 1, \quad C_2^1 = \frac{2}{1} = 2, \quad C_2^2 = \frac{2(2-1)}{2!} = 1,$$

$$C_2^3 = \frac{2(2-1)(2-2)}{3!} = 0, \quad C_2^4 = \frac{2(2-1)(2-2)(2-3)}{4!} = 0, \quad \cdots,$$

可以看到,当 $n > 2$ 时,$C_2^n = 0$. 于是有

$$(1+x)^2 = 1 + 2x + x^2 + 0 \cdot x^3 + 0 \cdot x^4 + \cdots = 1 + 2x + x^2.$$

这就是我们熟知的完全平方公式. 故当 α 是正整数时,这个展开式可以看成二项式定理的推广,此时的展开式是只有有限项的多项式,显然它的收敛半径为 $+\infty$. 可以证明,当 α 不是正整数时,这个展开式是一个无穷级数,它的收敛半径是 1,对于在收敛区间端点 $x = \pm 1$ 的敛散性,要根据 α 的不同取值而定,需具体问题具体分析. 例如,当 $\alpha = -1$ 时,有

$$(1+x)^{-1} = \frac{1}{1+x} = 1 - x + x^2 - x^3 + x^4 - x^5 + \cdots \quad (-1 < x < 1);$$

当 $\alpha = -\frac{1}{2}$ 时,有

$$\frac{1}{\sqrt{1+x}} = 1 - \frac{1}{2}x + \frac{1\cdot 3}{2\cdot 4}x^2 - \frac{1\cdot 3\cdot 5}{2\cdot 4\cdot 6}x^3 + \frac{1\cdot 3\cdot 5\cdot 7}{2\cdot 4\cdot 6\cdot 8}x^4 + \cdots \quad (-1 < x \leqslant 1).$$

今后可以直接引用上述各展开式的结果,用间接方法求出一些函数的幂级数展开式.

例6 求函数 $f(x) = \sin^2 x$ 的麦克劳林级数展开式.

解 $f(x) = \sin^2 x = \frac{1}{2}(1 - \cos 2x) = \frac{1}{2}\left[1 - \sum_{n=0}^{\infty}(-1)^n \frac{(2x)^{2n}}{(2n)!}\right]$

$$= \sum_{n=1}^{\infty}(-1)^{n+1}\frac{4^n}{2\cdot(2n)!}x^{2n} \quad (-\infty < x < +\infty).$$

例7 求函数 $\ln\frac{1+x}{1-x}$ 的麦克劳林级数展开式.

解 因为

$$\ln(1+x) = \sum_{n=1}^{\infty}\frac{(-1)^{n-1}}{n}x^n$$

$$= x - \frac{x^2}{2} + \frac{x^3}{3} + \cdots + \frac{(-1)^{n-1}}{n}x^n + \cdots \quad (-1 < x \leqslant 1),$$

所以

$$\ln(1-x) = \sum_{n=1}^{\infty}\frac{(-1)^{n-1}}{n}(-x)^n = \sum_{n=1}^{\infty}\frac{-1}{n}x^n$$

$$= (-x) - \frac{x^2}{2} - \frac{x^3}{3} - \cdots - \frac{x^n}{n} + \cdots \quad (-1 \leqslant x < 1).$$

而 $\ln\frac{1+x}{1-x} = \ln(1+x) - \ln(1-x)$,因此

$$\ln\frac{1+x}{1-x} = 2x + \frac{2}{3}x^3 + \cdots + \frac{2}{2n+1}x^{2n+1} + \cdots$$

$$= \sum_{n=1}^{\infty}\frac{2}{2n+1}x^{2n+1} \quad (-1 < x < 1).$$

例8 求函数 $x\arctan x$ 的麦克劳林级数展开式.

解 因为

$$(\arctan x)' = \frac{1}{1+x^2} = 1 - x^2 + x^4 + \cdots + (-1)^n x^{2n} + \cdots \quad (-1 < x < 1),$$

所以逐项积分得

$$\arctan x = \int_0^x \frac{dt}{1+t^2}$$

$$= x - \frac{1}{3}x^3 + \frac{1}{5}x^5 + \cdots + \frac{(-1)^n}{(2n+1)}x^{2n+1} + \cdots \quad (-1 < x < 1).$$

又易知上式对于 $x=\pm 1$ 也成立，从而

$$x\arctan x = x^2 - \frac{1}{3}x^4 + \frac{1}{5}x^6 + \cdots + \frac{(-1)^n}{(2n+1)}x^{2n+2} + \cdots$$

$$= \sum_{n=0}^{\infty} \frac{(-1)^n}{2n+1}x^{2n+2} \quad (-1 \leqslant x \leqslant 1).$$

例 9 将函数 $\dfrac{1}{3+x}$ 展成 $x-2$ 的幂级数.

解 因 $\dfrac{1}{3+x} = \dfrac{1}{5+(x-2)} = \dfrac{1}{5} \cdot \dfrac{1}{1+\dfrac{x-2}{5}}$，故令 $y = \dfrac{x-2}{5}$，则

$$\frac{1}{1+\dfrac{x-2}{5}} = \frac{1}{1+y} = \sum_{n=0}^{\infty}(-1)^n y^n$$

$$= 1 - y + y^2 + \cdots + (-1)^n y^n + \cdots \quad (-1 < y < 1).$$

于是

$$\frac{1}{3+x} = \frac{1}{5}\left[1 - \frac{x-2}{5} + \left(\frac{x-2}{5}\right)^2 + \cdots + (-1)^n \left(\frac{x-2}{5}\right)^n + \cdots\right]$$

$$= \frac{1}{5} - \frac{(x-2)}{5^2} + \frac{(x-2)^2}{5^3} + \cdots + (-1)^n \frac{(x-2)^n}{5^{n+1}} + \cdots$$

$$\left(-1 < \frac{x-2}{5} < 1\right),$$

即

$$\frac{1}{3+x} = \sum_{n=0}^{\infty} \frac{(-1)^n}{5^{n+1}}(x-2)^n \quad (-3 < x < 7).$$

习 题 11.4

1. 将下列函数展开成 x 的幂级数，并求展开式成立的区间：

(1) $\dfrac{x}{1-x^2}$； (2) e^{-x^2}； (3) $\cos^2 x$； (4) $\ln(3+x)$.

2. 将函数 $f(x) = \dfrac{1}{x^2+3x+2}$ 展开成 $x+4$ 的幂级数.

§11.5 幂级数的应用及欧拉公式

一、幂级数的和函数

§11.4 中介绍了如何将一个给定的函数展开为幂级数. 现在考虑反过来的问题：给定一个幂级数，如何求它的和函数？对此，需先掌握已经推导过的六个函数的幂级数展开式，

§11.5 幂级数的应用及欧拉公式

以它们为基础可以求出其他幂级数的和函数.它们如下:

(1) $\dfrac{1}{1-x} = \sum\limits_{n=0}^{\infty} x^n = 1 + x + x^2 + \cdots + x^n + \cdots \quad (-1 < x < 1)$;

(2) $e^x = \sum\limits_{n=0}^{\infty} \dfrac{x^n}{n!} = 1 + x + \dfrac{1}{2!}x^2 + \cdots + \dfrac{1}{n!}x^n + \cdots \quad (-\infty < x < +\infty)$;

(3) $\sin x = \sum\limits_{n=0}^{\infty} \dfrac{(-1)^n}{(2n+1)!} x^{2n+1}$
$= x - \dfrac{1}{3!}x^3 + \cdots + \dfrac{(-1)^n}{(2n+1)!}x^{2n+1} + \cdots \quad (-\infty < x < +\infty)$;

(4) $\cos x = \sum\limits_{n=0}^{\infty} (-1)^n \dfrac{x^{2n}}{(2n)!}$
$= 1 - \dfrac{1}{2!}x^2 + \dfrac{1}{4!}x^4 + \cdots + (-1)^n \dfrac{x^{2n}}{(2n)!} + \cdots \quad (-\infty < x < +\infty)$;

(5) $\ln(1+x) = \sum\limits_{n=1}^{\infty} \dfrac{(-1)^{n-1}}{n} x^n$
$= x - \dfrac{x^2}{2} + \dfrac{x^3}{3} + \cdots + \dfrac{(-1)^{n-1}}{n}x^n + \cdots \quad (-1 < x \leqslant 1)$;

(6) $(1+x)^\alpha = \sum\limits_{n=0}^{\infty} \dfrac{\alpha(\alpha-1)\cdots(\alpha-n+1)}{n!} x^n$
$= 1 + \alpha x + \dfrac{\alpha(\alpha-1)}{2!}x^2 + \cdots + \dfrac{\alpha(\alpha-1)\cdots(\alpha-n+1)}{n!}x^n + \cdots,$

对任意的 α,此式在 $-1 < x < 1$ 内都成立.

例 1 求幂级数 $\sum\limits_{n=1}^{\infty} \dfrac{1}{n} x^n = x + \dfrac{x^2}{2} + \dfrac{x^3}{3} + \cdots + \dfrac{x^n}{n} + \cdots$ 的和函数 $s(x)$.

解 该幂级数的收敛域为 $[-1,1)$.对幂级数在收敛区间 $(-1,1)$ 内逐项求导可得

$$s'(x) = \sum_{n=1}^{\infty} x^{n-1} = \dfrac{1}{1-x},$$

则在收敛区间 $(-1,1)$ 内有

$$s(x) = \int s'(x) dx = \int \dfrac{dx}{1-x} = -\ln(1-x) + C,$$

其中 C 是某个常数.由于 $s(0)=0$,则 $C=0$.于是 $s(x) = -\ln(1-x)$.由和函数 $s(x)$ 在收敛域上的连续性可知 $s(x) = -\ln(1-x)$ 在 $[-1,1)$ 上也成立.

例 2 求幂级数 $\sum\limits_{n=1}^{\infty} \dfrac{n}{n+1} x^n$ 的和函数 $s(x)$.

解 将给定的幂级数分解为两个幂级数的和:

第十一章 无穷级数

$$\sum_{n=1}^{\infty} \frac{n}{n+1} x^n = \sum_{n=1}^{\infty} \frac{(n+1)-1}{n+1} x^n = \sum_{n=1}^{\infty} \left(1 - \frac{1}{n+1}\right) x^n$$

$$= \sum_{n=1}^{\infty} x^n - \sum_{n=1}^{\infty} \frac{1}{n+1} x^n = s_1(x) - s_2(x),$$

其中 $s_1(x) = \sum_{n=1}^{\infty} x^n$, $s_2(x) = \sum_{n=1}^{\infty} \frac{1}{n+1} x^n$. 下面分别求出这两个幂级数的和函数.

由 $\frac{1}{1-x} = \sum_{n=0}^{\infty} x^n (-1 < x < 1)$ 有

$$s_1(x) = \sum_{n=1}^{\infty} x^n = \sum_{n=0}^{\infty} x^n - 1 = \frac{1}{1-x} - 1 = \frac{x}{1-x} \quad (-1 < x < 1).$$

考虑 $x s_2(x) = \sum_{n=1}^{\infty} \frac{1}{n+1} x^{n+1}$. 在它的收敛区间 $(-1,1)$ 内逐项求导可得

$$[x s_2(x)]' = \sum_{n=1}^{\infty} \left(\frac{1}{n+1} x^{n+1}\right)' = \sum_{n=1}^{\infty} x^n = \frac{x}{1-x},$$

于是

$$x s_2(x) = \int \frac{x}{1-x} dx = \int \left(\frac{1}{1-x} - 1\right) dx = -\ln(1-x) - x + C,$$

其中 C 是某个常数. 在上式中令 $x=0$, 则得到 $C=0$. 注意到 $s_2(0)=0$, 于是可得

$$s_2(x) = \begin{cases} -\dfrac{\ln(1-x)}{x} - 1, & -1 \leqslant x < 0 \text{ 或 } 0 < x < 1, \\ 0, & x = 0. \end{cases}$$

综上所述,所求的和函数为

$$s(x) = s_1(x) - s_2(x) = \begin{cases} \dfrac{x}{1-x} + \dfrac{\ln(1-x)}{x} + 1, & -1 < x < 0 \text{ 或 } 0 < x < 1, \\ 0, & x = 0, \end{cases}$$

化简为

$$s(x) = \begin{cases} \dfrac{1}{1-x} + \dfrac{\ln(1-x)}{x}, & -1 < x < 0 \text{ 或 } 0 < x < 1, \\ 0, & x = 0. \end{cases}$$

利用幂级数的和函数,还可以求出某些数项级数的和. 例如,由

$$e^x = \sum_{n=0}^{\infty} \frac{x^n}{n!} = 1 + x + \frac{1}{2!} x^2 + \cdots + \frac{1}{n!} x^n + \cdots \quad (-\infty < x < +\infty),$$

令 $x=1$, 就可得到如下数项级数的和:

$$1 + 1 + \frac{1}{2!} + \cdots + \frac{1}{n!} + \cdots = e.$$

§ 11.5 幂级数的应用及欧拉公式

例 3 求数项级数 $\sum\limits_{n=1}^{\infty}\dfrac{n}{2^n}$ 的和.

解 该数项级数的和可以看作幂级数 $\sum\limits_{n=1}^{\infty}nx^n$ 的和函数在 $x=\dfrac{1}{2}$ 处的值,因此先求这个幂级数的和函数 $s(x)$. 该幂级数的收敛区间是 $(-1,1)$,而 $\dfrac{1}{2}$ 正好在收敛区间内. 利用逐项求导可得

$$s(x)=x\sum_{n=1}^{\infty}nx^{n-1}=x\Big(\sum_{n=1}^{\infty}x^n\Big)'=x\Big(\dfrac{1}{1-x}-1\Big)'=\dfrac{x}{(1-x)^2},$$

于是所求的和为 $s\Big(\dfrac{1}{2}\Big)=2$.

二、利用幂级数做近似计算

例 4 求 e 的近似值,要求误差不超过 10^{-3}.

解 在函数 e^x 的展开式中,令 $x=1$,得

$$e=1+1+\dfrac{1}{2!}+\cdots+\dfrac{1}{n!}+\cdots.$$

它的前 $n+1$ 项部分和 $s_{n+1}\to e$,于是可用 s_{n+1} 作为 e 的近似值,即

$$e\approx s_{n+1}=1+1+\dfrac{1}{2}+\cdots+\dfrac{1}{n!},$$

其余项的绝对值 $|r_{n+1}|=|e-s_{n+1}|$ 就是近似误差. 由

$$\begin{aligned}|r_{n+1}|&=\dfrac{1}{(n+1)!}+\dfrac{1}{(n+2)!}+\dfrac{1}{(n+3)!}+\cdots\\&=\dfrac{1}{(n+1)!}\Big[1+\dfrac{1}{(n+2)}+\dfrac{1}{(n+2)(n+3)}+\cdots\Big]\\&\leqslant\dfrac{1}{(n+1)!}\Big[1+\dfrac{1}{n+1}+\Big(\dfrac{1}{n+1}\Big)^2+\cdots+\Big(\dfrac{1}{n+1}\Big)^k+\cdots\Big]\\&=\dfrac{1}{(n+1)!}\cdot\dfrac{1}{1-\dfrac{1}{n+1}}=\dfrac{1}{(n+1)!}\cdot\dfrac{n+1}{n}=\dfrac{1}{n\cdot n!},\end{aligned}$$

取 $n=6$,则

$$|r_7|\leqslant\dfrac{1}{6\cdot 6!}=\dfrac{1}{4320}<\dfrac{1}{1000}.$$

故

$$e\approx 2+\dfrac{1}{2!}+\dfrac{1}{3!}+\dfrac{1}{4!}+\dfrac{1}{5!}+\dfrac{1}{6!}\approx 2.718.$$

例 5 计算 $\int_0^1\dfrac{\sin x}{x}dx$,要求误差不超过 10^{-4}.

解 设 $\int_0^1 \frac{\sin x}{x} dx = A$. 由于函数 $\frac{\sin x}{x}$ 的原函数不是初等函数,故不能用所学过的积分法求出其原函数,进而用牛顿-莱布尼茨公式求此定积分的值,但可以利用幂级数求其近似值. 因为

$$\sin x = x - \frac{1}{3!}x^3 + \frac{1}{5!}x^5 + \cdots + \frac{(-1)^n}{(2n+1)!}x^{2n+1} + \cdots \quad (-\infty < x < +\infty),$$

所以

$$\frac{\sin x}{x} = 1 - \frac{1}{3!}x^2 + \frac{1}{5!}x^4 + \cdots + \frac{(-1)^n}{(2n+1)!}x^{2n} + \cdots \quad (-\infty < x < +\infty, \text{且 } x \neq 0).$$

上式当 $x \neq 0$ 时成立, $x = 0$ 是函数 $\frac{\sin x}{x}$ 的可去间断点,只要补充其函数值为 1,则新函数在 $(-\infty, +\infty)$ 上连续,仍记此新函数为 $\frac{\sin x}{x}$. 根据逐项积分公式,得

$$\int_0^1 \frac{\sin x}{x} dx = \left(x - \frac{1}{3 \cdot 3!}x^3 + \frac{1}{5 \cdot 5!}x^5 - \frac{1}{7 \cdot 7!}x^7 + \cdots \right) \Big|_0^1$$

$$= 1 - \frac{1}{3 \cdot 3!} + \frac{1}{5 \cdot 5!} - \frac{1}{7 \cdot 7!} + \cdots + \frac{(-1)^{n-1}}{(2n-1)(2n-1)!} + \cdots.$$

设它的前 n 项部分和为 s_n, 考虑误差

$$|r_n| = |A - s_n|$$

$$= \left| \frac{(-1)^n}{(2n+1)(2n+1)!} + \frac{(-1)^{n+1}}{(2n+3)(2n+3)!} + \frac{(-1)^{n+2}}{(2n+5)(2n+5)!} + \cdots \right|$$

$$= \frac{1}{(2n+1)(2n+1)!} - \frac{1}{(2n+3)(2n+3)!} + \frac{1}{(2n+5)(2n+5)!} - \cdots.$$

显然,这是一个满足莱布尼茨审敛法的交错级数,由 §11.2 中的定理 6 可知

$$|r_n| \leqslant \frac{1}{(2n+1)(2n+1)!}.$$

取 $n = 3$, 则有

$$|r_3| \leqslant \frac{1}{7 \cdot 7!} < 0.0000284 < 10^{-4}.$$

因此

$$\int_0^1 \frac{\sin x}{x} dx \approx 1 - \frac{1}{3 \cdot 3!} + \frac{1}{5 \cdot 5!} \approx 0.9461.$$

三、欧拉公式的形式推导

在指数函数的展开式

$$e^x = 1 + x + \frac{x^2}{2!} + \frac{x^3}{3!} + \cdots + \frac{x^n}{n!} + \cdots$$

§11.5 幂级数的应用及欧拉公式

中,x 可取任何实数. 如果将 x 换为 iy,其中 y 是实数,$i=\sqrt{-1}$ 是虚数单位,则有形式上的表达式

$$e^{iy} = 1+iy+\frac{(iy)^2}{2!}+\frac{(iy)^3}{3!}+\cdots+\frac{(iy)^n}{n!}+\cdots.$$

注意到 $i^1=i, i^2=-1, i^3=-i, i^4=1, \cdots$,将上式右端的实部和虚部分开,则有

$$e^{iy} = \left[1-\frac{y^2}{2!}+\frac{y^4}{4!}-\cdots+\frac{(-1)^n}{(2n)!}y^{2n}+\cdots\right]$$
$$+i\left[y-\frac{y^3}{3!}+\frac{y^5}{5!}-\cdots+\frac{(-1)^n}{(2n+1)!}y^{2n+1}+\cdots\right].$$

根据 $\cos y$ 和 $\sin y$ 的幂级数展开式可得

$$e^{iy} = \cos y + i\sin y.$$

这个公式称为**欧拉公式**. 它表明可以将指数函数推广到复数范围. 由此可得

$$e^{-iy} = \cos y - i\sin y.$$

这两个式子相加、减可推出

$$\cos y = \frac{e^{iy}+e^{-iy}}{2}, \quad \sin y = \frac{e^{iy}-e^{-iy}}{2i}.$$

这两个公式也称为**欧拉公式**.

设 x,y 是实数,根据指数函数的运算规则可得

$$e^{x+iy} = e^x e^{iy} = e^x(\cos y + i\sin y).$$

将 e^{x+iy} 所表达的复数形式称为**复指数形式**. 由于模 $|e^{iy}|=1$,则

$$|e^{x+iy}| = |e^x| \cdot |e^{iy}| = e^x.$$

对于正整数 n,根据指数函数的运算规则,由 $(e^{iy})^n = e^{iny}$ 可推出

$$(\cos y + i\sin y)^n = \cos ny + i\sin ny.$$

这就是著名的**棣莫弗(De Moivre)公式**.

设复数 z 的辐角为 θ,模为 r,则 $z=r(\cos\theta+i\sin\theta)=re^{i\theta}$. 于是,对于任何正整数 n,就有

$$z^n = r^n e^{in\theta} = r^n(\cos n\theta + i\sin n\theta).$$

习 题 11.5

1. 求下列幂级数的和函数:

(1) $\sum_{n=1}^{\infty} nx^{n-1}$;

(2) $\sum_{n=0}^{\infty}(2n+1)x^n$;

(3) $\sum_{n=0}^{\infty}\frac{x^{2n+1}}{2n+1}$;

(4) $\sum_{n=0}^{\infty}\frac{x^{2n}}{(2n)!}$.

2. 求数项级数 $\sum_{n=1}^{\infty}\frac{n(n+1)}{3^n}$ 的和.

3. 将下列复指数表达为一般复数形式：

(1) $e^{i\frac{\pi}{4}}$； (2) $e^{i\frac{\pi}{6}}$； (3) $e^{-i\frac{3\pi}{4}}$； (4) $2e^{i}$.

4. 设 z 是复数，证明：对于共轭复数，总有 $\overline{e^z} = e^{\bar{z}}$.

总练习题十一

1. 判断下列级数的敛散性，若收敛，请指出是条件收敛还是绝对收敛：

(1) $\sum_{n=1}^{\infty} \left(\frac{-n}{n+1}\right)^n$； (2) $\sum_{n=1}^{\infty} \frac{1}{(n^2+2n+1)}$； (3) $\sum_{n=1}^{\infty} \sin\frac{(-1)^n}{\sqrt{n}}$；

(4) $\sum_{n=1}^{\infty} \left[\frac{(-1)^n}{n} + \frac{n}{3^n}\right]$； (5) $\sum_{n=1}^{\infty} \frac{3^n}{n2^n}$； (6) $\sum_{n=1}^{\infty} \left(\frac{-n}{2n+1}\right)^n$；

(7) $\sum_{n=1}^{\infty} \ln\left(\frac{n+1}{n}\right)^{(-1)^n}$； (8) $\sum_{n=1}^{\infty} (\sqrt{n+1} - \sqrt{n})$.

2. 判别下列级数的敛散性，并求其和：

(1) $\sum_{n=1}^{\infty} (\sqrt{n+2} - 2\sqrt{n+1} + \sqrt{n})$； (2) $\sum_{n=1}^{\infty} \arctan\frac{1}{n^2+n+1}$.

3. 判别级数 $\sum_{n=1}^{\infty} u_n$ 的敛散性，其中

(1) $u_n = \int_0^{\frac{1}{n}} \frac{\sqrt{x}}{1+x^2} dx$； (2) $u_n = \int_{n\pi}^{(n+1)\pi} \frac{\sin^2 x}{x} dx$；

(3) $u_n = \dfrac{1}{\int_0^n \sqrt[4]{1+x^4} dx}$.

4. 判别正项级数 $\sum_{n=1}^{\infty} \left[\frac{1}{n} - \ln\left(1+\frac{1}{n}\right)\right]$ 的敛散性.

5. 判别级数 $\sum_{n=1}^{\infty} \sin(\pi\sqrt{n^2+1})$ 的敛散性.

6. 证明：$\lim_{n\to\infty} \frac{n^n}{(n!)^2} = 0$.

7. 求下列级数的收敛域：

(1) $\sum_{n=1}^{\infty} 4^{n-1} n x^n$； (2) $\sum_{n=1}^{\infty} \frac{x^n}{a^n+b^n}$ $(a > b > 0)$；

(3) $\sum_{n=1}^{\infty} a^{n^2} x^n$ $(a > 0)$； (4) $\sum_{n=1}^{\infty} (\lg x)^n$.

8. 确定下列级数的收敛域并求其和函数：

(1) $\sum_{n=0}^{\infty}(-1)^n(n+1)x^n$;   (2) $\sum_{n=1}^{\infty}(-1)^{n-1}\dfrac{x^{2n-1}}{2n-1}$;   (3) $\sum_{n=0}^{\infty}(1-x)x^n$.

9. 求级数 $\sum_{n=0}^{\infty}\dfrac{(-1)^n(2n^2+1)}{(2n)!}x^{2n}$ 的和函数 $s(x)$.

10. 将函数 $f(x)=\mathrm{e}^{x/a}$ 展开为 $x-a$ 的幂级数.

11. 将函数 $f(x)=\dfrac{x}{1+x-2x^2}$ 展开为 x 的幂级数.

12. 将函数 $f(x)=\ln x$ 按 $\dfrac{x-1}{x+1}$ 的正整数幂展开成级数.

13. 设 $a_n\leqslant c_n\leqslant b_n(n=1,2,\cdots)$，且级数 $\sum_{n=1}^{\infty}a_n$ 和 $\sum_{n=1}^{\infty}b_n$ 均收敛，证明：级数 $\sum_{n=1}^{\infty}c_n$ 收敛.

14. 设 $a_n\geqslant 0(n=1,2,\cdots)$，且级数 $\sum_{n=1}^{\infty}a_n$ 收敛，证明：级数 $\sum_{n=1}^{\infty}a_n^2$ 也收敛.

15. 证明：级数 $\sum_{n=2}^{\infty}\dfrac{(-1)^n}{\sqrt{n}+(-1)^n}$ 是发散的.

16. 求级数 $\sum_{n=3}^{\infty}\dfrac{(-1)^n}{(n^2-3n+2)^x}$ 的收敛域.

17. 已知 $u_n=\int_0^1 x^2(1-x)^n\mathrm{d}x$，证明：级数 $\sum_{n=1}^{\infty}u_n$ 收敛.

18. 设 $f(x)=\sum_{k=1}^{\infty}a_k x^{k+1}$ 在 $[0,1]$ 上成立，证明：级数 $\sum_{k=1}^{\infty}f\left(\dfrac{1}{k}\right)$ 收敛.

19. 设函数 $f(x)$ 在 $x=0$ 的某个领域内具有二阶连续导数，且 $\lim\limits_{x\to 0}\dfrac{f(x)}{x}=0$，证明：级数 $\sum_{n=1}^{\infty}f\left(\dfrac{1}{n}\right)$ 绝对收敛.

20. 试求一幂级数，使其和函数 $f(x)$ 满足 $\int_x^{2x}f(t)\mathrm{d}t=\mathrm{e}^x-1$.

第十二章 傅里叶级数

> 除了幂级数,还有一类重要的函数项级数,就是傅里叶(Fourier)级数.傅里叶级数又称为三角级数,它是研究周期函数的一个重要工具.本章将简单地讨论傅里叶级数的收敛性以及如何把一个函数展开成傅里叶级数的问题.此外,介绍傅里叶级数的推广——傅里叶变换.

§12.1 周期函数的傅里叶级数

虽然幂级数保留了多项式函数的许多性质,函数的幂级数表达式在微分、积分运算及数值计算等方面都带来了一些方便,但是也有它应用的局限性.这是因为,在一些实际应用中,函数 $f(x)$ 往往无法满足"在点 x_0 的某个邻域内具有任意阶导数"的条件.比如,周期性的方形脉冲函数(图 1(a))、锯齿波形函数(图 1(b)),它们就无法用幂级数来表示.而这些函数又具有周期性,所以自然想到这样的问题:能否用一些简单周期函数——正弦函数或余弦函数构成的函数项级数来表示这些周期函数?

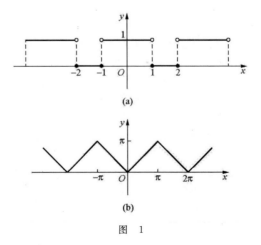

图　1

§12.1 周期函数的傅里叶级数

一、三角级数

形如
$$\frac{a_0}{2} + \sum_{n=1}^{\infty}(a_n\cos nx + b_n\sin nx) \qquad ①$$
的函数项级数称为**三角级数**，它的每一项都是正弦函数和余弦函数，其中 $a_0, a_n, b_n (n=1, 2, \cdots)$ 都是常数，称它们为三角级数的**系数**。

特别地，当 $a_n = 0 (n = 0,1,2,\cdots)$ 时，三角级数①成为 $\sum_{n=1}^{\infty} b_n \sin nx$，称之为**正弦级数**；当 $b_n = 0 (n = 1, 2, \cdots)$ 时，三角级数①成为 $\frac{a_0}{2} + \sum_{n=1}^{\infty} a_n \cos nx$，称之为**余弦级数**。

二、三角函数系的正交性

将函数列
$$1, \cos x, \sin x, \cos 2x, \sin 2x, \cdots, \cos nx, \sin nx, \cdots$$
所构成的集合称为**三角函数系**。

定理1（三角函数系的正交性） 对于任何正整数 k, n，都有下列公式成立：

$$\int_{-\pi}^{\pi} \cos nx\, dx = 0 \quad (n = 1, 2, \cdots),$$

$$\int_{-\pi}^{\pi} \sin nx\, dx = 0 \quad (n = 1, 2, \cdots),$$

$$\int_{-\pi}^{\pi} \sin kx \cos nx\, dx = 0 \quad (k, n = 1, 2, \cdots),$$

$$\int_{-\pi}^{\pi} \cos kx \cos nx\, dx = 0 \quad (k, n = 1, 2, \cdots; k \neq n),$$

$$\int_{-\pi}^{\pi} \sin kx \sin nx\, dx = 0 \quad (k, n = 1, 2, \cdots; k \neq n),$$

$$\int_{-\pi}^{\pi} \cos^2 nx\, dx = \pi \quad (n = 1, 2, \cdots),$$

$$\int_{-\pi}^{\pi} \sin^2 nx\, dx = \pi \quad (n = 1, 2, \cdots),$$

$$\int_{-\pi}^{\pi} 1\, dx = 2\pi.$$

即三角函数系中任意两个不同函数的乘积在区间 $[-\pi, \pi]$ 上的积分都为零，而每个函数的平方在 $[-\pi, \pi]$ 上的积分都大于零。

三、周期函数的傅里叶级数及其收敛性

设以 2π 为周期的函数 $f(x)$ 在 $[-\pi,\pi]$ 可积,且可以表达为三角级数的形式,即

$$f(x) = \frac{a_0}{2} + \sum_{n=1}^{\infty}(a_n\cos nx + b_n\sin nx). \qquad ②$$

由于上式右端是逐项可积的,所以

$$\int_{-\pi}^{\pi} f(x)\mathrm{d}x = \int_{-\pi}^{\pi}\frac{a_0}{2}\mathrm{d}x + \sum_{n=1}^{\infty}\left(\int_{-\pi}^{\pi}a_n\cos nx\,\mathrm{d}x + \int_{-\pi}^{\pi}b_n\sin nx\,\mathrm{d}x\right).$$

由三角函数系的正交性可得

$$\int_{-\pi}^{\pi}a_n\cos nx\,\mathrm{d}x = 0, \quad \int_{-\pi}^{\pi}b_n\sin nx\,\mathrm{d}x = 0 \quad (n=1,2,\cdots),$$

从而

$$\int_{-\pi}^{\pi} f(x)\mathrm{d}x = \int_{-\pi}^{\pi}\frac{a_0}{2}\mathrm{d}x = \pi a_0,$$

故

$$a_0 = \frac{1}{\pi}\int_{-\pi}^{\pi} f(x)\mathrm{d}x.$$

再用 $\cos kx(k=1,2,\cdots)$ 乘②式的两端后,在区间 $[-\pi,\pi]$ 上逐项积分,得

$$\int_{-\pi}^{\pi} f(x)\cos kx\,\mathrm{d}x = \int_{-\pi}^{\pi}\frac{a_0}{2}\cos kx\,\mathrm{d}x + \sum_{n=1}^{\infty}\left(\int_{-\pi}^{\pi}a_n\cos nx\cos kx\,\mathrm{d}x + \int_{-\pi}^{\pi}b_n\sin nx\cos kx\,\mathrm{d}x\right).$$

由三角函数系的正交性可得,上式右端括号中除 $n=k$ 这一项外,其余均为零,所以

$$\int_{-\pi}^{\pi} f(x)\cos kx\,\mathrm{d}x = a_k\int_{-\pi}^{\pi}\cos^2 kx\,\mathrm{d}x = a_k\pi \quad (k=1,2,\cdots).$$

于是

$$a_k = \frac{1}{\pi}\int_{-\pi}^{\pi} f(x)\cos kx\,\mathrm{d}x \quad (k=1,2,\cdots).$$

类似地,用 $\sin kx(k=1,2,\cdots)$ 乘②式的两端后,在区间 $[-\pi,\pi]$ 上逐项积分,同理可得

$$b_k = \frac{1}{\pi}\int_{-\pi}^{\pi} f(x)\sin kx\,\mathrm{d}x \quad (k=1,2,\cdots).$$

以上是在周期函数可以表达为三角级数的前提下,求出了函数与三角级数的关系.如果降低对函数 $f(x)$ 的要求,如只假定 $f(x)$ 以 2π 为周期,在 $[-\pi,\pi]$ 上可积,仍然可以按照公式

$$a_0 = \frac{1}{\pi}\int_{-\pi}^{\pi} f(x)\mathrm{d}x, \ a_n = \frac{1}{\pi}\int_{-\pi}^{\pi} f(x)\cos nx\,\mathrm{d}x, \ b_n = \frac{1}{\pi}\int_{-\pi}^{\pi} f(x)\sin nx\,\mathrm{d}x \quad (n=1,2,\cdots)$$

构造三角级数

$$\frac{a_0}{2} + \sum_{n=1}^{\infty}(a_n\cos nx + b_n\sin nx).$$

将这个三角级数称为 $f(x)$ 的**傅里叶级数**,其中 $\frac{a_0}{2},a_n,b_n(n=1,2,\cdots)$ 称为**傅里叶系数**.

一个定义在 $(-\infty,+\infty)$ 上以 2π 为周期的函数 $f(x)$,如果它在一个周期上可积,那么

§ 12.1 周期函数的傅里叶级数

一定可以写出它的傅里叶级数. 但是, 这个傅里叶级数不一定收敛, 即使收敛也不一定收敛于函数 $f(x)$. 如何保证 $f(x)$ 的傅里叶级数收敛呢? 这里不加证明地给出下面的结论.

定理 2(狄利克雷(Dirichlet)收敛定理) 设 $f(x)$ 是以 2π 为周期的函数, 如果它满足条件:

(1) 在一个周期内连续或只有有限个第一类间断点;

(2) 在一个周期内至多只有有限个极值点,

则函数 $f(x)$ 的傅里叶级数收敛, 且当 x 是函数 $f(x)$ 的连续点时, 级数收敛于 $f(x)$; 当 x 是函数 $f(x)$ 的间断点时, 级数收敛于该点左、右极限的平均值 $\dfrac{f(x-0)+f(x+0)}{2}$.

定理 2 中的条件(1), (2)称为**狄利克雷条件**.

若函数 $f(x)$ 以 2π 为周期, 在 $[-\pi, \pi]$ 上可积, 则按照周期性, 在端点 $x = \pm\pi$ 处, $f(x)$ 的傅里叶级数收敛于 $\dfrac{f(\pi-0)+f(-\pi+0)}{2}$.

例 1 设 $f(x)$ 是以 2π 为周期的函数, 它在 $[-\pi, \pi)$ 上的表达式为
$$f(x) = \begin{cases} 0, & -\pi \leqslant x < 0, \\ 1, & 0 \leqslant x < \pi. \end{cases}$$
将 $f(x)$ 展开成傅里叶级数.

解 先计算傅里叶系数:
$$a_0 = \frac{1}{\pi}\int_{-\pi}^{\pi} f(x)\mathrm{d}x = \frac{1}{\pi}\int_{0}^{\pi} \mathrm{d}x = 1,$$
$$a_n = \frac{1}{\pi}\int_{-\pi}^{\pi} f(x)\cos nx \,\mathrm{d}x = \frac{1}{\pi}\int_{0}^{\pi} \cos nx \,\mathrm{d}x = \frac{1}{n\pi}\sin nx \Big|_{0}^{\pi} = 0 \quad (n=1,2,\cdots),$$
$$b_n = \frac{1}{\pi}\int_{-\pi}^{\pi} f(x)\sin nx \,\mathrm{d}x = \frac{1}{\pi}\int_{0}^{\pi} \sin nx \,\mathrm{d}x$$
$$= -\frac{1}{n\pi}\cos nx \Big|_{0}^{\pi} = -\frac{1}{n\pi}(\cos n\pi - 1)$$
$$= -\frac{1}{n\pi}[(-1)^n - 1] = \begin{cases} 0, & n = 2,4,6,\cdots, \\ \dfrac{2}{n\pi}, & n = 1,3,5,\cdots. \end{cases}$$

再讨论 $f(x)$ 的傅里叶级数的收敛性. $f(x)$ 满足狄利克雷条件, 其图形见图 2. 它的间断

图 2

点是 $x=k\pi(k=0,\pm1,\pm2,\pm3,\cdots)$，在间断点处左、右极限的平均值为 $\frac{1}{2}$. 由狄利克雷收敛定理可知，此函数的傅里叶级数为

$$\frac{1}{2}+\frac{2}{\pi}\sin x+\frac{2}{3\pi}\sin 3x+\cdots\frac{2}{(2n-1)\pi}\sin(2n-1)x+\cdots$$

$$=\frac{1}{2}+\sum_{n=1}^{\infty}\frac{2}{(2n-1)\pi}\sin(2n-1)x=\begin{cases}\frac{1}{2}, & x=k\pi, k=0,\pm1,\pm2,\cdots,\\ f(x), & \text{其他}.\end{cases}$$

注 当函数 $f(x)$ 满足狄利克雷条件时，函数的间断点只是一些个别的"孤立点"，而函数在"绝大部分"的点上是连续的. 此时，$f(x)$ 的傅里叶级数是 $\frac{a_0}{2}+\sum_{n=1}^{\infty}(a_n\cos nx+b_n\sin nx)$ 简记为

$$f(x)\sim\frac{a_0}{2}+\sum_{n=1}^{\infty}(a_n\cos nx+b_n\sin nx).$$

例 2 正弦交流电 $I(x)=\sin x$ 经二极管整流后仍以 2π 为周期，但在一个周期上的表达式变为 $f(x)=\begin{cases}0, & -\pi\leqslant x<0,\\ \sin x, & 0\leqslant x<\pi\end{cases}$（图 3）. 将 $f(x)$ 展开为傅里叶级数，并讨论它的收敛性.

图 3

解 该函数处处连续，由狄利克雷收敛定理可知，它的傅里叶级数处处收敛于 $f(x)$. 计算傅里叶系数：

$$a_0=\frac{1}{\pi}\int_{-\pi}^{\pi}f(x)\mathrm{d}x=\frac{1}{\pi}\int_0^{\pi}\sin x\mathrm{d}x=\frac{2}{\pi},$$

$$a_n=\frac{1}{\pi}\int_{-\pi}^{\pi}f(x)\cos nx\mathrm{d}x=\frac{1}{\pi}\int_0^{\pi}\sin x\cos nx\mathrm{d}x=\begin{cases}0, & n=1,3,5,\cdots,\\ -\frac{2}{(n^2-1)\pi}, & n=2,4,6,\cdots,\end{cases}$$

$$b_n=\frac{1}{\pi}\int_{-\pi}^{\pi}f(x)\sin nx\mathrm{d}x=\frac{1}{\pi}\int_0^{\pi}\sin x\sin nx\mathrm{d}x=\begin{cases}0, & n=2,3,4,\cdots,\\ \frac{1}{2}, & n=1.\end{cases}$$

所以，对于任何 x，有

$$f(x)=\frac{1}{\pi}+\frac{\sin x}{2}-\frac{2}{\pi}\left(\frac{\cos 2x}{3}+\frac{\cos 4x}{15}+\frac{\cos 6x}{35}+\cdots+\frac{\cos 2kx}{4k^2-1}+\cdots\right).$$

习 题 12.1

下列函数 $f(x)$ 都以 2π 为周期,并给出了它们在 $[-\pi,\pi)$ 上的表达式,求它们的傅里叶级数,并讨论收敛性:

1. $f(x) = \begin{cases} -1, & -\pi < x \leqslant 0, \\ 0, & 0 < x \leqslant \pi. \end{cases}$

2. $f(x) = \begin{cases} x, & -\pi \leqslant x < 0, \\ 0, & 0 \leqslant x < \pi. \end{cases}$

3. $f(x) = e^{2x} \ (-\pi \leqslant x < \pi).$

4. $f(x) = 3x^2 + 1 \ (-\pi \leqslant x < \pi).$

§12.2 正弦级数与余弦级数

设以 2π 为周期的函数 $f(x)$ 的傅里叶级数为

$$f(x) = \frac{a_0}{2} + \sum_{n=1}^{\infty}(a_n \cos nx + b_n \sin nx).$$

将它分为两个部分:

$$f(x) = \left(\frac{a_0}{2} + \sum_{n=1}^{\infty} a_n \cos nx\right) + \left(\sum_{n=1}^{\infty} b_n \sin nx\right).$$

如果上式两个括弧中的级数都收敛,则前一个级数的和函数是偶函数,而后一个级数的和函数则是奇函数.这表明 $f(x)$ 可以分解为一个偶函数与一个奇函数的和.如果函数 $f(x)$ 本身就是偶函数或者是奇函数,那么它的傅里叶级数的形式如何?

定理 设函数 $f(x)$ 的周期为 2π,且满足狄利克雷条件.

(1) 如果 $f(x)$ 是奇函数,则它的傅里叶级数为正弦级数:

$$f(x) \sim \sum_{n=1}^{\infty} b_n \sin nx,$$

其中

$$b_n = \frac{2}{\pi}\int_0^{\pi} f(x)\sin nx\, dx \quad (n=1,2,\cdots);$$

(2) 如果 $f(x)$ 是偶函数,则它的傅里叶级数为余弦级数:

$$f(x) \sim \frac{a_0}{2} + \sum_{n=1}^{\infty} a_n \cos nx,$$

其中

$$a_n = \frac{2}{\pi}\int_0^{\pi} f(x)\cos nx\, dx \quad (n=0,1,2,\cdots).$$

证 当 $f(x)$ 为奇函数时,由于 $f(x)\cos nx$ 是奇函数,而 $f(x)\sin nx$ 是偶函数,根据奇偶函数的积分性质可得 $f(x)$ 的傅里叶系数为

$$a_n = \frac{1}{\pi}\int_{-\pi}^{\pi} f(x)\cos nx\,\mathrm{d}x = 0 \quad (n=0,1,2,\cdots),$$

$$b_n = \frac{1}{\pi}\int_{-\pi}^{\pi} f(x)\sin nx\,\mathrm{d}x = \frac{2}{\pi}\int_{0}^{\pi} f(x)\sin nx\,\mathrm{d}x \quad (n=1,2,\cdots),$$

于是

$$f(x) = \sum_{n=1}^{\infty} b_n \sin nx.$$

类似可证当 $f(x)$ 为偶函数时的结论.

例1 设函数 $f(x)$ 以 2π 为周期，它在 $[-\pi,\pi]$ 上的表达式为 $f(x)=|x|$，将 $f(x)$ 展开为傅里叶级数.

解 $f(x)$ 是以 2π 为周期的偶函数(图1).

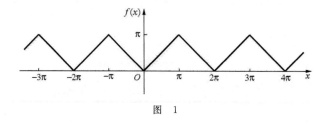

图 1

计算 $f(x)$ 的傅里叶系数:

$$a_0 = \frac{2}{\pi}\int_0^\pi f(x)\,\mathrm{d}x = \frac{2}{\pi}\int_0^\pi x\,\mathrm{d}x = \pi,$$

$$a_n = \frac{2}{\pi}\int_0^\pi f(x)\cos nx\,\mathrm{d}x = \frac{2}{\pi}\int_0^\pi x\cos nx\,\mathrm{d}x$$

$$= \frac{2}{n\pi}\int_0^\pi x\,\mathrm{d}(\sin nx) = \frac{2}{n\pi}\left(x\sin nx\Big|_0^\pi - \int_0^\pi \sin nx\,\mathrm{d}x\right)$$

$$= \frac{2}{n^2\pi}\cos nx\Big|_0^\pi = \frac{2}{n^2\pi}[(-1)^n - 1] = \begin{cases} 0, & n=2,4,6,\cdots, \\ -\dfrac{4}{n^2\pi}, & n=1,3,5,\cdots, \end{cases}$$

$$b_n = 0 \quad (n=1,2,\cdots).$$

由于 $f(x)$ 在 $(-\infty,+\infty)$ 上处处连续，所以 $f(x)$ 的傅里叶级数展开式为

$$f(x) = \frac{\pi}{2} - \frac{4}{\pi}\left[\cos x + \frac{1}{9}\cos 3x + \cdots + \frac{1}{(2k-1)^2}\cos(2k-1)x + \cdots\right].$$

利用这个展开式可以求出几个特殊级数的和. 当 $x=0$ 时，$f(0)=0$，于是由这个展开式得出

$$\frac{\pi}{2} - \frac{4}{\pi}\left(1 + \frac{1}{3^2} + \frac{1}{5^2} + \cdots\right) = 0,$$

故
$$1+\frac{1}{3^2}+\frac{1}{5^2}+\cdots=\frac{\pi^2}{8}.$$

设
$$\sigma=1+\frac{1}{2^2}+\frac{1}{3^2}+\frac{1}{4^2}+\cdots,$$
$$\sigma_1=1+\frac{1}{3^2}+\frac{1}{5^2}+\cdots=\frac{\pi^2}{8},$$
$$\sigma_2=\frac{1}{2^2}+\frac{1}{4^2}+\frac{1}{6^2}+\cdots,$$

则
$$\sigma_2=\frac{1}{4}\left(1+\frac{1}{2^2}+\frac{1}{3^2}+\cdots\right)=\frac{1}{4}\sigma.$$

因为 $\sigma=\sigma_1+\sigma_2$，从而 $\sigma=\frac{\pi^2}{8}+\frac{1}{4}\sigma$，故有

$$\sigma=1+\frac{1}{2^2}+\frac{1}{3^2}+\frac{1}{4^2}+\cdots=\frac{\pi^2}{6},$$
$$\sigma_2=\frac{1}{2^2}+\frac{1}{4^2}+\frac{1}{6^2}+\cdots=\frac{\pi^2}{24}.$$

若令
$$\sigma_3=1-\frac{1}{2^2}+\frac{1}{3^2}-\frac{1}{4^2}+\cdots,$$

则
$$\sigma_3=\sigma_1-\sigma_2=\frac{\pi^2}{8}-\frac{\pi^2}{24}=\frac{\pi^2}{12}.$$

在实际应用中，有时还需要把定义在 $[0,\pi]$ 上的函数展开成正弦级数（或余弦级数）。一般的思路是：先对 $[0,\pi]$ 上的函数 $f(x)$ 作奇延拓（或偶延拓），即补充它在 $[-\pi,0)$ 上的定义，从而得到定义在 $[-\pi,\pi]$ 上的函数 $F(x)$，使其成为奇函数（或偶函数），而在 $(0,\pi]$ 上 $F(x)=f(x)$；再将 $F(x)$ 延拓为以 2π 为周期的函数，并将其展开成正弦级数（或余弦级数），进而得到了 $f(x)$ 在 $[0,\pi]$ 上的正弦级数（或余弦级数）。

例 2 将函数 $f(x)=x+1(0\leqslant x\leqslant\pi)$ 分别展开成正弦级数和余弦级数．

解 先展开成正弦级数．为此，先对 $f(x)$ 作奇延拓，令
$$F(x)=\begin{cases}f(x), & 0<x\leqslant\pi,\\ 0, & x=0,\\ -f(-x), & -\pi<x<0;\end{cases}$$

再将 $F(x)$ 延拓为以 2π 为周期的函数. 延拓后的函数 $F(x)$ 当 $x\neq k\pi(k=0,\pm1,\pm2,\cdots)$ 时连续(图 2), 当 $x=k\pi(k=0,\pm1,\pm2,\cdots)$ 时有第一类间断点, 所以其傅里叶级数在 $(0,\pi)$ 上收敛到 $f(x)$, 在 $x=0$ 处收敛到

$$\frac{1}{2}\{f(0+0)+[-f(0+0)]\}=\frac{1}{2}[1+(-1)]=0,$$

在 $x=\pi$ 处收敛到

$$\frac{1}{2}\{f(\pi-0)+[-f(\pi-0)]\}=\frac{1}{2}[(1+\pi)+(-1-\pi)]=0.$$

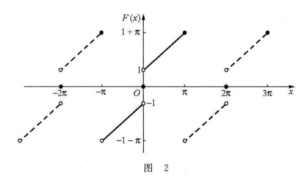

图 2

下面计算 $f(x)$ 的正弦级数的系数:

$$\begin{aligned}
b_n &= \frac{2}{\pi}\int_0^\pi f(x)\sin nx\,\mathrm{d}x = \frac{2}{\pi}\int_0^\pi (x+1)\sin nx\,\mathrm{d}x \\
&= -\frac{2}{n\pi}\int_0^\pi (x+1)\,\mathrm{d}(\cos nx) = -\frac{2}{n\pi}\Big[(x+1)\cos nx\,\Big|_0^\pi - \int_0^\pi \cos nx\,\mathrm{d}x\Big] \\
&= -\frac{2}{n\pi}\Big[(\pi+1)\cos n\pi - 1 - \frac{1}{n}\sin nx\,\Big|_0^\pi\Big] \\
&= \frac{2}{n\pi}[1-(-1)^n(\pi+1)] = \begin{cases} \dfrac{2}{\pi}\cdot\dfrac{\pi+2}{n}, & n=1,3,5,\cdots, \\ -\dfrac{2}{n}, & n=2,4,6,\cdots. \end{cases}
\end{aligned}$$

于是得到 $f(x)$ 的正弦级数展开式

$$f(x)=x+1=\frac{2}{\pi}\Big[(\pi+2)\sin x - \frac{\pi}{2}\sin 2x + \frac{\pi+2}{3}\sin 3x - \frac{\pi}{4}\sin 4x + \cdots\Big] \quad (0<x<\pi).$$

再求 $f(x)$ 的余弦级数. 为此, 先对 $f(x)$ 进行偶延拓, 令

$$F(x)=\begin{cases} f(x), & 0\leqslant x\leqslant \pi, \\ f(-x), & -\pi<x<0; \end{cases}$$

再对 $F(x)$ 进行周期延拓(图 3). 延拓后的函数 $F(x)$ 在 $(-\infty,+\infty)$ 上连续, 故 $f(x)$ 的余弦级数在 $[0,\pi]$ 上收敛到 $f(x)$.

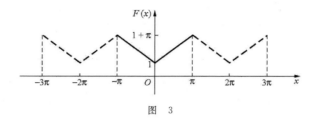

图 3

下面计算 $f(x)$ 的余弦级数的系数：

$$a_0 = \frac{2}{\pi}\int_0^\pi f(x)\,dx = \frac{2}{\pi}\int_0^\pi (x+1)\,dx = \frac{2}{\pi}\left(\frac{1}{2}x^2+x\right)\bigg|_0^\pi = \frac{2}{\pi}\left(\frac{1}{2}\pi^2+\pi\right) = \pi+2,$$

$$a_n = \frac{2}{\pi}\int_0^\pi f(x)\cos nx\,dx = \frac{2}{\pi}\int_0^\pi (x+1)\cos nx\,dx = \frac{2}{n\pi}\int_0^\pi (x+1)\,d(\sin nx)$$

$$= \frac{2}{n\pi}\left[(x+1)\sin nx\bigg|_0^\pi - \int_0^\pi \sin nx\,dx\right] = \frac{2}{n^2\pi}\cos nx\bigg|_0^\pi$$

$$= \frac{2}{n^2\pi}[(-1)^n-1] = \begin{cases} -\dfrac{4}{n^2\pi}, & n=1,3,5,\cdots, \\ 0, & n=2,4,6,\cdots. \end{cases}$$

于是得到 $f(x)$ 的余弦级数展开式

$$f(x) = x+1 = \left(\frac{\pi}{2}+1\right) - \frac{4}{\pi}\left(\cos x + \frac{1}{3^2}\cos 3x + \frac{1}{5^2}\cos 5x + \cdots\right) \quad (0 \leqslant x \leqslant \pi).$$

习 题 12.2

1. 将函数 $f(x)=x(0\leqslant x\leqslant \pi)$ 分别展开成正弦级数和余弦级数.

2. 设函数 $f(x)=\begin{cases} x, & 0\leqslant x\leqslant \dfrac{\pi}{2}, \\ \pi-x, & \dfrac{\pi}{2}<x<\pi, \end{cases}$ 将它在 $[0,\pi)$ 上分别展开为正弦级数和余弦级数.

§12.3 一般周期函数的傅里叶级数展开

前面讨论了以 2π 为周期的函数的傅里叶级数展开方法. 但是, 实际问题中所遇到的周期函数, 它的周期不一定是 2π, 例如电子技术中常用的矩形波函数 $u(t)$, 其周期为 T(图 1). 因此, 需要讨论以 $2l$ (l 为常数) 为周期的函数的傅里叶级数.

根据前面讨论的结果, 经过自变量的变量代换, 就可以得到以 $2l$ 为周期的函数的傅里叶级数展开方法, 即有以下定理：

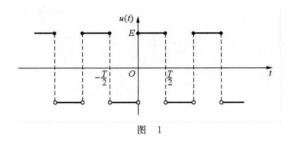

图 1

定理 设 $f(x)$ 是以 $2l$ 为周期的函数，且在 $[-l,l]$ 上满足狄利克雷条件，则它的傅里叶级数展开式为

$$f(x) \sim \frac{a_0}{2} + \sum_{n=1}^{\infty}\left(a_n\cos\frac{n\pi x}{l} + b_n\sin\frac{n\pi x}{l}\right),$$

其中傅里叶系数为

$$a_n = \frac{1}{l}\int_{-l}^{l} f(x)\cos\frac{n\pi x}{l}\mathrm{d}x \quad (n=0,1,2,\cdots),$$

$$b_n = \frac{1}{l}\int_{-l}^{l} f(x)\sin\frac{n\pi x}{l}\mathrm{d}x \quad (n=1,2,\cdots),$$

且当函数 $f(x)$ 在点 x 连续时，傅里叶级数收敛于 $f(x)$，当函数 $f(x)$ 在点 x 间断时，傅里叶级数收敛于 $\dfrac{f(x+0)+f(x-0)}{2}$.

如果 $f(x)$ 为奇函数，则

$$f(x) \sim \sum_{n=1}^{\infty} b_n\sin\frac{n\pi x}{l},$$

其中

$$b_n = \frac{2}{l}\int_{0}^{l} f(x)\sin\frac{n\pi x}{l}\mathrm{d}x \quad (n=1,2,\cdots);$$

如果 $f(x)$ 为偶函数，则

$$f(x) \sim \frac{a_0}{2} + \sum_{n=1}^{\infty} a_n\cos\frac{n\pi x}{l},$$

其中

$$a_n = \frac{2}{l}\int_{0}^{l} f(x)\cos\frac{n\pi x}{l}\mathrm{d}x \quad (n=0,1,2,\cdots).$$

证 作变量代换 $x=\dfrac{l}{\pi}t$，即 $t=\dfrac{\pi}{l}x$，则区间 $-l \leqslant x \leqslant l$ 就变换成区间 $-\pi \leqslant t \leqslant \pi$，且 $f(x) = f\left(\dfrac{l}{\pi}t\right) = F(t)$. 于是，$F(t)$ 是以 2π 为周期的函数，且在 $[-\pi,\pi]$ 上满足狄利克雷条件，从而 $F(t)$ 可以展开成傅里叶级数：

§12.3 一般周期函数的傅里叶级数展开

$$F(t) \sim \frac{a_0}{2} + \sum_{n=1}^{\infty}(a_n \cos nt + b_n \sin nt),$$

其中

$$a_n = \frac{1}{\pi}\int_{-\pi}^{\pi} F(t)\cos nt\,dt \quad (n=0,1,2,\cdots),$$

$$b_n = \frac{1}{\pi}\int_{-\pi}^{\pi} F(t)\sin nt\,dt \quad (n=1,2,\cdots).$$

在以上式子中把 t 换回 x,并注意到 $F(t)=f(x)$,于是

$$f(x) \sim \frac{a_0}{2} + \sum_{n=1}^{\infty}\left(a_n \cos\frac{n\pi x}{l} + b_n \sin\frac{n\pi x}{l}\right),$$

而且傅里叶系数为

$$a_n = \frac{1}{l}\int_{-l}^{l} f(x)\cos\frac{n\pi x}{l}dx \quad (n=0,1,2,\cdots),$$

$$b_n = \frac{1}{l}\int_{-l}^{l} f(x)\sin\frac{n\pi x}{l}dx \quad (n=1,2,\cdots).$$

定理其余部分显然成立.

例1 设 $f(x)$ 是周期为 4 的函数,且在区间 $[-2,2)$ 上的表达式为

$$f(x) = \begin{cases} 0, & -2 \leqslant x < 0, \\ k, & 0 \leqslant x < 2 \end{cases} \quad (\text{常数 } k \neq 0),$$

将 $f(x)$ 展开成傅里叶级数.

解 这里 $l=2$,由本节的定理有

$$a_0 = \frac{1}{l}\int_{-l}^{l} f(x)dx = \frac{1}{2}\int_{-2}^{0} 0\,dx + \frac{1}{2}\int_{0}^{2} k\,dx = k,$$

$$a_n = \frac{1}{l}\int_{-l}^{l} f(x)\cos\frac{n\pi x}{l}dx = \frac{1}{2}\int_{0}^{2} k\cos\frac{n\pi x}{2}dx$$

$$= \left(\frac{k}{n\pi}\sin\frac{n\pi x}{2}\right)\bigg|_{0}^{2} = 0 \quad (n=1,2,\cdots),$$

$$b_n = \frac{1}{l}\int_{-l}^{l} f(x)\sin\frac{n\pi x}{l}dx = \frac{1}{2}\int_{0}^{2} k\sin\frac{n\pi x}{2}dx = \left(-\frac{k}{n\pi}\cos\frac{n\pi x}{2}\right)\bigg|_{0}^{2}$$

$$= \frac{k}{n\pi}(1-\cos n\pi) = \begin{cases} \dfrac{2k}{n\pi}, & n=1,3,5,\cdots, \\ 0, & n=2,4,6,\cdots. \end{cases}$$

由于 $f(x)$ 在点 $x=0,\pm 2,\pm 4,\cdots$ 间断,在其他各点连续,因此根据狄利克雷收敛定理可得

$$f(x) = \frac{k}{2} + \frac{2k}{\pi}\left(\sin\frac{\pi x}{2} + \frac{1}{3}\sin\frac{3\pi x}{2} + \frac{1}{5}\sin\frac{5\pi x}{2} + \cdots\right) \quad (x \neq 0, \pm 2, \pm 4, \cdots),$$

且在间断点处, $f(x)$ 的傅里叶级数收敛于 $\dfrac{k}{2}$. 图 2 给出了 $f(x)$ 的傅里叶级数和函数的图形.

图 2

例 2 如图 3 所示的锯齿波形函数是以 2 为周期的函数 $f(x)$,它在区间 $[-1,1]$ 上的表达式为 $f(x)=|x|$,$|x|\leqslant 1$,求它的傅里叶级数.

图 3

解 因为 $f(x)$ 是偶函数,所以傅里叶系数 $b_n=0$ $(n=1,2,\cdots)$. 于是它的傅里叶级数为余弦级数. 因

$$a_0 = \frac{2}{1}\int_0^1 f(x)\mathrm{d}x = 2\int_0^1 x\mathrm{d}x = 1,$$

$$a_n = \frac{2}{1}\int_0^1 x\cos n\pi x\mathrm{d}x = \begin{cases} \dfrac{-4}{n^2\pi^2}, & n=1,3,5,\cdots, \\ 0, & n=2,4,6,\cdots, \end{cases}$$

又因 $f(x)$ 处处连续,故得

$$f(x) = \frac{1}{2} - \frac{4}{\pi^2}\left(\cos\pi x + \frac{\cos 3\pi x}{3^2} + \frac{\cos 5\pi x}{5^2} + \cdots\right) \quad (-\infty < x < +\infty).$$

习 题 12.3

1. 设 $f(x)$ 是周期为 2 的函数,且在区间 $(-1,1]$ 上的表达式为
$$f(x) = \begin{cases} 0, & -1 < x \leqslant 0, \\ x, & 0 < x \leqslant 1, \end{cases}$$
求 $f(x)$ 的傅里叶级数.

2. 设 $f(x)$ 是周期为 6 的函数,且在区间 $[-3,3)$ 上的表达式为
$$f(x) = \begin{cases} 2x+1, & -3 \leqslant x < 0, \\ 1, & 0 \leqslant x < 3, \end{cases}$$
求 $f(x)$ 的傅里叶级数.

3. 将下列函数分别展开为正弦级数和余弦级数,并讨论它们的收敛性:

(1) $f(x)=\begin{cases} x, & 0\leqslant x<\dfrac{1}{2}, \\ 1-x, & \dfrac{1}{2}\leqslant x\leqslant 1; \end{cases}$ (2) $f(x)=x^2 \ (0\leqslant x\leqslant 2)$.

§12.4 傅里叶级数的复数形式

在§11.5中，曾推导了欧拉公式
$$e^{ix} = \cos x + i\sin x$$
以及
$$\cos x = \frac{e^{ix}+e^{-ix}}{2}, \quad \sin x = \frac{e^{ix}-e^{-ix}}{2i}.$$

利用欧拉公式，可以将傅里叶级数表示为复级数的形式.

设函数 $f(x)$ 以 $2l$ 为周期且满足狄利克雷条件，其傅里叶级数为
$$f(x) = \frac{a_0}{2} + \sum_{n=1}^{\infty}\left(a_n\cos\frac{n\pi x}{l} + b_n\sin\frac{n\pi x}{l}\right).$$

由欧拉公式可得
$$\cos\frac{n\pi x}{l} = \frac{1}{2}(e^{i\frac{n\pi x}{l}}+e^{-i\frac{n\pi x}{l}}), \quad \sin\frac{n\pi x}{l} = \frac{1}{2i}(e^{i\frac{n\pi x}{l}}-e^{-i\frac{n\pi x}{l}}).$$

将这两个表达式代入傅里叶级数，得
$$f(x) = \frac{a_0}{2} + \sum_{n=1}^{\infty}\left[\frac{a_n}{2}(e^{i\frac{n\pi x}{l}}+e^{-i\frac{n\pi x}{l}}) - i\frac{b_n}{2}(e^{i\frac{n\pi x}{l}}-e^{-i\frac{n\pi x}{l}})\right]$$
$$= \frac{a_0}{2} + \sum_{n=1}^{\infty}\left(\frac{a_n-ib_n}{2}e^{i\frac{n\pi x}{l}} + \frac{a_n+ib_n}{2}e^{-i\frac{n\pi x}{l}}\right).$$

如果记
$$c_0 = \frac{a_0}{2}, \quad c_n = \frac{a_n-ib_n}{2}, \quad c_{-n} = \frac{a_n+ib_n}{2} \quad (n=1,2,\cdots),$$

则有傅里叶级数的复级数形式
$$f(x) = c_0 + \sum_{n=1}^{\infty}(c_n e^{i\frac{n\pi x}{l}} + c_{-n}e^{-i\frac{n\pi x}{l}}) = \sum_{n=-\infty}^{+\infty} c_n e^{i\frac{n\pi x}{l}}. \qquad ①$$

这时，系数 $c_0, c_n, c_{-n}(n=1,2,\cdots)$ 也可表达为复数的积分形式：
$$c_0 = \frac{a_0}{2} = \frac{1}{2l}\int_{-l}^{l} f(x)\,dx,$$
$$c_n = \frac{a_n-ib_n}{2} = \frac{1}{2}\left[\frac{1}{l}\int_{-l}^{l}f(x)\cos\frac{n\pi x}{l}dx - \frac{i}{l}\int_{-l}^{l}f(x)\sin\frac{n\pi x}{l}dx\right]$$
$$= \frac{1}{2l}\int_{-l}^{l} f(x)\left(\cos\frac{n\pi x}{l}-i\sin\frac{n\pi x}{l}\right)dx$$
$$= \frac{1}{2l}\int_{-l}^{l} f(x)e^{-i\frac{n\pi x}{l}}dx \quad (n=1,2,\cdots).$$

第十二章 傅里叶级数

同理可得

$$c_{-n} = \frac{1}{2l}\int_{-l}^{l} f(x) e^{i\frac{n\pi x}{l}} dx \quad (n = 1, 2, \cdots).$$

可将以上公式合并为一个公式：

$$c_n = \frac{1}{2l}\int_{-l}^{l} f(x) e^{-i\frac{n\pi x}{l}} dx \quad (n = 0, \pm 1, \pm 2, \cdots), \qquad ②$$

它们也称为**傅里叶系数**.

例 设矩形波函数 $u(t)$ 以 T 为周期，它在 $\left[-\dfrac{T}{2}, \dfrac{T}{2}\right)$ 上的表达式为

$$u(t) = \begin{cases} 0, & -\dfrac{T}{2} \leqslant t < -\dfrac{\tau}{2}, \\ h, & -\dfrac{\tau}{2} \leqslant t < \dfrac{\tau}{2}, \\ 0, & \dfrac{\tau}{2} \leqslant t < \dfrac{T}{2}. \end{cases}$$

求它的复数形式的傅里叶级数.

解 此时，$l = \dfrac{T}{2}$，由公式②可得

$$c_0 = \frac{1}{T}\int_{-\frac{T}{2}}^{\frac{T}{2}} u(t) dt = \frac{1}{T}\int_{-\frac{\tau}{2}}^{\frac{\tau}{2}} h\, dt = \frac{h\tau}{T},$$

$$c_n = \frac{1}{T}\int_{-\frac{T}{2}}^{\frac{T}{2}} u(t) e^{-i\frac{2n\pi t}{T}} dt = \frac{1}{T}\int_{-\frac{\tau}{2}}^{\frac{\tau}{2}} h e^{-i\frac{2n\pi t}{T}} dt$$

$$= \frac{h}{T}\left(\frac{-T}{2n\pi i} e^{-i\frac{2n\pi t}{T}}\right)\bigg|_{-\frac{\tau}{2}}^{\frac{\tau}{2}} = \frac{h}{n\pi} \cdot \frac{1}{2i}\left(e^{i\frac{n\pi\tau}{T}} - e^{-i\frac{n\pi\tau}{T}}\right)$$

$$= \frac{h}{n\pi}\sin\frac{n\pi\tau}{T} \quad (n = \pm 1, \pm 2, \cdots),$$

于是 $u(t)$ 的复数形式的傅里叶级数为

$$u(t) = \frac{h\tau}{T} + \frac{h}{\pi}\sum_{\substack{n=-\infty \\ n \neq 0}}^{+\infty} \frac{1}{n}\sin\frac{n\pi\tau}{T} e^{i\frac{2n\pi t}{T}} \quad \left(t \neq kT \pm \frac{\tau}{2}, k = 0, \pm 1, \pm 2, \cdots\right),$$

其和函数的图形见图 1.

图 1

习 题 12.4

1. 设函数 $f(x)$ 以 2π 为周期，它在 $[0,2\pi)$ 上的表达式为 $f(x)=1-\dfrac{x}{\pi}$，求 $f(x)$ 复数形式的傅里叶级数.

2. 设函数 $f(x)$ 以 2 为周期，它在 $[-1,1]$ 上的表达式为 $f(x)=e^{-x}$，求 $f(x)$ 复数形式的傅里叶级数.

*§12.5 傅里叶变换

傅里叶变换是傅里叶级数的进一步延伸，它在物理学和信号处理上有着重要的应用. 对它在数学理论上的研究产生了数学的一个重要分支——傅里叶分析. 由于本节是对傅里叶变换的简单介绍，所以其中的一些推导都做了简化处理，这样可使得读者更直观地了解傅里叶变换的意义并掌握它的一些性质.

一、傅里叶变换的引入

设函数 $f(x)$ 以 T 为周期并满足狄利克雷条件. 在 §12.4 中，我们已经讨论了如何将 $f(x)$ 展开为复数形式的傅里叶级数：

$$f(x) = \sum_{n=-\infty}^{+\infty} c_n e^{i\frac{n\pi x}{l}},$$

其中 $T=2l$，l 称为半周期. 再令 $\omega=\dfrac{2\pi}{T}$，于是

$$f(x) = \sum_{n=-\infty}^{+\infty} c_n e^{i\frac{2n\pi x}{T}} = \sum_{n=-\infty}^{+\infty} c_n e^{in\omega x}, \quad \text{①}$$

其中傅里叶系数为

$$c_n = \frac{1}{2l}\int_{-l}^{l} f(x) e^{-i\frac{n\pi x}{l}} dx = \frac{1}{T}\int_{-\frac{T}{2}}^{\frac{T}{2}} f(x) e^{-in\omega x} dx \quad (n=0,\pm1,\pm2,\cdots). \quad \text{②}$$

如果 $f(x)$ 是定义在 $(-\infty,+\infty)$ 上的非周期函数(图 1)，可以将 $f(x)$ 看作由以 T 为周期的函数 $f_T(x)$ (图 2)转化而来的，其中在 $\left[-\dfrac{T}{2},\dfrac{T}{2}\right]$ 内 $f_T(x)=f(x)$，则

图 1

图 2

$$\lim_{T\to+\infty} f_T(x) = f(x).$$

将 $f_T(x)$ 展开为傅里叶级数,由公式①和②得

$$f_T(x) = \sum_{n=-\infty}^{+\infty} c_n e^{in\omega x} = \frac{1}{T}\sum_{n=-\infty}^{+\infty}\Big[\int_{-\frac{T}{2}}^{\frac{T}{2}} f_T(t) e^{-in\omega t} dt\Big] e^{in\omega x}$$

$$= \frac{1}{T}\sum_{n=-\infty}^{+\infty}\Big[\int_{-\frac{T}{2}}^{\frac{T}{2}} f_T(t) e^{-i\omega_n t} dt\Big] e^{i\omega_n x},$$

其中 $\omega_n = n\omega = \dfrac{2n\pi}{T}$. 记 $\Delta\omega = \omega_n - \omega_{n-1}$,则对于任何 n,都有 $\Delta\omega = \dfrac{2\pi}{T}$. 当 $T \to +\infty$ 时,$\Delta\omega \to 0$,于是

$$f(x) = \lim_{T\to+\infty} f_T(x) = \lim_{T\to+\infty}\frac{1}{T}\sum_{n=-\infty}^{+\infty}\Big[\int_{-\frac{T}{2}}^{\frac{T}{2}} f_T(t) e^{-i\omega_n t} dt\Big] e^{i\omega_n x}$$

$$= \lim_{\Delta\omega\to 0}\frac{1}{2\pi}\sum_{n=-\infty}^{+\infty}\Big[\int_{-\frac{T}{2}}^{\frac{T}{2}} f_T(t) e^{-i\omega_n t} dt\Big] e^{i\omega_n x} \Delta\omega. \qquad ③$$

当 $T \to +\infty$ 时,在 $\int_{-\frac{T}{2}}^{\frac{T}{2}} f_T(t) e^{-i\omega_n t} dt$ 中,积分的上、下限分别趋于 $+\infty$ 和 $-\infty$,而 $f_T(t) \to f(t)$. 如果令

$$F(\omega) = \int_{-\infty}^{+\infty} f(t) e^{-i\omega t} dt, \qquad ④$$

则当 $T \to +\infty$ 时,

$$\int_{-\frac{T}{2}}^{\frac{T}{2}} f_T(t) e^{-i\omega_n t} dt \to \int_{-\infty}^{+\infty} f(t) e^{-i\omega_n t} dt = F(\omega_n).$$

因此,由积分的定义,③式可变为

$$f(x) = \lim_{T\to+\infty} f_T(x) = \lim_{\Delta\omega\to 0}\frac{1}{2\pi}\sum_{n=-\infty}^{+\infty} F(\omega_n) e^{i\omega_n x}\Delta\omega = \frac{1}{2\pi}\int_{-\infty}^{+\infty} F(\omega) e^{i\omega x} d\omega.$$

于是得到

$$f(x) = \frac{1}{2\pi}\int_{-\infty}^{+\infty}\Big[\int_{-\infty}^{+\infty} f(t) e^{-i\omega t} dt\Big] e^{i\omega x} d\omega. \qquad ⑤$$

此式称为**傅里叶积分公式**.

定理 1(傅里叶积分定理) 若定义在 $(-\infty, +\infty)$ 上的函数 $f(x)$ 满足:

*§12.5 傅里叶变换

(1) $f(x)$ 在任何有限区间上满足狄利克雷条件;

(2) $\int_{-\infty}^{+\infty} |f(x)| \,\mathrm{d}x$ 收敛,

则积分 $\frac{1}{2\pi} \int_{-\infty}^{+\infty} \left[\int_{-\infty}^{+\infty} f(t) \mathrm{e}^{-\mathrm{i}\omega t} \,\mathrm{d}t \right] \mathrm{e}^{\mathrm{i}\omega x} \,\mathrm{d}\omega$ 在函数 $f(x)$ 的连续点 x 处收敛于 $f(x)$, 在函数 $f(x)$ 的间断点 x 处收敛于 $\frac{f(x+0) + f(x-0)}{2}$.

对于满足傅里叶积分定理的函数 $f(x)$, 称函数

$$F(\omega) = \int_{-\infty}^{+\infty} f(x) \mathrm{e}^{-\mathrm{i}\omega x} \,\mathrm{d}x, \qquad ⑥$$

为 $f(x)$ 的**傅里叶变换**(简称**傅氏变换**),记为

$$F(\omega) = \mathscr{F}[f(x)].$$

对于傅里叶变换的记号 "$\mathscr{F}$" 应该理解为一个映射的记号,它表示函数集合 $\{f(x)\}$ 到另一个函数集合 $\{F(\omega)\}$ 的映射,即把一个函数 $f(x)$ 映射为另一个函数 $F(\omega)$. 因此,也将 $F(\omega)$ 称为 $f(x)$ 的**傅氏像函数**(简称**像函数**),而将 $f(x)$ 称为 $F(\omega)$ 的**傅氏像原函数**(简称**像原函数**). 可以证明,映射 "$\mathscr{F}$" 是像函数和像原函数之间的一一对应,从而存在逆映射 "$\mathscr{F}^{-1}$", 称为**傅氏逆变换**. 从公式⑤可知

$$f(x) = \frac{1}{2\pi} \int_{-\infty}^{+\infty} F(\omega) \mathrm{e}^{\mathrm{i}\omega x} \,\mathrm{d}\omega. \qquad ⑦$$

因此,这个逆映射就由⑦式确定,即

$$f(x) = \mathscr{F}^{-1}[F(\omega)].$$

此外,由于傅氏变换是函数集合与函数集合之间的映射,因此函数的自变量可以选择任何记号,如 $\mathscr{F}[f(x)] = F(u)$. 但是,习惯上将像原函数的自变量选为 "t", 它表示时间,而像函数的自变量选为 "ω", 它表示频率, 如 $\mathscr{F}[f(t)] = F(\omega)$.

例1 给定矩形脉冲函数 $f(t) = \begin{cases} 1, & |t| \leqslant \delta, \\ 0, & |t| > \delta, \end{cases}$ 求它的傅氏变换 $F(\omega)$ 以及 $F(\omega)$ 的傅氏逆变换.

解 图3是函数 $f(t)$ 的图形,可见 $t = \pm \delta$ 是 $f(t)$ 的间断点. 易知函数 $f(t)$ 满足傅里叶积分定理的条件. 由公式⑥可得

$$F(\omega) = \mathscr{F}[f(t)] = \int_{-\infty}^{+\infty} f(t) \mathrm{e}^{-\mathrm{i}\omega t} \,\mathrm{d}t = \int_{-\delta}^{\delta} \mathrm{e}^{-\mathrm{i}\omega t} \,\mathrm{d}t$$

$$= \frac{1}{-\mathrm{i}\omega} \mathrm{e}^{-\mathrm{i}\omega t} \Big|_{-\delta}^{\delta} = \frac{1}{-\mathrm{i}\omega} (\mathrm{e}^{-\mathrm{i}\omega\delta} - \mathrm{e}^{\mathrm{i}\omega\delta})$$

$$= \frac{2}{\omega} \cdot \frac{1}{2\mathrm{i}} (\mathrm{e}^{\mathrm{i}\omega\delta} - \mathrm{e}^{-\mathrm{i}\omega\delta}) = \frac{2\sin\omega\delta}{\omega},$$

图 3

第十二章 傅里叶级数

再由公式⑦和傅里叶积分定理可知

$$f(t) = \mathscr{F}^{-1}[F(\omega)] = \frac{1}{2\pi}\int_{-\infty}^{+\infty} F(\omega)e^{i\omega t}d\omega = \frac{1}{2\pi}\int_{-\infty}^{+\infty} \frac{2\sin\omega\delta}{\omega}e^{i\omega t}d\omega.$$

利用欧拉公式将上式积分的实部和虚部分开,并利用被积函数的奇偶性得到

$$f(t) = \frac{1}{2\pi}\int_{-\infty}^{+\infty}\frac{2\sin\omega\delta}{\omega}\cos\omega t\,d\omega + \frac{i}{2\pi}\int_{-\infty}^{+\infty}\frac{2\sin\omega\delta}{\omega}\sin\omega t\,d\omega$$

$$= \frac{2}{\pi}\int_0^{+\infty}\frac{\sin\omega\delta}{\omega}\cos\omega t\,d\omega = \begin{cases} 1, & |t| < \delta, \\ 1/2, & |t| = \delta, \\ 0 & |t| > \delta. \end{cases}$$

在上式中令 $t=0$,顺便得到

$$\int_0^{+\infty}\frac{\sin\omega\delta}{\omega}d\omega = \frac{\pi}{2} \quad (\delta > 0).$$

此积分称为**狄利克雷积分**.

由于像函数与像原函数之间是一一对应的关系,人们将一些常用函数的傅氏变换列成表格以便查找(见附录),它们称为**傅氏变换对**.

二、δ 函数与卷积

(一) δ 函数

在许多物理现象中,除了连续分布的物理量以外,还时常会遇到具有冲击性质的物理量,如瞬间作用的冲击力、电脉冲等,这些量作用的持续时间很短(简直可以看作持续时间为零),但是值却很大.

例如,只在时刻 $t=0$ 电路中输入了一个单位电量,此时刻的电流强度为 $+\infty$,其他时刻的电流强度为 0.如果用数学公式表达电流与时刻 t 的关系,则有表达式

$$I(t) = \begin{cases} \infty, & t = 0, \\ 0, & t \neq 0. \end{cases}$$

由实际的物理意义可知,输入到电路中的全部电量为

$$\int_{-\infty}^{+\infty} I(t)dt = 1.$$

但是,通常意义下的函数都无法满足对于 $I(t)$ 这个函数的要求.也就是说,通常意义下的函数无法描述这种"冲击"现象.为此,必须引入一个新的函数——**单位脉冲函数**(或**冲击函数**,又称为 **δ 函数**).

δ 函数可以用不同的方式来定义,最简单的方式是把它看作矩形脉冲的极限.设矩形脉冲电流为

$$\delta_\tau(t) = \begin{cases} \dfrac{1}{\tau}, & 0 \leqslant t \leqslant \tau, \\ 0, & \text{其他}, \end{cases}$$

*§12.5 傅里叶变换

其图形见图 4. 考虑 $\tau \to 0$, 定义 δ 函数 $\delta(t) = \lim\limits_{\tau \to 0} \delta_\tau(t)$, 则

$$\delta(t) = \begin{cases} +\infty, & t = 0, \\ 0, & t \neq 0, \end{cases}$$

并有积分

图 4

$$\int_{-\infty}^{+\infty} \delta(t) \mathrm{d}t = \lim_{\tau \to 0} \int_{-\infty}^{+\infty} \delta_\tau(t) \mathrm{d}t = \lim_{\tau \to 0} \int_0^\tau \frac{1}{\tau} \mathrm{d}t = 1.$$

人们通常认为满足以下两个条件的函数就是 δ 函数:

(1) $\delta(t) = 0 \ (t \neq 0)$;

(2) $\int_{-\infty}^{+\infty} \delta(t) \mathrm{d}t = 1.$

但是, 经过数学理论上的研究发现, δ 函数不是通常意义下的函数, 而是一个广义函数, 它没有通常意义下的"函数值", 不能用通常意义下"自变量与因变量的对应关系"来定义. 它的主要性质表现在积分上, 它可以像普通函数一样按照积分的演算规则去演算.

定理 2 设 $f(t)$ 是 $(-\infty, +\infty)$ 上的连续函数, 则

$$\int_{-\infty}^{+\infty} \delta(t) f(t) \mathrm{d}t = f(0). \qquad ⑧$$

事实上,

$$\int_{-\infty}^{+\infty} \delta(t) f(t) \mathrm{d}t = \lim_{\tau \to 0} \int_{-\infty}^{+\infty} \delta_\tau(t) f(t) \mathrm{d}t = \lim_{\tau \to 0} \frac{1}{\tau} \int_0^\tau f(t) \mathrm{d}t = f(0).$$

由定理 2 可以推出

$$\int_{-\infty}^{+\infty} \delta(t - t_0) f(t) \mathrm{d}t = f(t_0). \qquad ⑨$$

事实上, 取变量代换 $u = t - t_0$, 由公式⑧可得

$$\int_{-\infty}^{+\infty} \delta(t - t_0) f(t) \mathrm{d}t = \int_{-\infty}^{+\infty} \delta(u) f(u + t_0) \mathrm{d}u = f(0 + t_0) = f(t_0).$$

下面考虑 δ 函数的傅氏变换. 由公式⑧可得

$$\mathscr{F}[\delta(t)] = \int_{-\infty}^{+\infty} \delta(t) \mathrm{e}^{-\mathrm{i}\omega t} \mathrm{d}t = \mathrm{e}^{-\mathrm{i}\omega 0} = 1,$$

因此 $\delta(t)$ 和 1 构成傅氏变换对, 从而有

$$\mathscr{F}^{-1}(1) = \frac{1}{2\pi} \int_{-\infty}^{+\infty} 1 \cdot \mathrm{e}^{\mathrm{i}\omega t} \mathrm{d}\omega = \delta(t).$$

注意, 在通常意义下广义积分 $\int_{-\infty}^{+\infty} \mathrm{e}^{\mathrm{i}\omega t} \mathrm{d}\omega$ 是发散的.

又由公式⑨得到

$$\mathscr{F}[\delta(t - t_0)] = \int_{-\infty}^{+\infty} \delta(t - t_0) \mathrm{e}^{-\mathrm{i}\omega t} \mathrm{d}t = \mathrm{e}^{-\mathrm{i}\omega t_0},$$

因此 $\delta(t - t_0)$ 和 $\mathrm{e}^{-\mathrm{i}\omega t_0}$ 构成傅氏变换对, 从而有

第十二章 傅里叶级数

$$\mathscr{F}^{-1}(e^{-i\omega t_0}) = \frac{1}{2\pi}\int_{-\infty}^{+\infty} e^{-i\omega t_0} \cdot e^{i\omega t} d\omega = \frac{1}{2\pi}\int_{-\infty}^{+\infty} e^{i\omega(t-t_0)} d\omega = \delta(t-t_0).$$

例 2 证明：函数 $u(t) = \begin{cases} 0, & t \leq 0, \\ 1, & t > 0 \end{cases}$（称为**单位阶跃函数**）的傅氏变换为 $\pi\delta(\omega) + \frac{1}{i\omega}$.

证 令 $F(\omega) = \pi\delta(\omega) + \frac{1}{i\omega}$，只需证明它的傅氏逆变换为 $u(t)$ 即可. 由公式⑦有

$$\mathscr{F}^{-1}[F(\omega)] = \frac{1}{2\pi}\int_{-\infty}^{+\infty}\left(\pi\delta(\omega) + \frac{1}{i\omega}\right)e^{i\omega t} d\omega$$

$$= \frac{1}{2\pi}\int_{-\infty}^{+\infty} \pi\delta(\omega) e^{i\omega t} d\omega + \frac{1}{2\pi}\int_{-\infty}^{+\infty} \frac{\cos\omega t + i\sin\omega t}{i\omega} d\omega$$

$$= \frac{1}{2} + \frac{1}{2\pi}\int_{-\infty}^{+\infty} \frac{\sin\omega t}{\omega} d\omega = \frac{1}{2} + \frac{1}{\pi}\int_{0}^{+\infty} \frac{\sin\omega t}{\omega} d\omega,$$

在上面的推导中用到了奇函数的积分 $\int_{-\infty}^{+\infty} \frac{\cos\omega t}{\omega} d\omega = 0$. 注意到狄利克雷积分

$$\int_{0}^{+\infty} \frac{\sin\omega t}{\omega} d\omega = \begin{cases} -\frac{\pi}{2}, & t < 0, \\ 0, & t = 0, \\ \frac{\pi}{2}, & t > 0, \end{cases}$$

因此有

$$u(t) = \mathscr{F}^{-1}[F(\omega)] = \begin{cases} 0, & t < 0, \\ \frac{1}{2}, & t = 0, \\ 1, & t > 0, \end{cases}$$

即 $u(t)$ 的傅氏变换为

$$F(\omega) = \pi\delta(\omega) + \frac{1}{i\omega}.$$

（二）卷积

给定两个函数 $f_1(t)$ 和 $f_2(t)$，按照下面的积分确定一个新的函数：

$$g(t) = \int_{-\infty}^{+\infty} f_1(\tau) f_2(t-\tau) d\tau,$$

称之为 $f_1(t)$ 与 $f_2(t)$ **的卷积**，记为 $f_1(t) * f_2(t)$.

卷积具有如下性质：

(1) **交换律**：$f_1(t) * f_2(t) = f_2(t) * f_1(t)$；

(2) **结合律**：$[f_1(t) * f_2(t)] * f_3(t) = f_1(t) * [f_2(t) * f_3(t)]$；

(3) **分配律**：$[f_1(t) + f_2(t)] * f_3(t) = f_1(t) * f_3(t) + f_2(t) * f_3(t)$.

例 3 设函数 $f_1(t)=\begin{cases}0, & t<0,\\1, & t\geq 0,\end{cases}$ $f_2(t)=\begin{cases}0, & t<0,\\e^{-t}, & t\geq 0,\end{cases}$ 求 $f_1(t)*f_2(t)$.

解 由卷积的定义有

$$f_1(t)*f_2(t)=\int_{-\infty}^{+\infty}f_1(\tau)f_2(t-\tau)d\tau.$$

这里被积函数是二元函数 $G(t,\tau)\triangleq f_1(\tau)f_2(t-\tau)$. 使得二元函数 $G(t,\tau)\neq 0$ 的点的集合称为它的**支集**. 在做积分时,先在 $Ot\tau$ 平面上画出函数 $G(t,\tau)$ 的支集(图 5 的阴影部分);再将 t 看作常数,这样当积分变量 τ 在 $(-\infty,+\infty)$ 内变化时,可以将积分看作在 t 为常数的直线上进行.

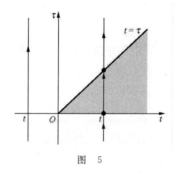

图 5

当 $t<0$ 时, t 为常数的直线在支集之外,从而 $f_1(\tau)f_2(t-\tau)\equiv 0$, 于是

$$f_1(t)*f_2(t)=\int_{-\infty}^{+\infty}0d\tau=0.$$

当 $t\geq 0$ 时, t 为常数的直线可分为在支集之内、在支集之上和在支集之下三个部分, 于是

$$\begin{aligned}f_1(t)*f_2(t)&=\int_{-\infty}^{+\infty}f_1(\tau)f_2(t-\tau)d\tau\\&=\int_t^{+\infty}f_1(\tau)f_2(t-\tau)d\tau+\int_0^t f_1(\tau)f_2(t-\tau)d\tau+\int_{-\infty}^0 f_1(\tau)f_2(t-\tau)d\tau\\&=\int_t^{+\infty}0d\tau+\int_0^t 1\cdot e^{-(t-\tau)}d\tau+\int_{-\infty}^0 0d\tau=1-e^{-t}.\end{aligned}$$

综上所述,得

$$f_1(t)*f_2(t)=\begin{cases}0, & t<0,\\1-e^{-t}, & t\geq 0.\end{cases}$$

例 4 设函数 $f(t)$ 连续,证明: $\delta(t)*f(t)=f(t)$.

证 由公式⑧可得

$$\delta(t)*f(t)=\int_{-\infty}^{+\infty}\delta(\tau)f(t-\tau)d\tau=f(t-0)=f(t).$$

第十二章 傅里叶级数

定理 3(卷积定理) 设 $\mathscr{F}[f_1(t)] = F_1(\omega), \mathscr{F}[f_2(t)] = F_2(\omega)$,则
$$\mathscr{F}[f_1(t) * f_2(t)] = F_1(\omega) \cdot F_2(\omega),$$
$$\mathscr{F}^{-1}[F_1(\omega) \cdot F_2(\omega)] = f_1(t) * f_2(t).$$

证 由公式⑥及卷积的定义得
$$\begin{aligned}
\mathscr{F}[f_1(t) * f_2(t)] &= \int_{-\infty}^{+\infty} [f_1(t) * f_2(t)] e^{-i\omega t} dt \\
&= \int_{-\infty}^{+\infty} \left[\int_{-\infty}^{+\infty} f_1(\tau) f_2(t-\tau) d\tau \right] e^{-i\omega t} dt \\
&= \int_{-\infty}^{+\infty} f_1(\tau) d\tau \int_{-\infty}^{+\infty} f_2(t-\tau) e^{-i\omega t} dt \\
&\xlongequal{\diamondsuit u = t - \tau} \int_{-\infty}^{+\infty} f_1(\tau) e^{-i\omega\tau} d\tau \int_{-\infty}^{+\infty} f_2(u) e^{-i\omega u} du \\
&= F_1(\omega) \cdot F_2(\omega),
\end{aligned}$$

因此 $f_1(t) * f_2(t)$ 和 $F_1(\omega) \cdot F_2(\omega)$ 构成傅氏变换对. 于是
$$\mathscr{F}[f_1(t) * f_2(t)] = F_1(\omega) \cdot F_2(\omega),$$
$$\mathscr{F}^{-1}[F_1(\omega) \cdot F_2(\omega)] = f_1(t) * f_2(t).$$

同理,还可以证明下面的公式成立:
$$\mathscr{F}[f_1(t) \cdot f_2(t)] = \frac{1}{2\pi} F_1(\omega) * F_2(\omega),$$
$$\mathscr{F}^{-1}[F_1(\omega) * F_2(\omega)] = 2\pi f_1(t) \cdot f_2(t).$$

三、傅里叶变换的性质

性质 1(线性性) 设 $\mathscr{F}[f_1(t)] = F_1(\omega), \mathscr{F}[f_2(t)] = F_2(\omega), \alpha, \beta$ 是常数,则
$$\mathscr{F}[\alpha f_1(t) + \beta f_2(t)] = \alpha F_1(\omega) + \beta F_2(\omega),$$
$$\mathscr{F}^{-1}[\alpha F_1(\omega) + \beta F_2(\omega)] = \alpha f_1(t) + \beta f_2(t).$$

这个性质的证明可以由傅氏变换的定义直接得到.

性质 2(对称性) 设 $\mathscr{F}[f(t)] = F(\omega)$,则
$$\mathscr{F}[F(t)] = 2\pi f(-\omega), \quad 即 \quad \mathscr{F}\{\mathscr{F}[f(t)]\} = 2\pi f(-\omega).$$

事实上,
$$\mathscr{F}[F(t)] = \int_{-\infty}^{+\infty} F(t) e^{-i\omega t} dt = 2\pi \left[\frac{1}{2\pi} \int_{-\infty}^{+\infty} F(t) e^{i(-\omega)t} dt \right] = 2\pi f(-\omega).$$

例 5 求 $\mathscr{F}\left(\dfrac{2\sin t}{t}\right)$.

解 由例 1 可知 $\mathscr{F}[f(t)] = \dfrac{2\sin\omega}{\omega}$,其中 $f(t) = \begin{cases} 1, & |t| \leqslant 1, \\ 0, & |t| > 1, \end{cases}$ 再由对称性可得

$$\mathscr{F}\left(\frac{2\sin t}{t}\right) = 2\pi f(-\omega) = \begin{cases} 2\pi, & |\omega| \leqslant 1, \\ 0, & |\omega| > 1. \end{cases}$$

*§12.5 傅里叶变换

性质 3(相似性) 设 $\mathscr{F}[f(t)]=F(\omega)$,$a\neq 0$ 为常数,则
$$\mathscr{F}[f(at)] = \frac{1}{|a|}F\left(\frac{\omega}{a}\right).$$

证 当 $a>0$ 时,
$$\mathscr{F}[f(at)] = \int_{-\infty}^{+\infty} f(at)\mathrm{e}^{-\mathrm{i}\omega t}\mathrm{d}t \xrightarrow{\text{令}u=at} \frac{1}{a}\int_{-\infty}^{+\infty} f(u)\mathrm{e}^{-\mathrm{i}\frac{\omega}{a}u}\mathrm{d}u = \frac{1}{a}F\left(\frac{\omega}{a}\right);$$

当 $a<0$ 时,
$$\mathscr{F}[f(at)] = \int_{-\infty}^{+\infty} f(at)\mathrm{e}^{-\mathrm{i}\omega t}\mathrm{d}t \xrightarrow{\text{令}u=at} \frac{1}{a}\int_{+\infty}^{-\infty} f(u)\mathrm{e}^{-\mathrm{i}\frac{\omega}{a}u}\mathrm{d}u = -\frac{1}{a}F\left(\frac{\omega}{a}\right).$$

总之,当 $a\neq 0$ 时,就有 $\mathscr{F}[f(at)] = \frac{1}{|a|}F\left(\frac{\omega}{a}\right)$ 成立.

同理可证傅氏逆变换也具有相似性,即
$$\mathscr{F}^{-1}[F(a\omega)] = \frac{1}{|a|}f\left(\frac{t}{a}\right) \quad (a\neq 0).$$

性质 4(位移性或时移性) 设 $\mathscr{F}[f(t)]=F(\omega)$,则
$$\mathscr{F}[f(t-t_0)] = \mathrm{e}^{-\mathrm{i}\omega t_0}F(\omega),$$
其中 t_0 是常数.

证
$$\mathscr{F}[f(t-t_0)] = \int_{-\infty}^{+\infty} f(t-t_0)\mathrm{e}^{-\mathrm{i}\omega t}\mathrm{d}t \xrightarrow{\text{令}u=t-t_0} \mathrm{e}^{-\mathrm{i}\omega t_0}\int_{-\infty}^{+\infty} f(u)\mathrm{e}^{-\mathrm{i}\omega u}\mathrm{d}u$$
$$= \mathrm{e}^{-\mathrm{i}\omega t_0}F(\omega).$$

同理可证傅氏逆变换也具有位移性,即对于常数 ω_0,有
$$\mathscr{F}^{-1}[F(\omega-\omega_0)] = \mathrm{e}^{\mathrm{i}\omega_0 t}f(t).$$

例 6 求矩形脉冲函数 $g(t)=\begin{cases}1, & 0\leqslant t\leqslant \tau,\\ 0, & \text{其他}\end{cases}$ (图 6)的傅氏变换.

解 可利用例 1 中函数 $f(t)=\begin{cases}1, & |t|\leqslant \tau/2\\ 0, & |t|>\tau/2\end{cases}$ 的傅氏变换

$$F(\omega) = \mathscr{F}[f(t)] = \frac{2\sin\frac{\omega\tau}{2}}{\omega}.$$

图 6

由于 $g(t)=f\left(t-\frac{\tau}{2}\right)$,故由傅氏变换的位移性可得

$$\mathscr{F}[g(t)] = \mathscr{F}\left[f\left(t-\frac{\tau}{2}\right)\right] = \mathrm{e}^{-\mathrm{i}\frac{\omega\tau}{2}}F(\omega) = 2\mathrm{e}^{-\mathrm{i}\frac{\omega\tau}{2}}\frac{\sin\frac{\omega\tau}{2}}{\omega}.$$

例 7 设 $F(\omega)=\mathscr{F}[f(t)]$,求 $\mathscr{F}[f(t)\cos\omega_0 t]$ 和 $\mathscr{F}[f(t)\sin\omega_0 t]$.

解 由欧拉公式有

$$\cos\omega_0 t = \frac{1}{2}(\mathrm{e}^{\mathrm{i}\omega_0 t} + \mathrm{e}^{-\mathrm{i}\omega_0 t}), \quad \sin\omega_0 t = \frac{1}{2\mathrm{i}}(\mathrm{e}^{\mathrm{i}\omega_0 t} - \mathrm{e}^{-\mathrm{i}\omega_0 t}),$$

再根据傅氏变换的线性性及位移性可得

$$\mathscr{F}[f(t)\cos\omega_0 t] = \frac{1}{2}\mathscr{F}[f(t)\mathrm{e}^{\mathrm{i}\omega_0 t}] + \frac{1}{2}\mathscr{F}[f(t)\mathrm{e}^{-\mathrm{i}\omega_0 t}] = \frac{1}{2}[F(\omega - \omega_0) + F(\omega + \omega_0)];$$

$$\mathscr{F}[f(t)\sin\omega_0 t] = \frac{1}{2\mathrm{i}}\mathscr{F}[f(t)\mathrm{e}^{\mathrm{i}\omega_0 t}] - \frac{1}{2\mathrm{i}}\mathscr{F}[f(t)\mathrm{e}^{-\mathrm{i}\omega_0 t}] = \frac{1}{2\mathrm{i}}[F(\omega - \omega_0) - F(\omega + \omega_0)].$$

性质 5(微分性质) 设 $F(\omega) = \mathscr{F}[f(t)]$，且 $\lim\limits_{t \to \pm\infty} f(t) = 0$，则

$$\mathscr{F}[f'(t)] = \mathrm{i}\omega F(\omega).$$

证 由分部积分公式可得

$$\mathscr{F}[f'(t)] = \int_{-\infty}^{+\infty} f'(t)\mathrm{e}^{-\mathrm{i}\omega t}\mathrm{d}t = [f(t)\mathrm{e}^{-\mathrm{i}\omega t}]\Big|_{-\infty}^{+\infty} + \mathrm{i}\omega\int_{-\infty}^{+\infty} f(t)\mathrm{e}^{-\mathrm{i}\omega t}\mathrm{d}t = \mathrm{i}\omega F(\omega).$$

推论 设 $F(\omega) = \mathscr{F}[f(t)]$，且 $\lim\limits_{t \to \pm\infty} f^{(k)}(t) = 0 (k = 0, 1, 2, \cdots, n-1)$，则

$$\mathscr{F}[f^{(n)}(t)] = (\mathrm{i}\omega)^n F(\omega).$$

对于傅氏逆变换，也有类似的微分性质：

$$\mathscr{F}^{-1}[F'(\omega)] = -\mathrm{i}t f(t), \quad \mathscr{F}^{-1}[F^{(n)}(\omega)] = (-\mathrm{i}t)^n f(t).$$

例 8 已知 $F(\omega) = \mathscr{F}[f(t)]$，求 $\mathscr{F}[tf(t)]$.

解 由于 $\mathscr{F}^{-1}[F'(\omega)] = -\mathrm{i}t f(t)$，则 $tf(t) = \mathrm{i}\mathscr{F}^{-1}[F'(\omega)]$. 在这个等式的两端作傅氏变换，由傅氏变换的线性性可得

$$\mathscr{F}[tf(t)] = \mathrm{i}\mathscr{F}\{\mathscr{F}^{-1}[F'(\omega)]\} = \mathrm{i}F'(\omega).$$

性质 6(积分性质) 设 $F(\omega) = \mathscr{F}[f(t)]$，$g(t) = \int_{-\infty}^{t} f(\tau)\mathrm{d}\tau$，且 $\lim\limits_{t \to +\infty} g(t) = 0$，则

$$\mathscr{F}[g(t)] = \frac{1}{\mathrm{i}\omega}F(\omega).$$

证 由于 $f(t) = g'(t)$，则

$$F(\omega) = \mathscr{F}[g'(t)] = \mathrm{i}\omega\mathscr{F}[g(t)],$$

从而

$$\mathscr{F}[g(t)] = \frac{1}{\mathrm{i}\omega}F(\omega).$$

同理，傅氏逆变换也有类似的积分性质：

$$\mathscr{F}^{-1}\left[\int_{-\infty}^{\omega} F(u)\mathrm{d}u\right] = -\frac{f(t)}{\mathrm{i}t}.$$

例 9 求解微分积分方程

$$x'(t) + x(t) + \int_{-\infty}^{t} x(t)\mathrm{d}t = h(t), \quad -\infty < t < +\infty.$$

解 设 $\mathscr{F}[x(t)] = X(\omega)$，$\mathscr{F}[h(t)] = H(\omega)$，则由傅氏变换的微分性质和积分性质可得

$$\mathscr{F}[x'(t)] = \mathrm{i}\omega X(\omega), \quad \mathscr{F}\left[\int_{-\infty}^{t} x(t)\mathrm{d}t\right] = \frac{1}{\mathrm{i}\omega}X(\omega).$$

在方程的两端求傅氏变换,则原方程变为

$$\mathrm{i}\omega X(\omega) + X(\omega) + \frac{1}{\mathrm{i}\omega}X(\omega) = H(\omega),$$

可解出

$$X(\omega) = \frac{H(\omega)}{1 + \mathrm{i}\left(\omega - \frac{1}{\omega}\right)}.$$

求它的傅氏逆变换,可得

$$x(t) = \frac{1}{2\pi}\int_{-\infty}^{+\infty} \frac{H(\omega)}{1 + \mathrm{i}\left(\omega - \frac{1}{\omega}\right)} \mathrm{e}^{\mathrm{i}\omega t} \mathrm{d}\omega.$$

习题 12.5

1. 求下列函数的傅氏变换:

(1) $f(t) = \mathrm{e}^{-a|t|}\ (a>0)$;　　(2) $f(t) = \begin{cases} \sin t, & |t| \leqslant \pi, \\ 0, & |t| > \pi; \end{cases}$

(3) $f(t) = \frac{1}{2}\left[\delta(t+a) + \delta(t-a) + \delta\left(t+\frac{a}{2}\right) + \delta\left(t-\frac{a}{2}\right)\right].$

2. 利用傅氏变换的性质求下列傅氏变换(可查附录中的表):

(1) $f(t) = \cos t \sin t$;　　(2) $f(t) = \sin^3 t$;　　(3) $f(t) = \sin\left(5t + \frac{\pi}{3}\right).$

3. 设 $f(t) = t^2 u(t), g(t) = \begin{cases} 1, & |t| \leqslant 1, \\ 0, & |t| > 1, \end{cases}$ 其中 $u(t) = \begin{cases} 0, & t \leqslant 0, \\ 1, & t > 0, \end{cases}$ 求卷积 $f(t) * g(t).$

4. 设 $f(t) = \frac{\sin \alpha t}{\pi t}, g(t) = \frac{\sin \beta t}{\pi t},$ 其中 $\alpha > 0, \beta > 0,$ 利用卷积定理求卷积 $f(t) * g(t).$

总练习题十二

1. 设函数 $f(x) = \left|x - \frac{1}{2}\right|,$ 令

$$s(x) = \sum_{n=1}^{\infty} b_n \sin n\pi x \quad (-\infty < x < +\infty),$$

其中 $b_n = 2\int_0^1 f(x) \sin n\pi x \mathrm{d}x (n = 1, 2, \cdots),$ 求 $s\left(-\frac{9}{4}\right)$ 的值.

2. 设函数 $f(x)=\begin{cases} x, & 0\leqslant x\leqslant \dfrac{1}{2} \\ 2-2x, & \dfrac{1}{2}<x<1 \end{cases}$,令

$$s(x) = \frac{a_0}{2} + \sum_{n=1}^{\infty} a_n \cos n\pi x \quad (-\infty < x < +\infty),$$

其中 $a_n = 2\int_0^1 f(x)\cos n\pi x \mathrm{d}x (n=0,1,2,\cdots)$,求 $s\left(-\dfrac{5}{2}\right)$ 的值.

3. 若 $x^2 = \sum_{n=1}^{\infty} a_n \cos nx (-\pi \leqslant x \leqslant \pi)$,求 a_2 的值.

4. 若 $\int_{-\pi}^{\pi} (x-a_1\cos x - b_1\sin x)^2 \mathrm{d}x = \min_{a,b\in \mathbf{R}}\left\{\int_{-\pi}^{\pi}(x-a\cos x-b\sin x)^2\mathrm{d}x\right\}$,求 a,b.

5. 设 $f(x)$ 是周期为 2 的周期函数,且在一个周期内的表达式为

$$f(x) = \begin{cases} x(1+x), & -1<x\leqslant 0, \\ x(1-x), & 0<x\leqslant 1, \end{cases}$$

试将 $f(x)$ 展开成傅里叶级数,并求级数 $\sum_{n=1}^{\infty} \dfrac{(-1)^{n-1}}{(2n-1)^3}$ 的和.

6. 将函数 $f(x)=\dfrac{\pi-x}{2}(0\leqslant x\leqslant \pi)$ 展开成正弦级数,并求级数 $\sum_{n=1}^{\infty} \dfrac{(-1)^{n-1}}{2n-1}$ 的和.

7. 若函数 $f(x)$ 在 $[-\pi,\pi]$ 上满足 $f(x+\pi)=-f(x)$,证明:$f(x)$ 的傅里叶系数满足

$$a_0 = a_{2n} = b_{2n} = 0 \quad (n=1,2,\cdots).$$

8. 若函数 $f(x)$ 在 $[-\pi,\pi]$ 上满足 $f(x+\pi)=f(x)$,证明:$f(x)$ 的傅里叶系数满足

$$a_{2n-1} = b_{2n-1} = 0 \quad (n=1,2,\cdots).$$

9. 若 $f(x)$ 在 $[-\pi,\pi]$ 上为偶函数,且满足 $f\left(\dfrac{\pi}{2}+x\right)=-f\left(\dfrac{\pi}{2}-x\right)$,证明:$f(x)$ 的傅里叶系数

$$a_{2n} = b_n = 0 \quad (n=1,2,\cdots).$$

10. 若 $f(x)$ 在 $[-\pi,\pi]$ 上为可导函数,$f(-\pi)=f(\pi)$,且 a_n,b_n 为 $f(x)$ 的傅里叶系数,a_n',b_n' 为 $f'(x)$ 的傅里叶系数,证明:

$$a_0' = 0, \quad a_n' = nb_n, \quad b_n' = -na_n \quad (n=1,2,\cdots).$$

附　录

傅氏变换简表

$f(t)$	$F(\omega)$	$f(t)$	$F(\omega)$
$\cos\omega_0 t$	$\pi[\delta(\omega+\omega_0)+\delta(\omega-\omega_0)]$	e^{iat}	$2\pi\delta(\omega-a)$
$\sin\omega_0 t$	$i\pi[\delta(\omega+\omega_0)-\delta(\omega-\omega_0)]$	$t^n e^{iat}$	$2\pi i^n \delta^{(n)}(\omega-a)$
$\dfrac{\sin\omega_0 t}{\pi t}$	$\begin{cases}1, & \|\omega\|\leqslant\omega_0 \\ 0, & \|\omega\|>\omega_0\end{cases}$	$\dfrac{1}{a^2+t^2}\ (\operatorname{Re}(a)<0)$	$-\dfrac{\pi}{a}e^{a\|\omega\|}$
$u(t)$	$\dfrac{1}{i\omega}+\pi\delta(\omega)$	$\dfrac{1}{(a^2+t^2)^2}\ (\operatorname{Re}(a)<0)$	$\dfrac{i\omega\pi}{2a}e^{a\|\omega\|}$
$u(t-c)$	$\dfrac{1}{i\omega}e^{-i\omega c}+\pi\delta(\omega)$	$\dfrac{e^{ibt}}{a^2+t^2}\ (\operatorname{Re}(a)<0, b\text{ 为实数})$	$-\dfrac{\pi}{a}e^{a\|\omega-b\|}$
$u(t)t$	$-\dfrac{1}{\omega^2}+\pi i\delta'(\omega)$	$\dfrac{\cos bt}{a^2+t^2}\ (\operatorname{Re}(a)<0, b\text{ 为实数})$	$-\dfrac{\pi}{2a}(e^{a\|\omega-b\|}+e^{a\|\omega+b\|})$
$u(t)t^n$	$\dfrac{n!}{(i\omega)^{n+1}}+\pi i^n\delta^{(n)}(\omega)$	$\dfrac{\sin bt}{a^2+t^2}\ (\operatorname{Re}(a)<0, b\text{ 为实数})$	$-\dfrac{\pi}{2ai}(e^{a\|\omega-b\|}+e^{a\|\omega+b\|})$
$u(t)\sin at$	$\dfrac{a}{a^2-\omega^2}+\dfrac{\pi}{2i}[\delta(\omega-\omega_0)-\delta(\omega+\omega_0)]$	$\dfrac{\operatorname{sh}at}{\operatorname{sh}\pi t}\ (-\pi<a<\pi)$	$\dfrac{\sin a}{\operatorname{ch}\omega+\cos a}$
$u(t)\cos at$	$\dfrac{i\omega}{a^2-\omega^2}+\dfrac{\pi}{2}[\delta(\omega-\omega_0)+\delta(\omega+\omega_0)]$	$\dfrac{\operatorname{sh}at}{\operatorname{ch}\pi t}\ (-\pi<a<\pi)$	$-2i\dfrac{\sin\dfrac{a}{2}\operatorname{sh}\dfrac{\omega}{2}}{\operatorname{ch}\omega+\cos a}$
$u(t)e^{-\beta t}\ (\beta>0)$	$\dfrac{1}{\beta+i\omega}$	$\dfrac{\operatorname{ch}at}{\operatorname{ch}\pi t}\ (-\pi<a<\pi)$	$2\dfrac{\cos\dfrac{a}{2}\operatorname{ch}\dfrac{\omega}{2}}{\operatorname{ch}\omega+\cos a}$
$u(t)e^{iat}$	$\dfrac{1}{i(\omega-a)}+\pi\delta(\omega-a)$	$\dfrac{1}{\operatorname{ch}at}$	$\dfrac{\pi}{a}\cdot\dfrac{1}{\operatorname{ch}\dfrac{\pi\omega}{2a}}$
$u(t-c)e^{iat}$	$\dfrac{1}{i(\omega-a)}e^{-i(\omega-a)c}+\pi\delta(\omega-a)$	$\sin at^2\ (a>0)$	$\sqrt{\dfrac{\pi}{a}}\cos\left(\dfrac{\omega^2}{4a}+\dfrac{\pi}{4}\right)$
$u(t)e^{iat}t^n$	$\dfrac{n!}{[i(\omega-a)]^{n+1}}+\pi i^n\delta^{(n)}(\omega-a)$	$\cos at^2\ (a>0)$	$\sqrt{\dfrac{\pi}{a}}\cos\left(\dfrac{\omega^2}{4a}-\dfrac{\pi}{4}\right)$
$e^{a\|t\|}\ (\operatorname{Re}(a)<0)$	$\dfrac{-2a}{\omega^2+a^2}$	$\dfrac{1}{t}\sin at\ (a>0)$	$\begin{cases}\pi, & \|\omega\|\leqslant a \\ 0, & \|\omega\|>a\end{cases}$
$\delta(t)$	1	$\dfrac{1}{t^2}\sin^2 at\ (a>0)$	$\begin{cases}\pi(a-\|\omega\|/2), & \|\omega\|\leqslant 2a \\ 0, & \|\omega\|>2a\end{cases}$
$\delta(t-c)$	$e^{-i\omega c}$	$\dfrac{\sin at}{\sqrt{\|t\|}}$	$i\sqrt{\dfrac{\pi}{2}}\left(\dfrac{1}{\sqrt{\|\omega+a\|}}-\dfrac{1}{\sqrt{\|\omega-a\|}}\right)$
$\delta'(t)$	$i\omega$	$\dfrac{\cos at}{\sqrt{\|t\|}}$	$\sqrt{\dfrac{\pi}{2}}\left(\dfrac{1}{\sqrt{\|\omega+a\|}}+\dfrac{1}{\sqrt{\|\omega-a\|}}\right)$
$\delta^{(n)}(t)$	$(i\omega)^n$	$\dfrac{1}{\sqrt{\|t\|}}$	$\sqrt{\dfrac{2\pi}{\omega}}$
$\delta^{(n)}(t-c)$	$(i\omega)^n e^{-i\omega c}$	$\operatorname{sgn}t$	$\dfrac{2}{i\omega}$
1	$2\pi\delta(\omega)$	$e^{-at^2}\ (\operatorname{Re}(a)>0)$	$\sqrt{\pi/a}\,e^{-\frac{\omega^2}{4a}}$
t	$2\pi i\delta'(\omega)$	$\|t\|$	$-2/\omega^2$
t^n	$2\pi i^n\delta^{(n)}(\omega)$	$1/\|t\|$	$\sqrt{2\pi/\|\omega\|}$

习题答案与提示

习 题 7.1

1. A 在 x 轴上;B 在 y 轴上;C 在 z 轴上;D 在 Oxy 平面上;E 在 Ozx 平面上;D 在 Oyz 平面上.

2. 关于 Oxy 平面:$(x,y,-z)$;关于 Ozx 平面:$(x,-y,z)$;
   关于 Oyz 平面:$(-x,y,z)$.
   关于 x 轴:$(x,-y,-z)$;关于 y 轴:$(-x,y,-z)$;关于 z 轴$(-x,-y,z)$.
   关于原点:$(-x,-y,-z)$.

3. $\left(0,0,\dfrac{13}{4}\right)$. 4. $A(-1,2,4)$;$B(8,-4,-2)$.

5. 2;$-\dfrac{1}{2},-\dfrac{1}{2},-\dfrac{\sqrt{2}}{2}$;$\dfrac{2\pi}{3},\dfrac{2\pi}{3},\dfrac{3\pi}{4}$.

6. $\sqrt{10},\sqrt{14},\dfrac{\pi}{2}$. 7. 提示 按照向量相加的三角形法则.

8. $(-6,-5,-5)$. 9. (1) -34; (2) 33; (3) $\dfrac{-4}{\sqrt{11}}$.

10. $\sqrt{14}$. 11. 40. 12. $3\sqrt{21}$.

13. $\pm\left(\dfrac{-1}{\sqrt{35}},\dfrac{3}{\sqrt{35}},\dfrac{5}{\sqrt{35}}\right)$. 14. 提示 $\overrightarrow{AC}=2\overrightarrow{AB}$.

习 题 7.2

1. $4x-6y+8z-27=0$. 2. $(x-4)^2+y^2=0$.

3. (1) $(x-2)^2+(y+1)^2+(z-3)^2=36$;
   (2) $x^2+y^2+z^2=49$; (3) $(x-3)^2+(y+1)^2+(z-1)^2=21$.

4. (1) $4x^2-9y^2-9z^2=36$; (2) $y^2=k^2(x^2+z^2)$;
   (3) $x^2+y^2+2z^2=1$; (4) $z^2=4(x^2+y^2)$.

5. (1) 是,由 Ozx 平面上的曲线 $z=\dfrac{1}{x^2}$ 绕 z 轴旋转一周生成; (2) 不是;
   (3) 不是; (4) 是,由 Oxy 平面上 $\dfrac{x^2}{2}-\dfrac{y^2}{3}=1$ 绕 x 轴旋转一周生成.

6. (1) 在平面和空间中分别表示圆和圆柱;(2) 在平面和空间中分别表示抛物线和抛物柱面;(3) 在平面和空间中分别表示直线和平面;(4) 在平面和空间中分别表示双曲线和双曲柱面.

习 题 7.3

2. $x^2+y^2-x-1=0$,$y^2+z^2-3z+1=0$,$x-z+1=0$.

3. $\begin{cases} x^2+2y^2-2y=0, \\ z=0. \end{cases}$ 4. (1) $\begin{cases} x=2\cos t, \\ y=\pm 2\sqrt{2\sin t}, (0\leqslant t\leqslant \pi); \\ z=2\sin t \end{cases}$ (2) $\begin{cases} x=3\sin t, \\ y=5\sin t, (0<t\leqslant 2\pi). \\ z=4\cos t \end{cases}$

习 题 7.4

1. $2x-3y+3z+7=0.$ 2. $14x+9y-z-15=0.$ 3. $2x-y+3z+4=0.$
4. $3x-y+7z-59=0.$ 5. $12x+8y+19z+24=0.$ 6. $k=-18.$
7. (1) 过原点;   (2) 平行于 z 轴;   (3) 通过 x 轴;   (4) 平行于 Oxy 平面.
8. $x+y-1=0.$ 9. (1) $\dfrac{\pi}{4}$;   (2) $\arccos\dfrac{8}{21}$.
10. (1) $l=18, m=-\dfrac{2}{3}$;   (2) $l=6.$ 11. $6x-2y-3z\pm 42=0.$

习 题 7.5

1. $x-1=\dfrac{y-2}{-2}=z+4.$ 2. (1) $\dfrac{x-1}{2}=\dfrac{y+2}{3}=\dfrac{z-1}{-2}$;   (2) $\dfrac{x-1}{-2}=\dfrac{y}{1}=\dfrac{z+3}{3}.$

3. (1) $\dfrac{x}{4}=\dfrac{y-4}{1}=\dfrac{z+1}{-3}$, $\begin{cases} x=4t, \\ y=4+t, \\ z=-1-3t; \end{cases}$ (2) $\dfrac{x+5}{3}=\dfrac{y+8}{2}=\dfrac{z}{1}$, $\begin{cases} x=-5+3t, \\ y=-8+2t, \\ z=t. \end{cases}$

4. (1) $(9,12,20)$ 与 $\left(-\dfrac{117}{7},-\dfrac{6}{7},-\dfrac{130}{7}\right)$;   (2) $(0,2,7).$

5. $\arcsin\dfrac{1}{14}$; $(-1,3,-6).$ 6. $\dfrac{x}{-2}=\dfrac{y-2}{5}=z-4.$

7. (1) 平行, $5x-22y+19z+9=0$;   (2) 异面;   (3) 相交, $3x-y+z+3=0.$

8. $\dfrac{\pi}{2}.$ 9. $x+5y+z-1=0.$ 10. $\dfrac{x-1}{2}=\dfrac{y-5}{-4}=\dfrac{z+1}{-3}.$

11. $\begin{cases} 9x+5y-11z-3=0, \\ 2x+3y+3z-8=0. \end{cases}$ 12. $\dfrac{x+1}{16}=\dfrac{y}{19}=\dfrac{z-4}{28}.$

13. $x-8y-13z+9=0.$ 14. $x-z+4=0$ 或 $x+20y+7z-12=0.$

15. 提示   距离等于以 $\overrightarrow{M_0M}$ 和 s 为边的平行四边形的高.

16. (1) $\sqrt{\dfrac{22}{5}}$;   (2) 15.

总练习题七

1. 到原点的距离为 $\sqrt{26}$; 到 x 轴的距离为 5; 到 y 轴的距离为 $\sqrt{17}$; 到 z 轴的距离为 $\sqrt{10}$.

2. 都不正确.   3. $\left(\dfrac{x_1+x_2+x_3}{3},\dfrac{y_1+y_2+y_3}{3},\dfrac{z_1+z_2+z_3}{3}\right).$ 4. $\dfrac{\pi}{3}.$

5. (1) $(11,-3,-1)$;   (2) -219;   (3) $-\dfrac{21}{\sqrt{5}}$;   (4) $14(-1,11,-2)$;

(5) 21;　　　　　　(6) $\arccos\left(-\dfrac{\sqrt{21}}{6}\right)$.

6. $c=5a+b$.　　　7. $\lambda=2, \mu=3, \nu=5$.　　　8. (1) $(-1,2,0)$, 3;　　(2) $(-3,4,-1)$, 6.

9. $3x-2y+6z=0, 3x-2y+6z-28=0$.　　10. $2x+2y-3z=0$.

11. $x+4y+23z+23=0$ 和 $13x-32y+5z+47=0$.

12. $(x-2)^2+(y-3)^2+(z+1)^2=9, x^2+(y+1)^2+(z+5)^2=9$.

13. $x+2y+1=0$.　　　14. 异面.　　　15. $L: x+3=\dfrac{y-5}{22}=\dfrac{z+9}{2}$.

16. 在 Oxy 平面上为 $\begin{cases}x^2+y^2=1,\\ z=0;\end{cases}$ 在 Oyz 平面上为 $\begin{cases}z=1,\\ x=0\end{cases}(|y|\leqslant 1)$; 在 Ozx 平面上为 $\begin{cases}z=1,\\ y=0\end{cases}(|x|\leqslant 1)$.

18. $L': \begin{cases}x=2y,\\ z=-\dfrac{1}{2}(y-1);\end{cases}$ $\Sigma: 4x^2-17y^2+4z^2+2y-1=0$.　　20. $\dfrac{\sqrt{2}}{2}$.

习　题　8.1

1. $f(y,2x,z)=y^2+4x^2+\arcsin\dfrac{y}{(2x)^z}$.

2. (1) $\begin{cases}y-x>0,\\ x\geqslant 0,\\ x^2+y^2<1;\end{cases}$　　(2) $\{z^2\leqslant x^2+y^2\}\setminus\{(0,0,0)\}$;　　(3) $\begin{cases}xy>4,\\ x\neq 0,\\ y\neq 0;\end{cases}$　　(4) $\begin{cases}y^2>2x,\\ y^2-2x\neq 1.\end{cases}$

3. (1) 1;　　(2) 2;　　(3) 0.　　5. 在 x 轴和 $y^2=2x$ 上不连续.

习　题　8.2

1. (1) $z_x=4x-3y^3, z_y=-9y^2x$;　　(2) $s_u=\dfrac{2u^2\cos u^2-\sin u^2}{u^2 v}, s_v=-\dfrac{\sin u^2}{uv^2}$;

(3) $z_x=\dfrac{1}{3x(\ln xy)^{2/3}}, z_y=\dfrac{1}{3y(\ln xy)^{2/3}}$;

(4) $z_x=y(\sin x)^{y-x}\cos x-y\sin(2xy), z_y=(\sin x)^y\ln\sin x-x\sin(2xy)$;

(5) $z_x=-\dfrac{2}{y}\csc\dfrac{2x}{y}, z_y=\dfrac{2x}{y^2}\csc\dfrac{2x}{y}$;

(6) $z_x=(1+xy)^{y+x}\left[\ln(1+xy)+\dfrac{y(x+y)}{1+xy}\right], z_y=(1+xy)^{y+x}\left[\ln(1+xy)+\dfrac{x(x+y)}{1+xy}\right]$;

(7) $u_x=\dfrac{y^2}{z}(xy)^{\frac{x}{z}-1}, u_y=(xy)^{\frac{x}{z}}\dfrac{1}{z}(\ln xy+1), u_z=-(xy)^{\frac{x}{z}}\dfrac{y}{z^2}\ln xy$;

(8) $u_x=\dfrac{(y+z)x^{y+z-1}}{1+x^{2(y+z)}}, u_y=\dfrac{x^{y+z}\ln x}{1+x^{2(y+z)}}, u_z=\dfrac{x^{y+z}\ln x}{1+x^{2(y+z)}}$.

3. 1.　　　　4. $\arctan 4$.

5. (1) $\dfrac{\partial^2 z}{\partial x^2}=6x-2y^2, \dfrac{\partial^2 z}{\partial y^2}=12y^2-2x^2, \dfrac{\partial^2 z}{\partial x\partial y}=-4xy$;

(2) $\dfrac{\partial^2 z}{\partial x^2}=\dfrac{2xy}{(x^2+y^2)^2}, \dfrac{\partial^2 z}{\partial y^2}=-\dfrac{2xy}{(x^2+y^2)^2}, \dfrac{\partial^2 z}{\partial x\partial y}=-\dfrac{x^2-y^2}{(x^2+y^2)^2}$;

(3) $\dfrac{\partial^2 z}{\partial y^2}=x^y\ln^2 x$, $\dfrac{\partial^2 z}{\partial x^2}=y(y-1)x^{y-2}$, $\dfrac{\partial^2 z}{\partial x\partial y}=x^{y-1}(1+y\ln x)$.

6. $f_{xx}(0,0,1)=2$, $f_{xz}(1,0,2)=2$, $f_{yz}(0,-1,0)=0$, $f_{zzx}(2,0,1)=0$.

习 题 8.3

1. (1) $\mathrm{d}z=y(1+\cos xy)\mathrm{d}x+x(1+\cos xy)\mathrm{d}y$; (2) $\mathrm{d}z=-\dfrac{y^2}{x^2}\mathrm{e}^{\frac{y^2}{x}}\mathrm{d}x+\dfrac{2y}{x}\mathrm{e}^{\frac{y^2}{x}}\mathrm{d}y$;

(3) $\mathrm{d}z=\dfrac{y^2}{(x^2+y^2)^{3/2}}\mathrm{d}x-\dfrac{xy}{(x^2+y^2)^{3/2}}\mathrm{d}y$;

(4) $\mathrm{d}u=yzx^{yz-1}\mathrm{d}x+zx^{yz}\ln x\mathrm{d}y+yx^{yz}\ln x\mathrm{d}z$.

2. $\mathrm{d}z\big|_{(1,2)}=\dfrac{1}{3}\mathrm{d}x+\dfrac{2}{3}\mathrm{d}y$.

习 题 8.4

1. $\dfrac{\partial z}{\partial x}=\dfrac{1}{y}\ln(3x-2y)+\dfrac{x}{y}\cdot\dfrac{3}{3x-2y}$, $\dfrac{\partial z}{\partial y}=-\dfrac{1}{y^2}\ln(3x-2y)-\dfrac{x}{y}\cdot\dfrac{2}{3x-2y}$.

2. $(2\sin t+t^2)\cos t+2t(2t^2+\sin t)$. 3. $\dfrac{\mathrm{e}^x+1}{1+(x+\mathrm{e}^x)^2}$. 4. $\mathrm{e}^{ax}\sin x$.

7. (1) $u_x=f_1\cos x+f_2 y\mathrm{e}^{xy}$, $u_y=f_2 x\mathrm{e}^{xy}$; (2) $u_x=\dfrac{1}{y}f_1$, $u_y=-\dfrac{x}{y^2}f_1+\dfrac{1}{z}f_2$, $u_z=-\dfrac{y}{z^2}f_2$;

(3) $u_x=f_1+yf_2$, $u_y=xf_2+\dfrac{1}{z}f_3$, $u_z=-\dfrac{y}{z^2}f_3$.

8. $\dfrac{\partial^2 z}{\partial x^2}=f''\mathrm{e}^{2y}$, $\dfrac{\partial^2 z}{\partial x\partial y}=\mathrm{e}^y f'+x\mathrm{e}^{2y}f''$, $\dfrac{\partial^2 z}{\partial y^2}=x\mathrm{e}^y f'+(x\mathrm{e}^y)^2 f''$.

9. $\dfrac{\partial^2 z}{\partial x^2}=f_{11}+\dfrac{2}{y}f_{12}+\dfrac{1}{y^2}f_{22}$, $\dfrac{\partial^2 z}{\partial x\partial y}=-\dfrac{x}{y^2}\left(f_{12}+\dfrac{1}{y}f_{22}\right)-\dfrac{1}{y^2}f_2$, $\dfrac{\partial^2 z}{\partial y^2}=\dfrac{2x}{y^3}f_2+\dfrac{x^2}{y^4}f_{22}$.

习 题 8.5

1. $\dfrac{\mathrm{d}y}{\mathrm{d}x}=\dfrac{2y}{2x-x^2-y^2}$. 2. $\dfrac{\mathrm{d}y}{\mathrm{d}x}=\dfrac{y}{x}$, $\dfrac{\mathrm{d}^2 y}{\mathrm{d}x^2}=0$. 3. $\dfrac{\partial z}{\partial x}=\dfrac{y\mathrm{e}^{-xy}}{\mathrm{e}^z-2}$, $\dfrac{\partial z}{\partial y}=\dfrac{x\mathrm{e}^{-xy}}{\mathrm{e}^z-2}$.

4. $\dfrac{\partial z}{\partial x}=-\dfrac{F_1'+F_2'+F_3'}{F_3'}$, $\dfrac{\partial z}{\partial y}=-\dfrac{F_2'+F_3'}{F_3'}$.

8. $\dfrac{\partial^2 z}{\partial x^2}=\dfrac{2y^2 z\mathrm{e}^x-2xy^3 z-y^2 z^2\mathrm{e}^x}{(\mathrm{e}^x-xy)^3}$, $\dfrac{\partial^2 z}{\partial x\partial y}=\dfrac{z}{\mathrm{e}^x-xy}+\dfrac{2xyz}{(\mathrm{e}^x-xy)^2}-\dfrac{xyz^2\mathrm{e}^x}{(\mathrm{e}^x-xy)^3}$.

9. (1) $\dfrac{\mathrm{d}y}{\mathrm{d}x}=-\dfrac{x(6z+1)}{2y(3z+1)}$, $\dfrac{\mathrm{d}z}{\mathrm{d}x}=\dfrac{x}{3z+1}$; (2) $\dfrac{\mathrm{d}x}{\mathrm{d}z}=\dfrac{y-z}{x-y}$, $\dfrac{\mathrm{d}y}{\mathrm{d}z}=\dfrac{z-x}{x-y}$;

(3) $\dfrac{\partial u}{\partial x}=\dfrac{-uf_1'(2yvg_2'-1)-f_2'g_1'}{(xf_1'-1)(2yvg_2'-1)-f_2'g_1'}$, $\dfrac{\partial v}{\partial x}=\dfrac{g_1'(xf_1'+uf_1'-1)}{(xf_1'-1)(2yvg_2'-1)-f_2'g_1'}$;

(4) $\dfrac{\partial u}{\partial x}=\dfrac{\sin v}{\mathrm{e}^u(\sin v-\cos v)+1}$, $\dfrac{\partial u}{\partial y}=\dfrac{-\cos v}{\mathrm{e}^u(\sin v-\cos v)+1}$,

$\dfrac{\partial v}{\partial x}=\dfrac{\cos v-\mathrm{e}^u}{u[\mathrm{e}^u(\sin v-\cos v)+1]}$, $\dfrac{\partial v}{\partial y}=\dfrac{\sin v+\mathrm{e}^u}{u[\mathrm{e}^u(\sin v-\cos v)+1]}$.

习题 8.6

1. 切线方程为 $\dfrac{x}{a}+\dfrac{z}{b}=1, y=\dfrac{b}{2}$,法平面方程为 $ax-cz=\dfrac{1}{2}(a^2-c^2)$.

2. 切线方程为 $\dfrac{x-\dfrac{1}{2}}{1}=\dfrac{y-2}{-4}=\dfrac{z-1}{8}$,法平面方程为 $2x-8y+16z=1$.

4. 切线方程为 $\dfrac{x-1}{3}=\dfrac{y-1}{3}=\dfrac{z-3}{-1}$,法平面方程为 $3x+3y-z-3=0$.

5. $(-1,1,-1)$ 和 $\left(-\dfrac{1}{3},\dfrac{1}{9},-\dfrac{1}{27}\right)$.

6. 切平面方程为 $z=\dfrac{\pi}{4}-\dfrac{1}{2}(x-y)$,法线方程为 $x-1=-(y-1)=\dfrac{z}{2}-\dfrac{\pi}{8}$.

7. 切平面方程为 $ax_0 x+by_0 y+cz_0 z=1$,法线方程为 $\dfrac{x-x_0}{ax_0}=\dfrac{y-y_0}{by_0}=\dfrac{z-z_0}{cz_0}$.

8. $x+4y+6z=\pm 21$.

习题 8.7

1. 1. 2. $\dfrac{2\sqrt{5}}{5}$. 3. $\dfrac{1}{2}(5+3\sqrt{2})$. 4. $\sqrt{5}$. 5. $\dfrac{13}{\sqrt{14}}$. 6. $\dfrac{x_0+2y_0+3z_0}{\sqrt{x_0^2+4y_0^2+9z_0^2}}$.

习题 8.8

1. 极小值为 $f(0,0)=0$.   2. 在点 $\left(\dfrac{1}{2},\dfrac{1}{2}\right)$ 取得极小值 $\dfrac{1}{4}$.

3. 极小值为 $f\left(\dfrac{1}{\sqrt{6}},\dfrac{1}{\sqrt{6}},-\dfrac{2}{\sqrt{6}}\right)=f\left(\dfrac{1}{\sqrt{6}},-\dfrac{2}{\sqrt{6}},\dfrac{1}{\sqrt{6}}\right)=f\left(-\dfrac{2}{\sqrt{6}},\dfrac{1}{\sqrt{6}},\dfrac{1}{\sqrt{6}}\right)=-\dfrac{1}{3\sqrt{6}}$;

   极大值为 $f\left(-\dfrac{1}{\sqrt{6}},-\dfrac{1}{\sqrt{6}},\dfrac{2}{\sqrt{6}}\right)=f\left(-\dfrac{1}{\sqrt{6}},\dfrac{2}{\sqrt{6}},-\dfrac{1}{\sqrt{6}}\right)=f\left(\dfrac{2}{\sqrt{6}},-\dfrac{1}{\sqrt{6}},-\dfrac{1}{\sqrt{6}}\right)=\dfrac{1}{3\sqrt{6}}$.

5. 当两边都是 $\dfrac{l}{\sqrt{2}}$ 时,可得最大周长.   6. 底面半径为 $\sqrt{\dfrac{k}{3\pi}}$,高为 $2\sqrt{\dfrac{k}{3\pi}}$.

7. 三角形边长为 $\dfrac{p}{2},\dfrac{3p}{4},\dfrac{3p}{4}$.   8. 当长、宽、高都是 $\dfrac{2a}{\sqrt{3}}$ 时,得到最大体积.

总练习题八

1. (1) 0;   (2) 不存在;   (3) 0;   (4) 不存在.

2. (1) 0;   (2) 1;   (3) 0;   (4) 0.

3. 不连续,从而不可微,但可导.   4. $\dfrac{\pi}{6}$.

6. (1) $\dfrac{1}{2}f_{11}e^{2x}\sin 2y+2f_{12}e^x(y\sin y+x\cos y)+4xyf_{22}+f_1 e^x\cos y$;

   (2) $yf''(xy)+\varphi'(x+y)+y\varphi''(x+y)$.

7. $\dfrac{\partial^2 z}{\partial x^2} = f_{11}\cos^2 x + 2f_{13}\mathrm{e}^{x+y}\cos x + f_{33}\mathrm{e}^{2(x+y)} - f_1\sin x + f_3\mathrm{e}^{x+y}$,

$\dfrac{\partial^2 z}{\partial x \partial y} = \cos x(-f_{12}\sin y + f_{13}\mathrm{e}^{x+y}) + \mathrm{e}^{x+y}(-f_{32}\sin y + f_{33}\mathrm{e}^{x+y}) + f_3\mathrm{e}^{x+y}$,

$\dfrac{\partial^2 z}{\partial y^2} = -\sin y(-f_{22}\sin y + f_{23}\mathrm{e}^{x+y}) + \mathrm{e}^{x+y}(-f_{32}\sin y + f_{33}\mathrm{e}^{x+y}) + f_3\mathrm{e}^{x+y} - f_2\cos y$.

8. $\dfrac{\partial z}{\partial x} = \dfrac{F_3 - F_1}{F_3 - F_2}$, $\dfrac{\partial z}{\partial y} = \dfrac{F_1 - F_2}{F_3 - F_2}$. 11. $z - \dfrac{\pi}{4} = \dfrac{1}{2}x - \dfrac{1}{2}y$. 13. $b = \pm 4$.

14. $\sqrt{6}$. 15. $\dfrac{\sqrt{3}}{2}abc$. 16. $\dfrac{\pi ab}{|C|}\sqrt{A^2 + B^2 + C^2}$.

17. 提示 $f(x,y) - f(0,0) = 2x - y + o(\sqrt{x^2 + y^2})$,所以

$$\left.\dfrac{\partial f}{\partial x}\right|_{(0,0)} = 2, \quad \left.\dfrac{\partial f}{\partial y}\right|_{(0,0)} = -1, \quad \left.\mathrm{d}z\right|_{(0,0)} = 2\mathrm{d}x - \mathrm{d}y.$$

18. $f(u) = \dfrac{1}{16}(\mathrm{e}^{2u} + \mathrm{e}^{-2u} - 4u)$.

19. 提示 先求出 $f(x,y) = 0$ 为 $(y+1)^2 = (2-x)\ln x$,进而得 $v = \left(2\ln 2 - \dfrac{5}{4}\right)\pi$.

20. 极小值为 $f(0,-1) = -1$.

习 题 9.1

1. $I_2 < I_1 < I_3$. 2. 小于 0. 提示 利用单调性.

3. (1) $\iint\limits_{D}\ln(x+y)\mathrm{d}\sigma \geqslant \iint\limits_{D}[\ln(x+y)]^2\mathrm{d}\sigma$;

   (2) $\iint\limits_{D}(x+y)^2\mathrm{d}\sigma \geqslant \iint\limits_{D}(x+y)^3\mathrm{d}\sigma$; (3) $I_3 \geqslant I_2 \geqslant I_1$.

4. $0.4 \leqslant I \leqslant 0.5$. 5. $ab\pi \leqslant I \leqslant ab\pi\mathrm{e}^{a^2}$.

习 题 9.2

1. (1) $\displaystyle\int_{-2}^{-1}\mathrm{d}x\int_{-\sqrt{4-x^2}}^{\sqrt{4-x^2}}f(x,y)\mathrm{d}y + \int_{-1}^{1}\mathrm{d}x\int_{\sqrt{1-x^2}}^{\sqrt{4-x^2}}f(x,y)\mathrm{d}y$

   $\quad + \displaystyle\int_{-1}^{1}\mathrm{d}x\int_{-\sqrt{4-x^2}}^{-\sqrt{1-x^2}}f(x,y)\mathrm{d}y + \int_{1}^{2}\mathrm{d}x\int_{-\sqrt{4-x^2}}^{\sqrt{4-x^2}}f(x,y)\mathrm{d}y$;

   (2) $\displaystyle\int_{-1}^{2}\mathrm{d}y\int_{y^2}^{y+2}f(x,y)\mathrm{d}x$.

2. (1) $\displaystyle\int_{-r}^{r}\mathrm{d}x\int_{0}^{\sqrt{r^2-x^2}}f(x,y)\mathrm{d}y$, $\displaystyle\int_{0}^{r}\mathrm{d}y\int_{-\sqrt{r^2-y^2}}^{\sqrt{r^2-y^2}}f(x,y)\mathrm{d}x$;

   (2) $\displaystyle\int_{1}^{2}\mathrm{d}x\int_{\frac{1}{x}}^{x}f(x,y)\mathrm{d}y$, $\displaystyle\int_{\frac{1}{2}}^{1}\mathrm{d}y\int_{\frac{1}{y}}^{2}f(x,y)\mathrm{d}x + \int_{1}^{2}\mathrm{d}y\int_{y}^{2}f(x,y)\mathrm{d}x$.

3. (1) $\displaystyle\int_{0}^{1}\mathrm{d}y\int_{0}^{1-y}f(x,y)\mathrm{d}x$;

(2) $\int_0^a dy \int_{\frac{y^2}{2a}}^{a-\sqrt{a^2-y^2}} f(x,y)dx + \int_0^a dy \int_{a+\sqrt{a^2-y^2}}^{2a} f(x,y)dx + \int_a^{2a} dy \int_{\frac{y^2}{2a}}^{2a} f(x,y)dx$;

(3) $\int_0^1 dy \int_{1-\sqrt{1-y^2}}^{2-y} f(x,y)dx$; (4) $\int_0^2 dx \int_{e^{-x}}^{1+x^{\frac{1}{2}}} f(x,y)dy$;

(5) $\int_0^1 dx \int_0^{x^2} f(x,y)dy + \int_1^{\sqrt{2}} dx \int_0^{2-x^2} f(x,y)dy$.

4. (1) $\int_0^{2\pi} d\theta \int_1^2 f(\rho\cos\theta, \rho\sin\theta)\rho d\rho$; (2) $\int_0^{\frac{\pi}{3}} d\theta \int_0^{2\sec\theta} f(\rho\cos\theta, \rho\sin\theta)\rho d\rho$;

(3) $\int_0^{\frac{\pi}{4}} d\theta \int_{\sec\theta\tan\theta}^{\sec\theta} f(\rho\cos\theta, \rho\sin\theta)\rho d\rho$, (4) $\int_0^{\pi} d\theta \int_0^{2\sin\theta} f(\rho\cos\theta, \rho\sin\theta)\rho d\rho$.

5. (1) $\frac{20}{3}$. (2) $\frac{\pi}{4}(2\ln 2-1)$. (3) $\frac{15}{8}(2\pi-\sqrt{3})$. (4) $\frac{33}{140}$.

(5) $\frac{1}{6}\left(1-\frac{2}{e}\right)$. 提示 积分时考虑积分次序,选 Y 型区域进行计算较好.

(6) $\frac{\pi}{2}$. (7) $\frac{5}{6}-\frac{\pi}{4}$. (8) 提示 此题用极坐标计算较好,$\int_0^{\frac{\pi}{4}} d\theta \int_0^{\frac{\sin\theta}{\cos^2\theta}} \frac{1}{r}r dr = \sqrt{2}-1$.

(9) $\frac{5}{3}+\frac{\pi}{2}$. (10) $\frac{5\pi}{2}$. (11) $-\frac{2}{5}$. (12) $\frac{16\pi}{3}-\frac{32}{9}$. 提示 利用对称性及极坐标计算.

6. 6π. 7. $\frac{3\pi}{32}a^4$.

习　题　9.3

1. (1) $\int_{-\frac{\sqrt{3}}{2}a}^{\frac{\sqrt{3}}{2}a} dx \int_{-\sqrt{\frac{3}{4}a^2-x^2}}^{\sqrt{\frac{3}{4}a^2-x^2}} dy \int_{a-\sqrt{a^2-x^2-y^2}}^{\sqrt{a^2-x^2-y^2}} f(x,y,z)dz$;

(2) $\int_0^1 dz \int_{-z}^{z} dx \int_{-\sqrt{z^2-x^2}}^{\sqrt{z^2-x^2}} f(x,y,z)dy$; (3) $\int_{-R}^{R} dx \int_{-\sqrt{R^2-x^2}}^{\sqrt{R^2-x^2}} dy \int_0^H f(x,y,z)dz$.

2. 提示 由三重积分的线性性可得.

3. $\frac{31}{60}$. 4. $\frac{5}{28}$. 5. $\frac{16\pi}{3}$. 6. $\pi^3-4\pi$. 7. $\frac{13}{4}\pi$.

8. (1) $\Omega: 0\leqslant\theta\leqslant\frac{\pi}{2}, 0\leqslant\rho\leqslant 1, \rho^2\leqslant z\leqslant\rho$; (2) $\Omega: 0\leqslant\theta\leqslant\frac{\pi}{2}, 0\leqslant\varphi\leqslant\frac{\pi}{4}, 0\leqslant\rho\leqslant 3\sqrt{2}$.

9. $\frac{e^{16}-e}{16}\pi$. 10. $\frac{2-\sqrt{2}}{5}\pi R^5$. 11. $\frac{4}{3}\pi$. 12. 0. 13. 0.

习　题　9.4

1. (1) $\frac{4}{3}\pi(\sqrt{2}-1)a^3$; (2) 81π; (3) $\frac{76}{3}\pi\left(1-\frac{\sqrt{2}}{2}\right)$; (4) $\frac{8}{15}$.

2. $\sqrt{2}\pi$. 3. $8R^2$. 4. $\frac{\pi a^2}{6}(6\sqrt{2}+5\sqrt{5}-1)$. 5. $\left(0,\frac{4a}{3\pi}\right)$.

6. $\frac{1}{6}$, $\left(\frac{4}{7},\frac{3}{4}\right)$. 7. 3π, $\left(0,-\frac{5}{6}\right)$. 8. $\frac{\pi ab}{3}$, $\left(0,0,\frac{3}{4}\right)$.

9. $\left(0, 0, h\dfrac{60-30h+4h^2}{90-40h+5h^2}\right)$. 　　10. $\dfrac{3MR^2}{2}$. 　　11. $\dfrac{4K\pi a^5}{15}$.

12. $\left(2G\mu\left(\ln\dfrac{R_2+\sqrt{R_2^2+a^2}}{R_1+\sqrt{R_1^2+a^2}}-\dfrac{R_2}{\sqrt{R_2^2+a^2}}+\dfrac{R_1}{\sqrt{R_1^2+a^2}}\right), 0, \pi Ga\mu\left(\dfrac{1}{\sqrt{R_2^2+a^2}}-\dfrac{1}{\sqrt{R_1^2+a^2}}\right)\right)$.

总练习题九

1. a^2. 　提示　不为零的积分区域为 $0 \leqslant x \leqslant 1, x \leqslant y \leqslant 1+x$，此时被积函数为 a^2．

2. (1) e^{-1}. 　提示　按 X 型区域进行计算．

(2) $\dfrac{1}{2}(a+b)\pi R^2$. 　提示　利用轮换对称性，所求积分为积分区域面积的 $\dfrac{1}{2}(a+b)$ 倍．

(3) $\dfrac{8}{3}$. 　提示　利用奇偶对称性和轮换对称性．

(4) $2-\dfrac{\pi}{2}$. 　提示　极坐标展开．

(5) $\mathrm{e}-1$. 　提示　分割区域 D，在不同区域分别将最大值确定，然后化为二次积分．

3. $\dfrac{A^2}{2}$. 　提示　交换积分次序．

4. $\mathrm{e}^{-\frac{1}{2}}$. 　提示　交换积分次序．

5. $f(2)$. 　提示　交换积分次序后，对变上限积分求导数，最后代入值．

6. $I=\displaystyle\int_0^a \mathrm{d}\rho \int_{-\arccos\frac{\rho}{a}}^{\arccos\frac{\rho}{a}} f(\rho, \theta)\mathrm{d}\theta$.

7. 提示　先将 $F(t)=\displaystyle\iint_D f(x,y)\mathrm{d}x\mathrm{d}y$ 在极坐标下化为二次积分，再交换积分次序，求导，然后使用积分中值定理，最后取极限．

8. $\bar{x}=\dfrac{b}{2}, \bar{y}=\dfrac{h}{2}; \dfrac{bh^3\mu}{12}, \dfrac{b^3h\mu}{12}$.

9. (1) $\dfrac{\pi}{60}(96\sqrt{2}-89)$. 　(2) $\dfrac{4}{3}\pi abc(l\bar{x}+m\bar{y}+n\bar{z})$. 　提示　利用质心公式．

(3) 2π. 　提示　先在不同积分区域上去掉绝对值，再用球面坐标进行计算．

10. $\pi f'(0)$. 　提示　将三重积分化为变上限积分，代入极限表达式，再用洛必达法则求极限．

11. (1) 单调增加．　提示　$F'(t)>0$．

(2) 提示　将 $F(t), G(t)$ 中的二重积分和三重积分分别在极坐标和球面坐标下化为累次积分，再代入不等式知，只要证

$$\int_0^t \rho^2 f(\rho^2) \mathrm{d}\rho \int_0^t f(\rho^2) \mathrm{d}\rho > \left[\int_0^t \rho f(\rho^2)\mathrm{d}\rho\right]^2$$

即可. 令

$$g(t)=\int_0^t \rho^2 f(\rho^2)\mathrm{d}\rho \int_0^t f(\rho^2)\mathrm{d}\rho - \left[\int_0^t \rho f(\rho^2)\mathrm{d}\rho\right]^2,$$

则 $g'(x)>0 (t>0)$. 所以 $g(t)>g(0)$，得证．

16. $f(x,y,z)=\sqrt{x^2+y^2}+\dfrac{2\pi}{12-3\pi}z$. 　　17. $z=2x$. 　　18. $\dfrac{2\pi h^3 t}{3}+2\pi h t f(t^2), \dfrac{\pi h^3}{3}+\pi h f(0)$.

习 题 10.1

1. (1) $1+\sqrt{2}$; (2) 0; (3) $-\dfrac{16}{5}a^2$; (4) $12a$; (5) $\dfrac{\sqrt{3}}{2}(1-e^{-2})$;

2. $\dfrac{\sqrt{13}}{4}\pi$.

3. (1) $I_x = \int_\Gamma (y^2+z^2)\mu(x,y,z)\mathrm{d}s,\ I_y = \int_\Gamma (x^2+z^2)\mu(x,y,z)\mathrm{d}s,\ I_z = \int_\Gamma (y^2+x^2)\mu(x,y,z)\mathrm{d}s$;

(2) $\bar{x} = \dfrac{\int_\Gamma x\mu(x,y,z)\mathrm{d}s}{\int_\Gamma \mu(x,y,z)\mathrm{d}s},\ \bar{y} = \dfrac{\int_\Gamma y\mu(x,y,z)\mathrm{d}s}{\int_\Gamma \mu(x,y,z)\mathrm{d}s},\ \bar{z} = \dfrac{\int_\Gamma z\mu(x,y,z)\mathrm{d}s}{\int_\Gamma \mu(x,y,z)\mathrm{d}s}$.

习 题 10.2

1. (1) $-\dfrac{14}{15}$; (2) 3; (3) 32; (4) -2π; (5) $\dfrac{1}{2}$; (6) -2π.

2. (1) -2; (2) -2; (3) -2.

3. $\dfrac{\pi}{2}abk$. *__4.__ $\int_\Gamma \dfrac{P+2xQ+3yR}{\sqrt{1+4x^2+9y^2}}\mathrm{d}s$.

习 题 10.3

1. (1) $-\dfrac{1}{2}$; (2) 8; (3) $\dfrac{1}{4}\sin 2-\dfrac{7}{6}$; (4) $\left(\dfrac{\pi}{2}+2\right)a^2b-\dfrac{\pi}{2}a^3$.

2. π. **3.** (1) πa^2; (2) πab; (3) $\dfrac{1+3\ln 2}{24}$.

4. (1) 3; (2) $3\cos e^3 - \cos e$; (3) e. **5.** $\dfrac{1}{2}$.

6. (1) $\dfrac{1}{3}x^3+x^2y-xy^2-\dfrac{1}{3}y^3+C$; (2) $(x+y)(e^x-e^y)+C$;

(3) $-\cos 2x\sin 3y+C$; (4) $y^2\sin x+x^2\cos y+C$.

7. (1) 否; (2) 否; (3) 是,$x^5+\dfrac{3}{2}x^2y^2-xy^3+\dfrac{1}{3}y^3=C$; (4) 是,$x^4y^2-xe^{2y}=C$.

习 题 10.4

1. $\iint\limits_{\Sigma} f(x,y,z)\mathrm{d}S = \iint\limits_{D_{xy}} f(x,y,0)\mathrm{d}x\mathrm{d}y$,其中 $\Sigma = D_{xy}$,$\mathrm{d}S = \mathrm{d}x\mathrm{d}y$.

2. $2\sqrt{2}\pi e(e-1)$. **3.** $\sqrt{3}/120$. **4.** $2\pi RH\left(R^2+\dfrac{1}{3}H^2\right)$.

5. $2\pi\arctan\dfrac{H}{R}$. **6.** $\dfrac{4}{3}\pi R^4$. **7.** $\dfrac{64}{15}\sqrt{2}a^4$.

习 题 10.5

1. 当 $\Sigma = D_{xy}$，且取上侧时，$\iint\limits_{\Sigma} R(x,y,z)\mathrm{d}x\mathrm{d}y = \iint\limits_{D_{xy}} R(x,y,0)\mathrm{d}x\mathrm{d}y$；

   当 $\Sigma = D_{xy}$，且取下侧时，$\iint\limits_{\Sigma} R(x,y,z)\mathrm{d}x\mathrm{d}y = -\iint\limits_{D_{xy}} R(x,y,0)\mathrm{d}x\mathrm{d}y$.

2. $\dfrac{abc}{2}$.   3. $4\pi R^4$.   4. $\dfrac{\pi}{3}h^3$.   5. $\dfrac{\pi^2 R}{2}$.

6. $-\dfrac{\pi}{8}$.   7. $\dfrac{1}{5}\iint\limits_{\Sigma}[3P(x,y,z)+2Q(x,y,z)+2\sqrt{3}R(x,y,z)]\mathrm{d}S$.

习 题 10.6

1. (1) $-\dfrac{\pi}{8}$；   (2) $-\dfrac{1}{2}\pi h^4$；   (3) $\dfrac{\pi}{4}$.

2. (1) 提示 从 $\oiint\limits_{\Sigma} u\dfrac{\partial v}{\partial n}\mathrm{d}S$ 出发，使用高斯公式，再移项可得第一格林公式.

   (2) 提示 将第一格林公式中的 u,v 互换，再相减可得第二格林公式.

3. (1) $-\sqrt{3}\pi a^2$；   (2) -2π；   (3) $\dfrac{\pi}{2}$；   (4) $-\dfrac{\pi}{4}a^3$.

4. $-2\pi a(a+b)$.

总练习题十

1. $2\pi a\left(\dfrac{1}{3}a^2+1\right)$.   提示 作变换 $\begin{cases} X=x-1, \\ Y=y+1, \\ Z=z, \end{cases}$ 再由对称性、质心公式可以计算.

2. $\dfrac{2ka^2\sqrt{1+k^2}}{1+4k^2}$.   3. $2(\mathrm{e}^a-1)+\dfrac{\pi a \mathrm{e}^a}{4}$.

4. 提示 利用两类曲线积分的关系，先将对坐标的曲线积分化为对弧长的曲线积分，再用最大值放大，对弧长的曲线积分对 1 积分时就是曲线全长.

5. $\sqrt{z_0}\left(\dfrac{2}{3}z_0+1\right)$.

6. (1) $\Gamma: x=\dfrac{a}{2}+\dfrac{a}{2}\cos t, y=\dfrac{a}{2}\sin t, z=a\sin\dfrac{t}{2}$，其中 t 从 0 变到 2π. 提示 先由圆柱面方程写出两个参数方程，再代入另一个曲面方程得第三个参数方程.

   (2) $-\dfrac{\pi}{4}a^3$.

7. $-3k\ln 2$.   提示 $\boldsymbol{F}=\dfrac{k}{|z|}\boldsymbol{r}^0=-\dfrac{k}{|z|}\cdot\dfrac{x\boldsymbol{i}+y\boldsymbol{j}+z\boldsymbol{k}}{\sqrt{x^2+y^2+z^2}}, W=\int_L \boldsymbol{F}\cdot\mathrm{d}\boldsymbol{s}$.

8. $-\dfrac{\pi a^2}{2}$.   提示 利用格林公式，并将曲线方程代入.

9. $-6\pi^2$.

10. $\lambda=-1, u(x,y)=-\arctan\dfrac{y}{x^2}+C$.　**提示**　由梯度的定义及二阶偏导的连续性,建立方程,得 λ,再由 $Pdx+Qdy$ 得函数 $u(x,y)$.

11. (1) **提示**　在曲线 C 上任取两点 A,B,作 $ADBA$ 围绕原点且与 C 仅交于点 A,B,则 $C=L_1-L_2$,其中 L_1,L_2 为两条围绕原点的分段光滑闭曲线.于是结论成立.

(2) $\varphi(y)=-y^2$.　**提示**　由(1)结论,$\dfrac{\partial P}{\partial y}=\dfrac{\partial Q}{\partial x}$,再解微分方程可得.

12. $\dfrac{1}{2}\displaystyle\int_{x_1^2+y_1^2+z_1^2}^{x_2^2+y_2^2+z_2^2} f(\sqrt{u})\,du$.

13. 100小时.　**提示**　利用已知体积减少的速率与侧面积成正比(比例系数为0.9)列方程,再解带初值的微分方程.

15. 48π.　**提示**　利用对称性和形心公式,并将球面方程代入.

16. $-\dfrac{\pi}{4}$.

17. (1) 2π.　**提示**　利用高斯公式,并将曲面方程代入.

(2) 4π.　**提示**　利用高斯公式.

(3) 2π.　**提示**　利用高斯公式及(1)的结论.

(4) $(2+\sqrt{2})\pi$.　**提示**　利用高斯公式及(2)的结论.

18. $\dfrac{\sqrt{3}}{4(6-\sqrt{3})}$.　**提示**　设 $\displaystyle\iint_\Sigma f(x,y,z)dS=a$,则由 $a=\displaystyle\iint_\Sigma(xy+za)dS$ 得关于 a 的方程,再解出 a.

19. $\dfrac{96(2-\sqrt{2})\pi}{5}$.　**20.** $\alpha(x)=-(x^2+1),\beta(x)=x^3$.

习　题　11.1

1. (1) 相同；　(2) 相同；　(3) 不同；　(4) 相同.

2. (1) 发散；　(2) 发散；　(3) 发散；　(4) 收敛于 $\dfrac{1}{3}$.

3. (1) 收敛；　(2) 收敛；　(3) 收敛；　(4) 发散；　(5) 发散；　(6) 收敛.

习　题　11.2

1. (1) 发散；(2) 收敛；(3) 收敛；(4) 发散.

2. (1) 发散；(2) 收敛；(3) 收敛；(4) 发散.

3. (1) 发散；(2) 收敛；(3) 收敛；(4) 收敛；(5) 收敛；(6) 发散.

4. (1) 发散；(2) 当 $a>1$ 时收敛,当 $0<a\leqslant 1$ 时发散；(3) 收敛.

5. (1) 条件收敛；(2) 绝对收敛；(3) 绝对收敛；(4) 条件收敛.

习　题　11.3

1. (1) $(-1,1)$；　(2) $[-1,1]$；　(3) $x=0$；　(4) $\left[-\dfrac{1}{2},\dfrac{1}{2}\right)$；　(5) $(-\sqrt{2},\sqrt{2})$；

(6) $[-1,1]$；   (7) $[2,4]$；   (8) $\left(\dfrac{4}{3},2\right)$.

2. (1) 原级数的收敛域为 $[-1,1)$；$s'(x)=\sum\limits_{n=1}^{\infty}x^{n-1}$ 的收敛域为 $(-1,1)$；$\int_{0}^{x}s(t)\mathrm{d}t=\sum\limits_{n=1}^{\infty}\dfrac{1}{(n+1)n}x^{n+1}$ 的收敛域为 $[-1,1]$.

(2) 原级数的收敛域为 $[-1,1]$；$s'(x)=\sum\limits_{n=2}^{\infty}\dfrac{n}{n^{2}-1}x^{n-1}$ 的收敛域为 $[-1,1)$；$\int_{0}^{x}s(t)\mathrm{d}t=\sum\limits_{n=2}^{\infty}\dfrac{1}{(n+1)^{2}(n-1)}x^{n+1}$ 的收敛域为 $[-1,1]$.

3. (1) $\left(-\dfrac{1}{2},\dfrac{1}{2}\right)$；   (2) $[-1,1]$.

习 题 11.4

1. (1) $\sum\limits_{n=0}^{\infty}x^{2n+1}$ $(-1<x<1)$；   (2) $\sum\limits_{n=0}^{\infty}\dfrac{(-1)^{n}x^{2n}}{n!}$ $(-\infty<x<+\infty)$；

(3) $1+\sum\limits_{n=1}^{\infty}\dfrac{(-4)^{n}}{2\cdot(2n)!}x^{2n}$ $(-\infty<x<+\infty)$；   (4) $\ln 3+\sum\limits_{n=1}^{\infty}\dfrac{(-1)^{n-1}}{n3^{n}}x^{n}$ $(-3<x\leqslant 3)$.

2. $\dfrac{1}{2}\sum\limits_{n=0}^{\infty}\dfrac{(x+4)^{n}}{2^{n}}-\dfrac{1}{3}\sum\limits_{n=0}^{\infty}\dfrac{(x+4)^{n}}{3^{n}}=\sum\limits_{n=0}^{\infty}\left(\dfrac{1}{2^{n+1}}-\dfrac{1}{3^{n+1}}\right)(x+4)^{n}$ $(-6<x<-2)$.

习 题 11.5

1. (1) $\dfrac{1}{(1-x)^{2}}$ $(-1<x<1)$；   (2) $\dfrac{1+x}{(1-x)^{2}}$ $(-1<x<1)$；

(3) $\dfrac{1}{2}\ln\dfrac{1+x}{1-x}$ $(-1<x<1)$；   (4) $\dfrac{\mathrm{e}^{x}+\mathrm{e}^{-x}}{2}$ $(-\infty<x<+\infty)$.

2. $\dfrac{9}{4}$.

3. (1) $\dfrac{\sqrt{2}}{2}+\dfrac{\sqrt{2}}{2}\mathrm{i}$；   (2) $\dfrac{\sqrt{3}}{2}+\dfrac{1}{2}\mathrm{i}$；   (3) $-\dfrac{\sqrt{2}}{2}-\dfrac{\sqrt{2}}{2}\mathrm{i}$；   (4) $2\cos 1+2\sin 1\mathrm{i}$.

总练习题十一

1. (1) 发散；(2) 绝对收敛；(3) 条件收敛；(4) 条件收敛；(5) 发散；(6) 绝对收敛；(7) 条件收敛；(8) 发散.

2. (1) $1-\sqrt{2}$；   (2) $\dfrac{\pi}{4}$.

3. (1) 收敛；(2) 发散；(3) 收敛.

4. 收敛.   5. 收敛.

7. (1) $\left(-\dfrac{1}{4},\dfrac{1}{4}\right)$.   (2) $(-a,a)$.

(3) 当 $0<a<1$ 时，收敛域为 $(-\infty,+\infty)$；当 $a>1$ 时，只在点 $x=0$ 收敛；当 $a=1$ 时，收敛域为 $(-1,1)$.

(4) $\left(\dfrac{1}{10}, 10\right)$.

8. (1) $(-1,1), \dfrac{1}{(1+x)^2}$; (2) $[-1,1], \arctan x$; (3) $(-1,1]$,和函数为 $s(x)=\begin{cases} 0, & x=1, \\ 1, & -1<x<1. \end{cases}$

9. $s(x) = \left(1-\dfrac{x^2}{2}\right)\cos x - \dfrac{x}{2}\sin x.$

10. $\displaystyle\sum_{n=0}^{\infty} \dfrac{\mathrm{e}}{n!\,a^n}(x-a)^n \ (-\infty < x < +\infty).$ **11.** $\dfrac{1}{3}\displaystyle\sum_{n=0}^{\infty}[1-(-2)^n]x^n,\ x\in\left(-\dfrac{1}{2}, \dfrac{1}{2}\right).$

12. $\displaystyle\sum_{n=0}^{\infty} \dfrac{2}{2n+1}\left(\dfrac{x-1}{x+1}\right)^{2n+1} \ (x>0).$

16. 条件收敛域为 $\left(0, \dfrac{1}{2}\right]$,绝对收敛域为 $\left(\dfrac{1}{2}, +\infty\right).$

20. $f(x) = \displaystyle\sum_{n=0}^{\infty} \dfrac{x^n}{n!(2^{n+1}-1)},\ x\in(-\infty, +\infty).$

习 题 12.1

1. $-\dfrac{1}{2} + \dfrac{2}{\pi}\sin x + \dfrac{2}{3\pi}\sin 3x + \cdots + \dfrac{2}{(2n-1)\pi}\sin(2n-1)x + \cdots$

$\qquad = \begin{cases} -\dfrac{1}{2}, & x=k\pi, k=0, \pm 1, \pm 2, \cdots, \\ f(x), & \text{其他}. \end{cases}$

2. $-\dfrac{\pi}{4} + \displaystyle\sum_{n=1}^{\infty}\left[\dfrac{2}{(2n-1)^2\pi}\cos(2n-1)x + \dfrac{(-1)^{n-1}}{n}\sin nx\right]$

$\qquad = \begin{cases} -\dfrac{\pi}{2}, & x=(2n-1)\pi, n=0, \pm 1, \pm 2, \cdots, \\ f(x), & \text{其他}. \end{cases}$

3. $\dfrac{\mathrm{e}^{2\pi}-\mathrm{e}^{-2\pi}}{\pi}\left[\dfrac{1}{4} + \displaystyle\sum_{n=1}^{\infty}\dfrac{(-1)^n}{n^2+4}(2\cos nx - n\sin nx)\right]$

$\qquad = \begin{cases} \dfrac{\mathrm{e}^{2\pi}+\mathrm{e}^{-2\pi}}{2}, & x=(2n-1)\pi, n=0, \pm 1 \pm 2, \cdots, \\ f(x), & \text{其他}. \end{cases}$

4. $f(x) = \pi^2 + 1 + 12\displaystyle\sum_{n=1}^{\infty}\dfrac{(-1)^n}{n^2}\cos nx \ (-\infty < x < +\infty).$

习 题 12.2

1. 正弦级数展开式: $f(x) = \displaystyle\sum_{n=1}^{\infty}\dfrac{(-1)^{n+1}2}{n}\sin nx \ (0 \leqslant x < \pi);$

  余弦级数展开式: $f(x) = \dfrac{\pi}{2} - \displaystyle\sum_{n=0}^{\infty}\dfrac{4}{(2n+1)^2\pi}\cos(2n+1)x \ (0 \leqslant x \leqslant \pi).$

2. 正弦级数展开式: $f(x) = \dfrac{4}{\pi}\displaystyle\sum_{m=1}^{\infty}\dfrac{(-1)^{m-1}}{(2m-1)^2}\sin(2m-1)x \ (0 \leqslant x < \pi);$

余弦级数展开式：$f(x) = \dfrac{\pi}{4} - \dfrac{2}{\pi} \sum\limits_{k=1}^{\infty} \dfrac{1}{(2k-1)^2} \cos 2(2k-1)x \ (0 \leqslant x < \pi)$.

习 题 12.3

1. $f(x) = \dfrac{1}{4} + \sum\limits_{n=1}^{\infty} \left\{ \dfrac{1}{(n\pi)^2}[(-1)^n - 1]\cos n\pi x + \dfrac{(-1)^{n+1}}{n\pi} \sin n\pi x \right\}$

$(x \neq 2k+1, k = 0, \pm 1, \pm 2, \cdots)$.

2. $f(x) = -\dfrac{1}{2} + \sum\limits_{n=1}^{\infty} \left\{ \dfrac{6}{(n\pi)^2}[1-(-1)^n] \cos \dfrac{n\pi x}{3} + \dfrac{6}{n\pi}(-1)^{n+1} \sin \dfrac{n\pi x}{3} \right\}$

$(x \neq 3(2k+1), k = 0, \pm 1, \pm 2, \cdots)$.

3. (1) 正弦级数展开式：$f(x) = \dfrac{4}{\pi^2} \sum\limits_{k=1}^{\infty} \dfrac{(-1)^{k-1}}{(2k-1)^2} \sin(2k-1)\pi x, \ x \in [0,1]$;

余弦级数展开式：$f(x) = \dfrac{1}{4} - \dfrac{2}{\pi^2} \sum\limits_{k=1}^{\infty} \dfrac{1}{(2k-1)^2} \cos 2(2k-1)\pi x, \ x \in [0,1]$.

(2) 正弦级数展开式：$f(x) = \dfrac{8}{\pi} \sum\limits_{k=1}^{\infty} \left\{ \dfrac{(-1)^{k+1}}{k} + \dfrac{2}{k^3 \pi^2}[(-1)^k - 1] \right\} \sin \dfrac{k\pi x}{2}, \ x \in [0,2]$;

余弦级数展开式：$f(x) = \dfrac{4}{3} + \dfrac{16}{\pi^2} \sum\limits_{k=1}^{\infty} \dfrac{(-1)^k}{k^2} \cos \dfrac{k\pi x}{2}, \ x \in [0,2]$.

习 题 12.4

1. $f(x) = -\dfrac{i}{\pi} \sum\limits_{\substack{n=-\infty \\ n \neq 0}}^{+\infty} \dfrac{e^{inx}}{n}$.

2. $f(x) = \mathrm{sh} 1 \sum\limits_{n=-\infty}^{+\infty} \dfrac{(-1)^n (1-in\pi)}{1+(n\pi)^2} e^{in\pi x}$.

习 题 12.5

1. (1) $F(\omega) = \dfrac{2a}{a^2 + \omega^2}$; (2) $F(\omega) = \dfrac{-2i\sin\omega\pi}{1-\omega^2}$; (3) $F(\omega) = \cos\omega a + \cos\dfrac{\omega a}{2}$.

2. (1) $F(\omega) = \dfrac{\pi i}{2}[\delta(\omega+2) - \delta(\omega-2)]$;

(2) $F(\omega) = \dfrac{\pi i}{4}[\delta(\omega-3) - 3\delta(\omega-1) + 3\delta(\omega+1) - \delta(\omega+3)]$;

(3) $F(\omega) = \dfrac{\pi}{2}[(\sqrt{3}+i)\delta(\omega+5) + (\sqrt{3}-i)\delta(\omega-5)]$.

3. $f(t) * g(t) = \begin{cases} 0, & t < -1, \\ \dfrac{1}{3}(t+1)^3, & -1 \leqslant t \leqslant 1, \\ \dfrac{1}{3}(6t^2 + 2), & t > 1. \end{cases}$

4. $f(t) * g(t) = \dfrac{\sin\gamma t}{\pi t}$,其中 $\gamma = \min\{\alpha, \beta\}$.

总练习题十二

1. $-\dfrac{1}{4}$.   **2.** $\dfrac{3}{4}$.   **3.** 1.   **4.** $a = 0, b = 2$.

5. $\dfrac{8}{\pi^3} \sum\limits_{n=1}^{\infty} \dfrac{1}{(2n-1)^3} \sin(2n-1)\pi x \; (-\infty < x < +\infty)$, $\dfrac{\pi^3}{32}$.

6. $\sum\limits_{n=1}^{\infty} \dfrac{1}{n} \sin \dfrac{\pi x}{n} \; (0 < x \leqslant \pi)$, $\dfrac{\pi}{4}$.